战略性新兴领域"十四五"高等教育教材

石油和化工行业"十四五"规划教材

纳米材料与纳米技术

Nanomaterials and Nanotechnology

武素丽　孙　文　主编
李希艳　副主编

化学工业出版社
·北京·

内容提要

《纳米材料与纳米技术》的编写从纳米材料、纳米技术两条主线出发。第1章从多种角度阐述纳米材料的基础理论，包括纳米材料的基础概念、纳米材料的特性、纳米材料的分类，第2章和第3章对纳米材料的可控合成技术和表征技术进行了详细的阐述。后3章面向科技前沿和国家重大需求，分章讲解了近年来纳米领域的新兴材料量子点、上转换发光材料和纳米诊疗材料的概念、特性和应用。

本教材内容丰富，条理清晰，力求从问题本质出发，引导学生对纳米材料的特性和应用前景进行全面的思考。同时，本教材注重论述纳米材料与技术领域的新理论、新技术、新应用，可作为高等院校化工类、材料类、能源类专业的本科生、研究生教材，也可供相关专业科研人员参考。

图书在版编目（CIP）数据

纳米材料与纳米技术 / 武素丽，孙文主编 ； 李希艳副主编. -- 北京 ： 化学工业出版社，2025. 11.
（战略性新兴领域“十四五”高等教育教材）（石油和化工行业“十四五”规划教材）. -- ISBN 978-7-122-49162-6

Ⅰ. TB383

中国国家版本馆CIP数据核字第20253YW563号

责任编辑：任睿婷　徐雅妮　　文字编辑：王文莉
责任校对：田睿涵　　装帧设计：刘丽华

出版发行：化学工业出版社（北京市东城区青年湖南街13号　邮政编码100011）
印　　装：大厂回族自治县聚鑫印刷有限责任公司
787mm×1092mm　1/16　印张12½　字数285千字　　2025年12月北京第1版第1次印刷

购书咨询：010-64518888　　售后服务：010-64518899
网　　址：http://www.cip.com.cn
凡购买本书，如有缺损质量问题，本社销售中心负责调换。

定　　价：59.00元

前言 PREFACE

纳米材料属于新材料行业，是国家重点扶持和发展的战略性新兴产业，已经成为21世纪前沿科学技术的代表领域之一，对经济和社会发展起到了巨大的作用，特别是近年来纳米材料在能源、显示、疾病诊疗等领域凸显出重要地位。

本教材为战略性新兴领域“十四五”高等教育教材建设项目（新材料领域）核心教材之一，目标是服务国家重大需求、加强人才培育，以产业和技术发展的最新需求推动人才培养变革。《纳米材料与纳米技术》聚焦战略性新材料领域，围绕未来材料领域与高端前沿技术竞争的焦点，紧跟新材料产业发展前沿，旨在为化工新材料领域人才培养提供重要教学内容支撑。

本教材的特点：

（1）启发性　教材力求从问题的本质出发，引导学生对纳米材料的特性和应用前景进行全面思考。

（2）面向科学前沿　教材注重阐述纳米材料与技术领域的新理论、新技术、新应用，引用了近五年本领域的最新研究成果。

（3）融合电子资源　教材中设置了实验操作与理论讲解等数字化教学资源，方便学生更深入地学习，了解行业前沿动态。

本教材介绍了纳米材料的基础知识，纳米材料的制备、表征技术，以及纳米材料在国家重大需求领域的应用，可以让学生从基础概念到材料制备去认识纳米材料，学习如何制备纳米材料，了解纳米材料在现今社会的应用领域和未来应用潜力。

本教材由武素丽、孙文担任主编，李希艳担任副主编。武素丽负责设计全书结构、组织编写工作和统稿。各章的具体分工如下：第1章、第2章由武素丽（大连理工大学）编写，浙江华友钴业股份有限公司张冰副总裁参与指导，第3章由孙文、刘进轩（大连理工大学）和张博宇（大连医科大学）编写，第4章由李希艳（南开大学）编写，第5章由刘小网（西北工业大学）和孟志鹏（山东理工大学）编写，第6章由孙文、王磊（大连理工大学）和张博宇（大连医科大学）编写。本教材的主编及编写团队长期从事纳米材料的设计合成、理论研究、前沿应用以及课程教学，并取得了突出的理论创新成果，积累了丰富的教学实例素材。本教材遵循“理论与实际相结合、国家需求与前沿材料和技术相结合、教学与科研相结合”的原则，融入了编者团队长期工作的成果，以期培养学生的工程能力和科学素养。

在本教材编写过程中，参考了大量的书籍和文献资料，在此向引用的文献作者表示深深的感谢。化学工业出版社对本教材的出版给予了大力支持和帮助，在此表示衷心的感谢。

由于编者水平有限，书中疏漏在所难免，恳请读者提出宝贵意见。

编者

2024年12月

目录 CONTENTS

第 6 章 纳米诊疗材料 / 165

第1章 纳米材料基础

1.1 纳米材料的基础概念

1.1.1 纳米材料

“纳米”是英文nano的译名（用nm表示），是一种长度单位，1纳米等于10^{-9}米，相当于45个原子串起来那么长。一般认为，纳米材料是指物质结构在三维空间中至少有一维的尺度范围在1～100 nm之间的材料，包括稳定的团簇或人造原子团簇[1]、纳米晶[2]、纳米微粒[3]、纳米管[4]、纳米棒[5]、纳米线[6]、纳米单层膜[7]及纳米孔[8]等。随着科技的不断进步和纳米材料制备技术和表征技术的发展，一些尺度小于1 nm的纳米材料被陆续发现，如C_{60}的直径为0.7 nm、最细的单壁碳纳米管的直径仅为0.33 nm，纳米材料的尺度范围也可定义为0.1～100 nm。

除了具有纳米尺度外形的材料被称为纳米材料之外，还有另外一类纳米材料，即以纳米结构单元作为主要结构组分的材料，常被简称为纳米结构材料（nanostructured materials），包括纳米固体、纳米复合材料、纳米介孔材料、纳米管阵列等。纳米结构材料与传统结构材料是不同的。传统结构材料指的是一类主要利用其力学性能的工程材料，而纳米结构材料的性能并不限于力学领域，其不仅包括结构材料，还包括各种功能材料。另外，也有人从材料性能的角度出发，认为具有小尺寸效应、量子尺寸效应、表面效应或者量子隧穿效应的材料，就可以称为纳米材料，而对具体的尺寸并不加以界定[9]。

2005年，我国在国际上率先制定了《纳米材料术语》（GB/T 19619—2004）标准，并于2019年更新为《纳米科技 术语 第4部分：纳米结构材料》（GB/T 30544.4—2019）。该标准从纳米尺度、纳米物体、纳米材料、纳米颗粒、纳米纤维、纳米片、聚集体、团聚体、纳米结构、纳米结构材料等多个层面对纳米材料进行了详细的定义。

（1）纳米尺度（nanoscale）

处于1～100 nm（1 nm=10^{-9} m）之间的尺寸范围。

（2）纳米物体（nano object）

一维、二维或三维外部尺寸处于纳米尺度的材料。

注：用于所有相互分离的纳米尺度物体的通用术语。

(3) 纳米材料 (nanomaterial)

任一外部维度、内部或表面结构处于纳米尺度的材料。

注：本通用术语包括纳米物体和纳米结构材料。

(4) 纳米颗粒 (nanoparticle)

三个维度的外部尺寸都在纳米尺度的纳米物体，其最长轴和最短轴的长度没有明显的差别。

注：如果纳米物体的最长轴和最短轴的长度差别显著（大于3），应用纳米纤维或纳米片来表示纳米颗粒。

(5) 纳米纤维 (nanofiber)

两个维度外部尺寸相近且处于纳米尺度，第三个维度尺寸特别大的纳米物体。

注：最长的外部尺寸可不在纳米尺度。

(6) 纳米片 (nanoplate)

一个维度外部尺寸在纳米尺度，其他两个维度外部尺寸明显大于最小尺寸的纳米物体。

注：较大的外部尺寸不必在纳米尺度。

(7) 聚集体 (aggregate)

强束缚或融合在一起的颗粒构成的新颗粒，其外表面积可能显著小于其单个颗粒表面积的总和。

注1：支撑聚集体的力都是强作用力，如共价键或源于烧结或复杂的物理缠结。

注2：聚集体也被称为次级颗粒，而源颗粒则被称为初级颗粒。

(8) 团聚体 (agglomerate)

弱束缚颗粒的堆积体、聚集体或二者的混合体，其外表面积与单个颗粒的表面积总和相近。

注1：支撑团聚体的作用力都是弱作用力，如范德华力或简单的物理缠结。

注2：团聚体也被称为次级颗粒，而源颗粒则被称为初级颗粒。

(9) 纳米结构 (nanostructure)

一个或多个部分处于纳米尺度区域的相互关联的组成部分。

注：区域由性质不连续的边界来界定。

(10) 纳米结构材料 (nanostructured material)

内部或表面结构处于纳米尺度的材料。

注：如果外部尺寸处于纳米尺度，推荐使用术语纳米物体。

1.1.2 纳米科技

1.1.2.1 纳米科技的范畴

纳米科技的最终目的是研究者可以按照自己的意愿直接操作单个原子，制造具有独特性能的材料，实现常规块体材料无法实现的功能。纳米技术是研究结构尺寸在 0.1～100 nm❶ 尺寸空间内电子、原子和分子运动规律和特性的科学技术。纳米科技关注的是物质在纳米尺度上表现出来的新现象与新规律，如果作为一个学科，**纳米科技可以概述为集纳米尺度上的新概念、新理论、新原理、新方法与新功能于一体的交叉新兴学科**。纳米科技是研究、开发、利用纳米尺度物质的一门新兴的应用型学科，具有**多学科交叉**的特征，主要包括以下三个方面。

（1）纳米科学

研究物质在纳米尺度上所表现出来的特殊的物理、化学现象，探索其内在规律，特别是原子、分子和电子在纳米尺度范围的运动规律，为纳米材料的研发提供理论指导。

（2）纳米技术

实现尺度在 0.1～100 nm 的纳米材料的制备，纳米结构的复合、加工和组装，以及对纳米尺度的材料进行测试与表征的技术，为纳米科技的应用奠定基础。

（3）纳米工程

包括纳米尺度材料在能源、光电器件、医药、诊疗、催化等领域的应用探索和开发，以及纳米材料、器件的设计、制造与应用[10-13]。

1.1.2.2 纳米科技的分支学科

随着纳米科技的不断进步，其研究内容和范围不断丰富和扩展。目前，纳米科技领域已形成了一些各具特色、相对独立又相互渗透的新兴领域，近年来形成了多个新兴的重要**分支学科，包括纳米物理学、纳米生物学和纳米药物学、纳米电子学、纳米化学**等。

（1）纳米物理学（nanophysics）

纳米物理学是深入揭示物质在纳米空间的物理过程和物质表征手段的新型科学。它以纳米固体为研究对象，对其结构的奇异性、光学性质、特殊的导电机理等重要物理问题进行研究，以挖掘物质的潜在信息和结构潜力。在纳米物理领域，纳米半导体、纳米磁性材料、纳米非线性光学材料、纳米铁电体等[14-17]都已经成为非常重要的材料。

（2）纳米生物学（nanobiology）和纳米药物学（nanomedicine）

纳米生物学是一个新兴的跨学科研究领域，它将纳米科技与生命科学有机结合，研究生命系统的各个层次与尺度之间的关系，而纳米药物学则是纳米生物学研究成果的应用之一。例如，纳米生物学可以通过对细胞进行精密的操作，研究蛋白质在细胞内的作用机制，从而探究生命系统的行为和智慧。此外，还可以通过纳米技术的应用，将药物分子精确地输送到致病细胞，以达到高效、精准的治疗目的。有了纳米技术，还可用自组装方法在细胞内放入零件或组件使其构成新的材料。

纳米药物与传统药物不同的是，纳米药物结构小巧，可进入细胞内，减小了药物对健康细胞的损害，同时也可以更加精确地瞄准病变部位，从而提高治疗效果。例如，纳米药

❶ 纳米科技为广义定义，包含纳米技术。本教材中涉及较小尺寸的材料，为了在说明时覆盖尽量全面，规定纳米技术研究材料尺寸范围为 0.1 ～ 100 nm。与 ISO/TS80004 中定义的 1 ～ 100 nm 不完全一致。

物可以清除癌细胞，同时减小切除部位的面积，保持患者身体的完整性。

（3）纳米电子学（nanoelectronics）

纳米电子学是在纳米尺度范围内研究物质的电子学现象及其运动规律，并以纳米结构物质为基础，构筑量子器件，实现纳米集成电路，从而实现集成电路尺寸的缩小和数据通过量的大幅提高的一门科学。纳米电子学的研究对象包括基于量子效应的纳米电子器件、纳米结构的光 / 电性质、纳米电子材料的表征，以及原子操纵和原子组装等。纳米电子学的研究，离不开扫描隧道显微镜（简称 STM）和原子力显微镜（简称 AFM），以最高的原子级空间分辨率来观察表面的原子或分子的几何分布和态密度分布，确定物体局域的光、电、磁、热和机械特性。

（4）纳米化学（nanochemistry）

纳米化学是一门主要研究原子以上、100 nm 以下的纳米世界中的各种化学问题的科学，包括纳米体系的化学制备、化学性质及应用。其主要研究内容是纳米尺度范围的化学过程及相关效应，**重点是纳米材料、纳米结构以及纳米体系的化学合成与修饰。纳米化学关注的焦点是基于原子、分子的自下而上的合成方法，及以分子自组装为代表的纳米组装体系的设计与应用。**过去人们主要通过改变物质的化学成分与化学结构来使其具有设计所需的特性。现在注重研究由数十到几千个原子或分子组成的基本单元及其组装特征，关注其与具有同样组成的块体材料在化学性质方面的差异。

纳米化学的特征与纳米粒子的尺寸、形状、自组装和缺陷密切相关。因此，任何新的纳米结构的合成都与所有这些概念相关。

二氧化硅、金、聚二甲基硅氧烷、硒化镉、氧化铁和碳是具有纳米化学转化能力的材料。纳米化学可以从氧化铁（铁锈）中制造出最有效的 MRI 造影剂，氧化铁具有检测癌症甚至杀死癌细胞的能力[18]。二氧化硅（玻璃）可用于改变光线方向或阻挡光线。

1.2 纳米材料的特性

由于纳米材料的尺寸足够小，与电子的德布罗意波长、超导态的相干长度以及激子玻尔半径等物理特征尺寸相当，因此电子被局限在极小的纳米空间内，平均自由程变短、局域性和相干性增强，宏观固定的准连续能带消失，能级分裂转变为离散能级，纳米体系的光、电、热、磁等物理性质表现出了许多与常规材料不同的新特性。例如，本是绝缘体的氧化物达到纳米尺度时，电阻会下降；10～25 nm 的铁磁金属微粒矫顽力比相同的宏观材料大 1000 倍，而当微粒尺寸小于 10 nm 时矫顽力变为零，表现为超顺磁性[19]；纳米氧化物材料对红外、微波有良好的吸收特性，可作为吸波材料用于飞机的隐身涂层[20]；常规的半导体硅，由于导带底和价带顶的垂直跃迁是禁阻的，通常没有发光现象，但当硅的尺寸达到纳米级（6 nm）时，在靠近可见光范围内，就有较强的光致发光现象[21]。

随着纳米科技研究的深入，科学界从理论上对纳米材料的独特性能和现象进行了系统分析，发现纳米材料具有表面效应、小尺寸效应、量子尺寸效应、宏观量子隧穿效应等基本效应，从而为人们学习和研究纳米科技以及纳米材料提供了理论基础。

1.2.1 纳米微粒的特征效应

1.2.1.1 量子尺寸效应

量子尺寸效应，也叫量子限域效应，是指当粒子的粒径达到纳米数量级时，金属费米能级附近的电子能级不再连续，逐渐变为离散能级，这时纳米晶体微粒的最高被占据分子轨道和最低未被占据分子轨道的能级间距比粒子的能级间距更宽，因而能隙也相应变宽[22]。在量子尺寸效应的作用下，纳米晶体材料会产生一系列与宏观物体完全不同的性能，在光、热、电、磁等方面具有一些新奇的特性，被应用到很多领域。通过对纳米晶体形貌以及尺寸的控制，可以调节其能隙宽度以及激子束缚能。纳米晶体的尺寸越小，其紫外可见吸收光谱的蓝移就越明显。

根据能带理论，宏观物体近似包含无限个原子（即导电电子数 $N\to\infty$），能级间距 $\delta\to 0$；而对于纳米微粒，其所包含的原子数有限，N 值很小，这就导致 δ 有一定的值，即能级发生分裂，形成离散能级。当能级间距大于热能、磁能、静电能、光子能量或超导态的凝聚能时，量子尺寸效应就不可忽略。

量子尺寸效应可导致纳米微粒具有特殊的磁、光、声、电、热以及超导电性。例如，半导体硒化镉微粒尺寸小到与其德布罗意波长相当时，就会产生与可见光能级相当的能隙，从而产生明亮的发光，而且随着尺寸减小，能带间隙加宽，发光颜色将由红色向蓝色转移。控制硒化镉纳米颗粒尺寸所制备的发光二极管可在红、绿和蓝光之间变化。

1.2.1.2 小尺寸效应

当超细微粒的尺寸与光波波长、德布罗意波长以及超导态的相干长度或透射深度等物理特征尺寸相当或比它们更小时，晶体周期性的边界条件将被破坏，非晶态纳米微粒的颗粒表面层附近原子密度减小，导致声、光、电、磁、热、力等物理性能发生变化，这就是纳米微粒的小尺寸效应，又称体积效应[23]。主要体现在以下几个方面。

光学性质：与常规大块材料相比，纳米微晶的吸收光谱和发射光谱存在蓝移现象，即移向短波方向。纳米碳化硅颗粒比大块碳化硅固体的红外吸收频率峰值蓝移了 20 nm^{-1}，而纳米氮化硅颗粒比大块氮化硅固体的红外吸收频率峰值蓝移了 14 nm^{-1}。

热学性质：固体物质熔点会随着尺寸的减小而显著降低，颗粒小于 10 nm 时变得尤为显著。如块状金的熔点为 1064 ℃，当颗粒尺寸减到 10 nm 时，则降低为 1037 ℃，降低了 27 ℃，2 nm 时变为 327 ℃；银的常规熔点为 690 ℃，而超细银的熔点变为 100 ℃，因此超细银粉制成的导电浆料可在低温下烧结，超细银浆打印的元件基片不必采用耐高温的陶瓷材料，甚至可用塑料替代。

磁学性质：纳米粒子的磁性与大块材料显著不同，大块的纯铁矫顽力约为 80 A/m，而当颗粒尺寸减小到 20 nm 以下时，其矫顽力可增加 1000 倍，若进一步将尺寸减小到 6 nm，其矫顽力反而降低到零，呈现出超顺磁性[24]。磁带、磁盘、磁卡以及磁性钥匙等中的高存储密度的磁记录材料就是利用磁性超微颗粒具有高矫顽力的特性。

力学性质：纳米材料也展现出与块体材料不同的韧性和硬度等特性。例如：陶瓷材料在通常情况下是脆性的，但是由纳米超微颗粒压制成的纳米陶瓷材料却是韧性的。这是因为纳米材料具有大的表面积，表面的原子排列较为混乱，原子在外力变形的条件下很容易迁移，因此表现出较好的韧性与一定的延展性。在硬度上，纳米金属晶粒要比大晶粒金属硬 3～5 倍。另外，超微颗粒的小尺寸效应还表现在超导电性、介电性能、声学特性以及化学性能等方面。

1.2.1.3 表面效应

纳米材料的表面效应又称界面效应，是指纳米微粒的表面原子数与总原子数之比随粒径减小而急剧增大后所引起的性质上的变化 [25]。从物理和化学的角度看，纳米材料的表面效应主要体现在三个方面。

大的比表面积：随着粒径的减小，纳米微粒比表面积逐渐增大，提升了其在很多领域的应用性能。例如在催化领域，大的比表面积可以增加反应物与催化剂的接触位点，从而提高反应效率；另外，在吸附领域，大的比表面积可以大大提高吸附容量，具有很大的优势。

高的表面能：纳米微粒的粒径逐渐减小到纳米尺寸，除了造成表面积迅速增加之外，表面能也会大幅增加。由于其高的表面能，纳米粒子表面如果没有任何稳定剂，在溶液中很容易团聚，因此溶液中合成纳米粒子常常需要加入有机配体 [26]。

丰富的表面活性悬键：随着粒径减小到纳米尺度，晶体的周期性边界被严重破坏，表面层附近的原子密度减小，键态严重失配，表面出现非化学平衡、非整数配位的化学价，也称为不饱和键或悬键。这些表面悬键具有很高的活性，易于与其接触的物质发生物理化学相互作用。一方面，纳米材料的这个特性使其可作为高活性的吸附剂和催化剂，在氢气储存、有机合成和环境保护等领域有着重要的应用前景。另一方面，该特性也为纳米材料的表面修饰提供了很好的基础，可以在纳米材料表面引入多种改性剂进行修饰。

1.2.1.4 宏观量子隧穿效应

隧穿效应是当微观粒子的总能量小于势垒高度时，该粒子仍能穿越这一势垒的现象，是基本的量子现象之一 [27]。宏观量子隧穿效应是宏观物理量在量子相干器件中的隧穿效应。例如，微颗粒的磁化强度，具有铁磁性的磁铁，其粒子尺寸小到一定程度，一般是纳米级时，会出现由铁磁性变为顺磁性或软磁性的现象。扫描隧道电子显微镜是利用电子在原子间的量子隧穿效应，将物质表面原子的排列状态转换为图像信息的仪器。

1.2.1.5 库仑堵塞与量子隧穿效应

当纳米粒子的尺度进入纳米级（一般金属粒子为几纳米，半导体粒子为几十纳米）时，体系电荷是“量子化”的，即充电和放电过程是不连续的，充入一个电子所需的能量 E_C 为 $e^2/(2C)$，e 为一个电子的电荷，C 为小体系的电容，体系越小，C 越小，能量 E_C 越大。这个能量就称为**库仑堵塞能**。换句话说，库仑堵塞能是前一个电子对后一个电子的库仑排斥能，电子不能集体传输，而是一个一个单电子传输，这就导致了对一个小体系的充放电过程。通常把小体系这种单电子传输行为称为**库仑堵塞效应**（简称库仑堵塞）[28]。如果两个量子点通过一个“结”连接起来，那一个量子点上的单个电子穿过能垒到另一个量子点上的行为称作**量子隧穿效应**。

1.2.1.6 介电限域效应

介电限域是纳米微粒分散在异质介质中由界面引起的体系介电增强的现象，主要来源于微粒表面和内部局域场的增强。当介质的折射率与微粒的折射率相差很大时，就产生了折射率边界，这就导致微粒表面和内部的场强比入射场强明显增加，即产生介电限域效应。一般来说，过渡金属氧化物和半导体微粒都可能产生介电限域效应[29]。纳米微粒的介电限域对光吸收、光化学、光学非线性等性质会有重要的影响。因此，在分析材料光学现象的时候，既要考虑量子尺寸效应，又要考虑介电限域效应。

1.2.2 纳米材料的物理特性

由于上述特性，纳米微粒在热学、光学、电学、磁学和力学等方面都表现出与块体材料不同的独特性质，为纳米材料在各个领域的应用奠定了基础。

1.2.2.1 纳米材料的热学性能

由于纳米粒子的小尺寸效应、热扩散限制、表面能、晶界效应等因素的影响，纳米粒子的热学性能与普通晶体的热学性能有显著的不同。纳米粒子在热学性能方面的特性主要体现在以下几个方面。

（1）熔点的下降

大尺寸的固态晶体物质，其熔点是固定的。而对于纳米粒子，微粒的表面能高，表面原子比例大幅增加。这些表面原子配位不饱和，具有很高的活性和表面能，因此微粒熔化时所需增加的内能远小于块体材料，导致纳米颗粒的熔点远低于块体材料。例如金纳米粒子，当其尺寸减小到 2 nm 时，其熔点从块体材料的 1064 ℃降低到 327 ℃[30]。

（2）比热容的增大

纳米粒子的比热容是指纳米粒子在温度变化时表现出的热容量。在一定条件下，纳米粒子的比热容可能会显著高于普通晶体的比热容。这是由纳米粒子的高比表面积以及晶界附近的原子振动等因素导致的。纳米晶比热容的变化对于纳米材料的制备与应用具有重要的影响。

1.2.2.2 纳米材料的光学性能

纳米材料的光学性能是指纳米材料与光相互作用产生的与块体材料不同的特性，主要包括吸收、散射、透射、反射、发光等。纳米材料的光学性质不仅对基础科学研究具有重要意义，还在光电子器件、传感器、生物医学等领域有着广泛的应用前景。因此，对纳米材料光学性质的深入理解和精确控制是纳米科技研究的重要内容之一。

（1）吸收特性：吸收带蓝移

纳米微粒随着尺寸减小，能隙变宽，导致光吸收带向短波方向移动。图 1.1 为 CdTe 量子点在不同反应时间的吸收光谱，反应时间越短，CdTe 量子点的粒径越小，吸收光谱蓝移[31]。纳米材料的吸收光谱可以随着尺寸、形状和表面修饰的改变而被调控。在量子点等纳米结构中，量子尺寸效应会导致能带结构的量子限制，使材料对特定波长光的吸收增强或者发生波长可调的吸收现象。

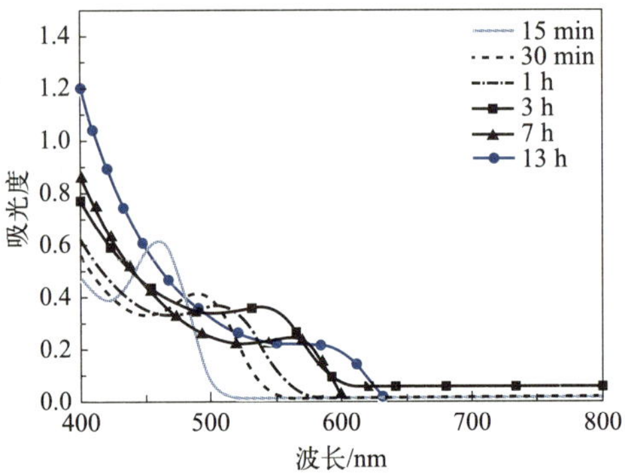

图 1.1 不同反应时间 CdTe 量子点的紫外可见吸收光谱[31]

(2) 散射特性

纳米颗粒、纳米结构或者纳米表面可以引起光的散射，产生表面等离子体共振（SPR）效应等[32]。纳米材料的表面形貌和粗糙度会影响散射光的强度和方向性。

另外，纳米微粒分散于介质中形成的胶体溶液也具有特殊的光学特征。例如，著名的丁达尔效应，就是让一束聚集的光线通过纳米粒子的分散液，在入射光的垂直方向可看到一个发光的圆锥体。丁达尔效应与分散粒子的大小及入射光线的波长有关。当分散粒子的直径大于入射光线波长时，光投射到粒子上就会被反射，而看不到丁达尔效应。当粒子直径小于入射光线波长时，光线便可以绕过粒子而向各方向传播，发生散射，散射出来的光即为乳光。

根据瑞利公式，散射强度 I 为

$$I = 24\pi^3 \frac{NV^2}{\lambda^4}\left(\frac{n_1^2 - n_2^2}{n_1^2 + 2n_2^2}\right)I_0 \tag{1-1}$$

式中，λ 为波长，nm；N 为单位体积中的粒子数；V 为单个粒子的体积，m^3；n_1、n_2 分别为分散相（这里为纳米微粒）和分散介质的折射率；I_0 为入射光强度。

从式（1-1）可以看出，散射强度与粒子体积的平方成正比。对低分子真溶液，分子体积很小，虽有乳光，但很微弱。悬浮体的粒径大于可见光波长，故没有乳光，只有反射光。只有纳米胶体粒子形成的溶胶才能产生丁达尔效应。

而且，散射强度与入射光波长的四次方成反比，故入射光的波长越短，散射越强。例如，白光照射溶胶时，侧面的散射光呈淡蓝色，而透射光呈橙红色，因为白光中蓝光与紫光的散射较强。

另外，分散相与分散介质的折射率相差越大，粒子的散射光就越强。所以当分散相和分散介质间没有亲和力或只有很弱亲和力时，由于分散相与分散介质间有明显界限，两者折射率相差很大，故乳光很强，丁达尔效应很明显。

(3) 透射特性

纳米材料的透射特性取决于其组成、结构和厚度等因素。纳米薄膜、纳米孔阵列等结构可以实现光的选择性透射，产生透明度、光学滤波和光学调制等效应。

(4) 反射特性

纳米结构可以调控光的反射率，如周期性纳米结构的布拉格反射效应、金属纳米颗粒的等离子体共振效应等，可以增强或者抑制光的反射。

(5) 发光特性

本来不发光的物质，当其粒径小到纳米尺寸后也可以观察到发光现象。例如当硅纳米粒子的尺寸小到 6 nm 时，在室温下可以发射可见光。与纳米材料的吸收光谱类似，其发射光谱也随着粒子尺寸的减小而发生蓝移，而且随着粒径的减小发射强度增强。

1.2.2.3　纳米材料的电学性能

纳米材料的电学性能主要是由其尺寸效应、表面效应和量子效应决定的。当材料的颗粒尺寸达到纳米级时，由于量子效应的存在，电子在空间分布上的规律发生了变化。这种变化导致了纳米材料的电学性能与宏观材料有所不同。比如银，当其颗粒大小变为 10～15 nm 时，电阻会突然升高，使其失去金属的特性；而对于典型的绝缘体如氮化硅、二氧化硅等，当其颗粒尺寸小到 15～20 nm 时，电阻会大大下降，使它们具有导电性能[33]。

另外，纳米材料由于其尺寸很小，当电子被限制在这个空间内时，其能量和运动方式会发生量子化，从而影响材料的电子输运性质。**量子效应是纳米材料电学性质的重要表现形式之一。**例如，在量子点结构中，电子的不同能级之间存在着量子的跃迁，从而使其产生了独特的光电性质。另外，量子效应还会导致纳米材料的能带结构、禁带宽度、载流子波束等特征的变化，使纳米材料的电学性质比宏观材料更加复杂。

纳米材料的这些独特电学特性使其在微电子制造中可以作为导电和减小电阻的材料，同时在光电子学领域也可以应用于光电器件中。例如，纳米晶体掺杂 LED 的亮度和效率要高于传统 LED，而且电流密度更低，能耗也更低。另外，量子点材料能够发出独特的荧光颜色，具有调节较简单、寿命较长和光学性能卓越等优点，因此在 LED 照明、显示屏、太阳能电池等方面具有广阔的应用前景[34]。

1.2.2.4　纳米材料的磁学性能

纳米材料具有独特的磁学性能，包括超顺磁性、高矫顽力、低居里温度和高比磁化率[35-37]。具体介绍如下。

超顺磁性：当纳米粒子的尺寸减小到一定临界值时，它们会表现出超顺磁性。这是因为在小尺寸下，各向异性能与热运动能相当，导致磁化方向不再固定在一个易磁化方向上，而是做无规律的变化。

高矫顽力：纳米微粒通常具有较高的矫顽力，这是其尺寸大于超顺磁临界尺寸时的典型表现。

低居里温度：由于纳米材料的小尺寸效应和表面效应，其居里温度通常较低。

高比磁化率：纳米材料的磁性与它们所含的总电子数的奇偶性密切相关，导致其具有高比磁化率。

这些特性使纳米材料在多个领域有广泛应用，如医学中的药物输送和生物分离，以及电子器件中的高频转换器等。

1.2.2.5 纳米材料的力学性能

材料的力学性能主要包括弹性、硬度、强度、塑性、韧性等。对于传统的晶粒尺寸在微米以上量级的多晶粒材料，随晶粒尺寸减小，材料的强度和硬度增大。

而当晶粒尺寸小于 100 nm 时，其力学性能有以下几种特性：

① 纳米材料的弹性模量低于常规大晶粒组成材料的弹性模量。弹性模量是反映材料内原子、离子键合强度的重要参数。由于纳米材料中存在大量晶界，而晶界的原子结构和排列不同于晶粒内部，且原子间距较大，因此，纳米晶的弹性模量随晶粒尺寸的减小而下降。例如纳米 Fe、Cu 和 Ni 等样品的测试结果显示，其弹性模量比普通大晶粒组成的多晶材料略小（小于 5%），并随晶粒减小，弹性模量降低[38]。

② 纳米纯金属的强度或硬度高于大晶粒组成的多晶材料。一般来说，几乎所有的材料在纳米尺度都能表现出极高的抗拉强度和抗压强度。

③ 金属或陶瓷的纳米多层材料表现出超高的硬度。

④ 低温下，纳米陶瓷或金属化合物具有延展性。陶瓷材料在通常情况下呈脆性，但由纳米微粒压制成的纳米陶瓷材料有很好的韧性。这是因为纳米材料具有较大的界面，界面的原子排列相当混乱，原子在外力变形的条件下很容易迁移，因此表现出韧性与延展性。例如，CaF_2 纳米材料在 80～180 ℃温度下塑性提高了 100%[39]。

1.2.3 纳米材料的化学特性

1.2.3.1 纳米材料的吸附特性

吸附是相接触的不同相之间产生的结合现象。吸附可分成物理吸附和化学吸附两大类。物理吸附是吸附剂与吸附相之间以范德华力、氢键等较弱的物理力结合；而化学吸附是吸附剂与吸附相之间以化学键强结合。与相同组成的块体材料相比，纳米粒子具有极小的尺寸和巨大的比表面积、丰富的表面配位不饱和键等特性，因而有更强的吸附能力。纳米微粒的吸附性与被吸附物质的性质、溶剂以及溶液的性质有关。

纳米粒子的吸附特性主要由以下几个因素决定。

（1）表面活性

纳米粒子的表面活性决定了其与吸附物质之间的相互作用。通过改变纳米粒子的表面性质，可以调控其吸附能力。例如 SiO_2 表面有丰富的羟基，可以和醇、酰胺、醚等有机物形成氢键来吸附。

（2）比表面积

纳米粒子相比于大颗粒具有更大的比表面积，因此能够提供更多的吸附位点，增强吸附效果。相同材料组成的纳米粒子，比表面积越大，吸附容量越大。

（3）孔隙结构

纳米粒子内部通常存在着丰富的孔隙结构，这些孔隙可以进一步增大纳米材料的比表面积，从而提供更多的吸附位点，增加吸附容量。

（4）表面电荷

纳米粒子的表面通常带有电荷，这些电荷可以吸引或排斥吸附物质，影响吸附过程。例如表面带负电荷的纳米粒子可以有效吸附阳离子染料。

由于其优异的吸附性能，纳米粒子在环境、药物传递、催化和生物传感等很多领域得到广泛的应用[40-43]。

1.2.3.2 纳米微粒的催化性质

催化作用是指在化学反应中不改变反应热力学平衡的情况下，加快化学反应速率的现象。纳米粒子由于其超小的尺寸、大的比表面积和优异的表面活性，以及比块体材料更好的催化性能，近年来在催化领域的应用越来越广泛，其催化性质主要由以下几个方面决定。

（1）尺寸效应

纳米粒子的催化性质与其尺寸密切相关。尺寸效应是指物体表面积与体积比的增加，导致物体的性质发生变化的现象。纳米粒子的表面积相对于体积来说很大，因此更容易吸附反应物，并提高反应活性[44]。随着纳米粒子的尺寸变小，其表面积增大，而且表面原子比例也增大，导致其具有与大尺寸粒子不同的催化性质。

（2）表面扭曲效应

纳米粒子的形态和晶格受到表面扭曲效应的影响[45]。表面扭曲效应是指纳米晶体表面与体心构造之间的失调现象。这种失调会导致晶格参数发生变化，使纳米晶体吸附能力增强，活性位点数目增多，从而提高催化活性。

（3）局域化表面等效性

纳米粒子的表面能量与它的拓扑形态密切相关[46]。当纳米粒子的表面形态具有对称性时，其上的某些位点可以具有相同的活性。这种局域化表面等效性增加了催化反应的活性位点数目，从而提高了整体催化性能。

1.3 纳米材料的分类

纳米材料的种类非常丰富，从材料的化学组成与性能来看，纳米材料涵盖了所有已知的材料类型。纳米材料的分类方法主要有以下几种：①从三维外观尺度上对纳米材料进行分类，它也是目前流行的纳米材料分类方法，可分为零维纳米材料、一维纳米材料、二维纳米材料和三维纳米材料；②按照材料的化学组成分类，纳米材料可分为纳米金属材料、纳米陶瓷材料、纳米半导体材料、纳米高分子材料与纳米复合材料；③按材料的性能分类，纳米材料可分为纳米磁性材料、纳米压电材料、纳米铁电材料、纳米光子学材料、纳米发光材料、纳米催化材料、纳米诊疗材料等；④按材料的用途分类，纳米材料可分为纳米电子材料、纳米生物材料、纳米发光材料、纳米建筑材料、纳米隐形材料等[47-50]。

1.3.1 形态不同的纳米材料

根据电子在三维空间上可以自由运动的维度数量，可将纳米材料分为零维、一维和二维材料。另外，还有一类纳米材料，其在空间的三个维度可能都未达到纳米尺度，但是其材料内部包含纳米尺度的空隙、结构等，具有纳米尺度的特征，这类材料被称为三维纳米材料。

1.3.1.1 零维 (0D) 材料

零维材料是指材料在三个维度都处于纳米尺度范围（1～100 nm），电子在三个维度的运动都受限的材料。零维纳米材料是粒径比较小的颗粒，包括纳米粒子、团簇和量子点等。近几十年中，零维纳米材料研究取得了显著的进展。人们采用物理法和化学法制造了尺寸控制良好的零维纳米材料[51]。

（1）团簇

通常把仅含有几个到几百个原子或尺寸小于 1 nm 的粒子称作“簇”，它是介于单个原子与固态之间的原子集合体，是在 20 世纪 80 年代研究者发现的一类化学新物种，例如 Fe_n、Cu_nS_m（n 和 m 都是整数）等。原子团簇的特点是处于表面的原子比例极高，而表面原子的几何构型、自旋状态以及原子间作用力都完全不同于体相内的原子。因此可仅仅通过调节团簇的大小极大地改变物质特性，例如，10 个铁原子的团簇在催化氨合成时要比 17 个铁原子的团簇效能高出 1000 倍。团簇在量子点激光、单电子晶体管，尤其是作为构造结构单元研制新材料方面有广阔的应用前景[52]。

（2）纳米粒子

纳米粒子是直径为纳米级的粒状物质（如图 1.2 所示），比团簇更大，尺寸一般在 1～100 nm 之间。由于其大的比表面积和较多暴露的表面原子，通常具有不同于块体材料的尺寸效应、表面效应等[53]。

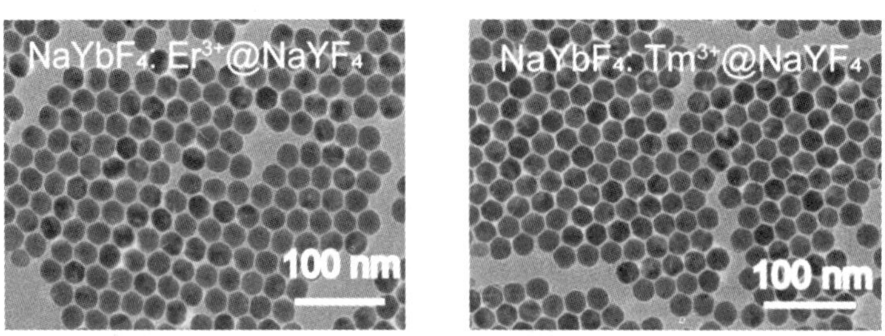

图 1.2 以 $NaYbF_4$ 为基质的上转换纳米粒子的电镜照片[53]

（3）量子点

量子点通常由几千个到上百万个原子组成，是电子、空穴和激子在三个空间维度上被束缚的半导体纳米结构。从严格意义上讲，并非小到一定纳米以下的材料才是量子点。衡量一个材料是否是量子点的关键，取决于电子在材料内的费米波长。当三个维度的尺寸都缩小到一个波长以下时，才是量子点。关于量子点的详细信息见本教材的第4章。

1.3.1.2 一维(1D)材料

一维材料是指材料有二维处于纳米量级（如图1.3所示），电子仅可以在一维的非纳米尺度上自由运动的材料，也就是说，其三维中的二维被限制在纳米量级内。一维纳米材料包括纳米线、纳米棒、纳米丝、纳米管、纳米带等[54-58]。在这些结构中，长度与直径的比值称为长径比。通常纳米棒[59]的长径比位于10～100范围内。如果纳米棒的长径比大于100，则称为纳米线，因此，纳米线是更长的纳米棒。另外，纳米管是中空的纳米棒。

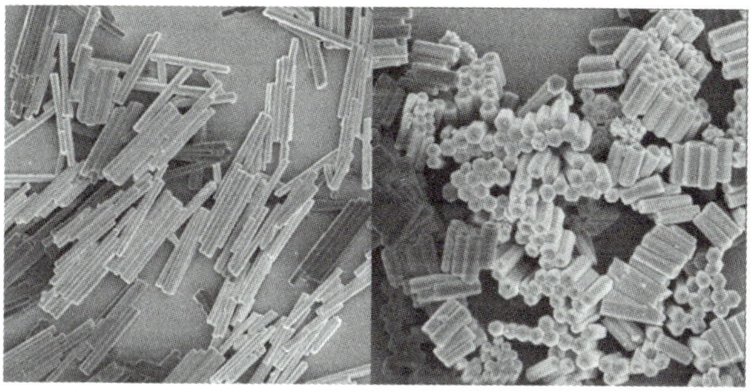

图1.3 $NaYF_4$:Yb,Er纳米棒的扫描电镜照片[59]

一维纳米材料，由于其特殊的结构特点，具有许多独特的性质，例如纳米线具有优异的电荷传输性质，可应用于高性能的电子器件。

1.3.1.3 二维(2D)材料

二维材料是指材料有一维处于纳米量级（图1.4），电子仅可在两个维度的非纳米尺度上自由运动（平面运动）的材料，如纳米薄膜、超晶格、量子阱。这一概念是2004年曼彻斯特大学Geim小组成功分离出单原子层的石墨材料——石墨烯后提出的。由于二维材料具有超薄的厚度，其载流子迁移、热量扩散都在二维平面内，因此具有载流子迁移率超高

图1.4 MoO_2二维叠层的结构示意图

的优点。目前研究较多的二维材料包括石墨烯、过渡金属硫化物（如二硫化钼、二硫化钨、二硒化钨、二硒化钼）、氮化硼、MXene、黑磷等[60-65]。

由于具有超高的载流子迁移速率等特性，二维材料适合用来制造场效应晶体管、二极管、光电探测器、PN同质结半导体、PN异质结半导体、透明导电电极、忆阻器、LED、太阳能电池、电光催化剂等光电器件与材料。

1.3.1.4 三维纳米材料

不同于前面所讲的三类纳米材料，三维纳米材料在空间的三个维度可能都未达到纳米尺度范围，但是其材料内部包含纳米尺度的空隙、结构等，具有纳米尺度的特征。三维纳米材料在三维空间中具有更加复杂和多样的结构，能够展现出更加丰富的物理、化学性质和功能。以下是几种常见的三维纳米材料。

（1）纳米多孔材料

纳米多孔材料是一类内部具有纳米尺度孔隙结构的材料，包括纳米孔阵列、分子筛多孔材料等。这些材料的特点是具有高比表面积和丰富的孔隙结构，在催化、分离、吸附等领域具有很广泛的应用前景[66]。

（2）纳米复合材料

纳米复合材料是由纳米材料与基质材料组成的复合结构，具有纳米尺度的增强效应和功能特性。这些材料具有优异的力学性能、导电性能和热稳定性等，被广泛应用于材料强化、传感器、催化剂等领域[67]。

（3）三维纳米结构阵列

三维纳米结构阵列是由纳米结构沿着三维空间排列形成的材料，如纳米线阵列、纳米棒阵列等。这些结构具有高度有序的排列、大的比表面积及优异的光学和电学性能，被广泛应用于光电器件、传感器、催化剂等领域[68]。

（4）三维打印纳米结构

三维打印技术可以制备具有复杂结构的三维纳米材料，包括纳米网格、纳米梯度结构等。这些材料被高度定制化且具有可控性，被广泛应用于仿生材料、微纳米器件等领域[69]。

1.3.2 功能不同的纳米材料

1.3.2.1 纳米催化材料

催化剂可以提高反应效率和反应速率，因此在化学化工领域起着举足轻重的作用。相较于传统的催化剂，纳米微粒表面活性中心多，可大大提高反应效率，甚至使原来不能进行的反应也能进行。纳米催化是建立在纳米科学和催化科学之间的一个交叉学科。纳米催化的发展开始于20世纪末，研究者将材料在纳米尺度特有的尺寸形貌效应导致的优异的物理和化学性质应用于催化研究中。可作为催化剂的纳米材料包括纳米碳材料、纳米多孔材料、纳米金属材料等。

纳米材料由于其 1～100 nm 的特征尺寸，应用于催化反应有两大优势：

① 大的比表面积和高的表面原子比例。大的比表面积和高的表面原子比例为反应物提供了更多的吸附和活性位点，大大提高了催化效率。

② 暴露更多活性晶面。晶体催化剂材料不同晶面的催化活性有很大的区别，采用纳米晶体作为催化剂，可通过对催化剂合成过程的控制使其暴露更多的活性晶面，从而提高其催化性能。

1.3.2.2 纳米发光材料

纳米发光材料是一种具有纳米级尺寸的发光材料，与常规尺度的发光材料比较，纳米尺度的发光材料表现出了许多新的发光特性，如发光强度的增强和猝灭浓度的升高、谱峰漂移、发光效率的提高和发光寿命的变化等。

纳米发光材料的发光性能主要与其晶体结构和缺陷有关。例如掺杂材料能够通过改变晶体结构和能带结构来改变材料的发光性质，如调控发光波长、发光强度和发光寿命等。此外，纳米发光材料还可以通过调控表面修饰、界面效应和量子尺寸效应来改善其发光性能。

纳米发光材料主要包括量子点、稀土掺杂的纳米发光材料、半导体纳米发光材料等几大类。

（1）量子点

量子点可以根据其组成和结构的不同分为碳量子点、半导体量子点、钙钛矿量子点；按微观结构则分为核型量子点和核壳量子点等。关于量子点的具体内容详见第 4 章。

（2）稀土掺杂的纳米发光材料

稀土掺杂的纳米发光材料是指将稀土离子掺杂到纳米晶体基质中得到的发光材料。由于稀土元素具有独特的4f 电子结构，它们可以在光、热、电等的激发下产生多种颜色的光，而且光谱波长覆盖范围广，涉及从紫外到近红外的区域。

由于稀土掺杂的纳米发光材料具有荧光寿命长、色彩纯度高、化学稳定性好等优点，因此在各种领域中具有广泛的应用价值。例如：

① 显示：稀土掺杂的纳米发光材料可以用于制造高亮度、高分辨率的显示器。

② 照明：稀土掺杂的纳米发光材料可以用于制造白光 LED 等照明设备。

③ 生物成像：稀土掺杂的纳米发光材料由于具有长荧光寿命和较好的化学稳定性，应用于生物医学成像，可以很好地克服背景荧光的干扰。

（3）半导体纳米发光材料

半导体纳米发光材料是一种具有较小颗粒尺寸（通常在 1～10 nm 之间）的特殊发光材料，由硫化物、氧化物、氮化物等半导体材料制成，例如 ZnO、ZnS、ZnSe、CdS 等[70]。该类材料具有优异的荧光、磷光和光电性能。半导体纳米发光材料主要有半导体纳米线和纳米棒、纳米薄膜和纳米颗粒（粒径小于 100 nm 的半导体颗粒）。

1.3.2.3 纳米生物材料

纳米生物材料是纳米材料与生物医用材料的交叉产物。在过去几年中，纳米生物材料的理论与实验研究已成为人们关注的焦点，常用的纳米生物材料主要有以下几大类。

（1）细胞分离用纳米材料

病毒尺寸一般为 80～100 nm，细菌为数百纳米，而细胞则更大，因此利用纳米复合粒子性能稳定、不与胶体溶液反应且易实现与细胞分离等特点，可将纳米粒子应用于诊疗中进行细胞分离。该方法同传统方法相比，具有操作简便、费用低、快速、安全等特点。

（2）细胞内部染色用纳米材料

利用不同抗体对细胞内各种器官和骨骼组织的敏感程度和亲和力的显著差异选择抗体种类，将纳米金粒子[71]与预先精制的抗体或单克隆抗体混合，制备成多种纳米金 / 抗体复合物。借助复合粒子与细胞内各种器官和骨骼系统结合而形成的复合物，能够在白光或单色光照射下呈现某种特征颜色（如 10 nm 的金粒子在光学显微镜下呈红色），从而给各种组合"贴上"不同颜色的标签，为提高细胞内组织的分辨率提供了一种突破性的染色技术。

（3）抗菌及创伤敷料用纳米材料

纳米抗菌材料主要有 Ag 系抗菌材料，ZnO、TiO_2 等光催化型纳米抗菌材料和纳米蒙脱土等。例如 ZnO、TiO_2 具有光催化作用，可以与 H_2O 或 OH 反应生成一种具有强氧化性的羟基以杀死病菌[72]。

1.3.3 材质不同的纳米材料

按照材料的化学组成不同，可将纳米材料分为金属纳米材料和非金属纳米材料。

1.3.3.1 金属纳米材料

金属纳米材料指的是由金属元素组成的纳米尺寸的粒子，可分为单质金属纳米材料和合金纳米材料两类。例如金、银、铜等纳米材料属于单质金属纳米材料，而由两种或两种以上的金属元素组成的纳米粒子称为合金纳米材料。金属纳米材料具有良好的导电、导热性能和特殊的光学、电学、磁学等性质，因此可广泛应用于医学、电子、催化等领域。

（1）金属纳米材料的分类

常见的金属纳米材料主要有银、铜、金和钴等。

① 银纳米材料：银纳米材料因其优异的抗菌、导电和光学性质，广泛应用于医疗、光电、电子、催化等领域。

② 铜纳米材料：铜纳米材料具有良好的导电性能、力学性能和生物兼容性，可用于制备电子元器件、生物传感器、智能超表面等。

③ 金纳米材料：金纳米材料因其强的表面增强拉曼散射 (SERS) 效应和良好的生物相容性，被广泛用于分子生物学、透射电子显微镜 (TEM)、光学成像等领域。

④ 钴纳米材料：钴纳米材料具有高催化活性、磁性和热稳定性，可用于催化剂、磁性材料等领域。

（2）金属纳米材料的优点和应用领域

金属纳米材料由于具有小尺寸、大比表面积的特点，所以具有良好的表面活性。纳米材料表面容易发生化学反应或物理过程，增加了其应用的可控性和灵活性。另外，纳米材料表现出与宏观材料不同的光、电、热、力学等性质，可以用于制备新型功能材料、器件和纳米传感器等。

基于以上特点，金属纳米材料被广泛应用于以下领域：

① 生物医学领域：金属纳米材料在光热治疗、靶向药物输送、细胞成像等领域均有广泛应用。

② 材料科学领域：金属纳米材料可以与其他材料复合制备出新型复合材料，以改善材料的力学性能、导电性能和光学性能。

③ 环境与节能领域：金属纳米材料能够作为催化剂，用于净化废水、废气、温室气体等。

1.3.3.2　非金属纳米材料

非金属纳米材料种类较多，包括氧化物、硫化物、碳基材料等，其颗粒大小一般在1～100 nm之间。常见的氧化物纳米材料有氧化锌、氧化亚铜、氧化铁等，硫化物纳米材料有二硫化钼、硫化银、硫化铜等，碳基材料包括石墨烯、碳纳米管等。其中纳米碳材料应用广泛，因此下面将单独介绍纳米碳材料。

纳米碳材料是纳米材料的典型代表。纳米碳材料可以以各种各样的形态出现，包括三维金刚石晶体、二维石墨烯片、一维卡宾和碳纳米管、零维富勒烯分子等各种形貌的材料。本节从以下几类介绍一下不同形态的纳米碳材料。

（1）碳纳米管

碳纳米管具有由碳原子层卷曲而成的管状结构，其径向尺寸为纳米量级，轴向尺寸为微米量级[73]。碳纳米管是主要由呈六边形排列的碳原子构成的数层到数十层的同轴圆管（**多壁碳纳米管**），层与层之间距离0.34 nm，直径一般为2～20 nm。也有由单层六边形排列的碳原子构成的纳米管，称为**单壁碳纳米管**，如图1.5（a）所示。

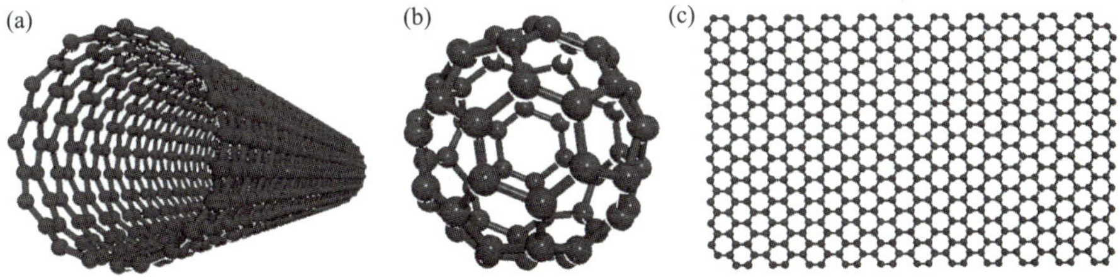

图1.5　不同形态碳材料的结构示意图

（a）碳纳米管；（b）富勒烯；（c）石墨烯

碳纳米管中碳原子以sp^2杂化为主，同时六角形网格结构存在一定程度的弯曲，形成空间拓扑结构，其中可形成一定的sp^3杂化键，即形成的化学键同时具有sp^2和sp^3混合杂化状态，而这些p轨道彼此交叠在碳纳米管外形成高度离域化的大π键，使其可以与一些具有共轭性能的大分子以非共价键相互作用[74]。碳纳米管在管轴方向完全由σ键构成，被认为是在该方向上强度最大的“极纤维”。

不论单壁碳纳米管还是多壁碳纳米管，其表面都结合有一定的官能团，而且不同制备方法获得的碳纳米管表面官能团不同。另外，碳纳米管具有良好的力学性能、导电性能和导热性能，在纳米电子器件、复合材料和生物医学领域有广泛应用[75]。

（2）富勒烯

富勒烯具有由碳原子构成的中空球形结构，呈现出类似足球的形态，如图 1.5（b）。富勒烯结构中不仅含有六元环，还有五元环，偶尔还有七元环。根据碳原子的总数不同，富勒烯可以分为 C_{20}、C_{60}、C_{70}、C_{76}、C_{80} 等。其中，最小的富勒烯是 C_{20}。C_{60} 高度对称的笼状结构，使其具有较高的稳定性，因此在富勒烯家族中研究最为广泛 [76]。

一个 C_{60} 分子相当于 1 nm，极其微小，但它的导电性优于铜。碱金属掺杂后的 C_{60} 还具有超导电性。其导电性源于奇特的分子结构而与其他杂原子无关。另外，富勒烯的结构使其具有特殊的稳定性，在分子水平上，单个富勒烯分子是异常坚硬的，这使得富勒烯可能成为新一代的超高硬度的研磨材料。

富勒烯具有独特的零维结构，是近年来最重要的含碳纳米材料之一。同时，富勒烯具有特殊的光学性质、导电性质及化学性质，因此富勒烯及其衍生物在电、光、磁、材料学等方面都得到了广泛的应用。

（3）石墨烯

继富勒烯与碳纳米管之后，2004 年曼彻斯特大学 A.Geim 与 K.Novoselov 等发现了由单层碳原子构成的石墨烯结构 [77]。石墨烯是一种由碳原子以 sp^2 杂化轨道组成的六边形蜂窝晶格结构的二维碳纳米材料，结构如图 1.5（c）所示。石墨烯的厚度仅相当于一个碳原子，具有非凡的电学、热学和力学性能。它不仅是迄今为止最薄的材料，而且是最为牢固、室温下电子传递速度最快的材料。

（4）碳纳米纤维

碳纳米纤维是另一种重要的纳米碳材料，也是一种直径在纳米尺度范围内的新型碳材料。碳纳米纤维的直径通常在 1～100 nm 之间，这种尺寸使其具有极高的比表面积和力学性能，能够承受极大的拉伸力和压缩力。与传统的碳纤维相比，碳纳米纤维具有更高的强度和刚度，同时具有良好的导电性能和热稳定性。

由于其优异的性能，碳纳米纤维可广泛应用于**航空航天、体育休闲、汽车制造、高性能纤维、电子器件等多个领域**。如航空器的结构材料、汽车车身和零部件的制造，以及高性能运动器材的制造等。

（5）纳米碳球

纳米碳球是一种特殊的纳米碳材料，其分散相可以由碳原子组成，也可以由异种原子（非碳原子）组成，甚至可以是纳米孔。

1.4 纳米材料的意义和发展前景

1.4.1 纳米材料的意义

在纳米级尺度，原子和分子之间的相互作用、电子结构和表面效应等都呈现出了独特的特性，因而纳米材料具有较高的表面能、大的比表面积、高的表面活性、大的能带宽度、高的界面能以及热力学、动力学等方面的特殊性质。

随着纳米材料制备技术的不断进步，多种形态和功能化的纳米材料不断涌现，对于推动相关领域技术的进步有着重要的意义。纳米材料的研究不仅打破了材料科学的传统限制，也推动了物理学、化学、光学、生物学等领域的发展，极大地拓宽了人类对于物质世界的认识和理解。

纳米材料的应用领域十分广阔，包括能源动力、光电子器件、光催化、生物医学、航空航天、资源环境以及电子元器件等诸多领域。目前，应用技术的研究已经成为纳米材料领域的重点，通过广大科技工作者的努力，将会逐步攻克纳米材料应用过程中的各种难关，使纳米材料真正造福于人类。

1.4.2 纳米材料的发展前景

由于独特的物理、化学和生物学特性，纳米材料在很多领域都有着广阔的应用前景。

近年来，发展迅速的是纳米材料在**生物医药领域**的应用，如药物传递、成像和疾病治疗等。热门的生物用纳米材料，包括普鲁士蓝、介孔二氧化硅、磁性四氧化三铁、脂质体纳米颗粒和金（银）纳米颗粒，它们具有独特的性质和应用前景，为医学研究和临床治疗提供了新手段。纳米材料将会促使药物制备、药物传递、疾病诊断以及器官替换与再生等产生根本性的改进。由于纳米粒子尺寸小，可以穿越细胞壁，纳米药物进入细胞后便于生物降解或吸收，可以显著提高治疗效果，同时可以减少药物用量，降低药物的毒副作用。

在**国防领域**，纳米材料的应用能够实现各种光、机、电、磁等系统高度集成的微型化、智能化武器装备的制造。基于纳米微粒的武器装备隐身技术得到广泛的应用，常规武器的打击与防护能力在纳米材料的帮助下得到显著提高，虚拟训练与虚拟战争系统的仿真程度也得到极大的提高，有望彻底变革未来战争的面貌和形态。

在**信息技术领域**，以人们熟知的计算机为例，纳米材料与纳米加工技术的应用促进了硬件产品的不断升级换代，目前 3 nm、5 nm 制程的芯片已经成为主流的芯片。纳米技术的进步使信息存储量、处理速度以及通信容量等得到大幅度提高。采用“自下而上”的方法来构筑新颖的纳米电子系统，可突破硅基半导体的尺寸限制，使集成电路的集成度进一步提高，并最终制备出由单原子或单分子构成的可在常温下使用的各种纳米电子器件，使信息采集和信息处理功能产生革命性的变化。

在**能源与环境领域**，纳米技术的应用使能源的生产效率与使用效率得到显著提高，而同时新能源的成本不断降低，太阳能、生物质能、风能等可再生能源将得到广泛应用，有效降低温室气体的排放，缓解全球气候危机。采用纳米材料处理废气、废水以及固体废弃物的绿色环境技术将得到广泛应用。含纳米材料的汽车尾气净化催化剂、气缸内催化净化剂、石油脱硫催化剂以及煤炭助燃催化剂的使用将大大降低有害气体的排放；纳米过滤技术以及纳米吸附材料可显著提高废水处理的效率，而纳米光催化技术在空气净化、废水处理等领域都有重要的作用。

纳米材料的发展前景非常广阔，可以应用于各行各业，但也面临着许多挑战。首先，纳米材料制备技术的放大生产和成本控制需要进一步提高。而且纳米材料的分散稳定性差，会导致其失去纳米特性。其次，纳米材料的安全性和环境影响需要进一步评估。

总之，纳米材料具有广阔的应用前景，但同时在应用中也面临着许多挑战。只有加强研究，解决技术难题，确保安全性和环保性，加大产业化应用的投入和支持，才能真正实现纳米材料的商业化和市场化，推动纳米材料的发展。相信在不久的将来，纳米材料一定会在材料科学、能源、生物医学等领域发挥重要作用，为人类社会的发展做出更大的贡献。

思考题

1. 按照形态的不同，纳米材料可以分为哪些种类?
2. 列举我们生活中哪些地方用到了纳米材料，利用了纳米材料的什么特性?
3. 一个由 5 nm 小晶粒组成的 5 μm 球，是否属于纳米材料?
4. 阐述为什么纳米团簇应用于催化领域的性能优于纳米颗粒。

参考文献

[1] Iijima S. Helical microtubules of graphitic carbon [J]. Nature, 1991, 354(6348): 56-58.

[2] Kojima A, Teshima K, Shirai Y, et al. Organometal halide perovskites as visible-light sensitizers for photovoltaic cells [J]. Journal of the American Chemical Society, 2009, 131(17): 6050-6051.

[3] Stankovich S, Dikin D A, Piner R D, et al. Synthesis of graphene-based nanosheets via chemical reduction of exfoliated graphite oxide [J]. Carbon, 2007, 45(7): 1558-1565.

[4] Buchanan M. Nanotube mystery [J]. Nature Physics, 2017, 13(5): 416.

[5] Huynh W U, Dittmer J J, Alivisatos A P. Hybrid nanorod-polymer solar cells [J]. Science, 2002, 295(5564): 2425-2427.

[6] Huang M H, Mao S, Feick H, et al. Room-temperature ultraviolet nanowire nanolasers [J]. Science, 2001, 292(5523): 1897-1899.

[7] Lee C, Wei X, Kysar J W, et al. Measurement of the elastic properties and intrinsic strength of monolayer graphene [J]. Science, 2008, 321(5887): 385-388.

[8] Branton D, Deamer D W, Marziali A, et al. The potential and challenges of nanopore sequencing [J]. Nature Biotechnology, 2008, 26(10): 1146-1153.

[9] Hochbaum A I, Chen R, Delgado R D, et al. Enhanced thermoelectric performance of rough silicon nanowires [J]. Nature, 2008, 451(7175): 163-167.

[10] Radisavljevic B, Radenovic A, Brivio J, et al. Single-layer MoS_2 transistors [J]. Nature Nanotechnology, 2011, 6(3): 147-150.

[11] Burschka J, Pellet N, Moon S J, et al. Sequential deposition as a route to high-performance perovskite-sensitized solar cells [J]. Nature, 2013, 499(7458): 316-319.

[12] Michalet X, Pinaud F F, Bentolila L A, et al. Quantum dots for live cells, in vivo imaging, and diagnostics [J]. Science, 2005, 307(5709): 538-544.

[13] Zhu H, Sun S, Hao J, et al. A high-entropy atomic environment converts inactive to active sites for electrocatalysis [J]. Energy & Environmental Science, 2023, 16(2): 619-628.

[14] Cui X, Ruan Q, Zhuo X, et al. Photothermal nanomaterials: a powerful light-to-heat converter [J].

Chemical Reviews, 2023, 123(11): 6891-6952.

[15] Kelly K L, Coronado E, Zhao L L, et al. The optical properties of metal nanoparticles: the influence of size, shape, and dielectric environment [J]. The Journal of Physical Chemistry B, 2003, 107(3): 668-677.

[16] Akahane Y, Asano T, Song B S, et al. High-Q photonic nanocavity in a two-dimensional photonic crystal [J]. Nature, 2003, 425(6961): 944-947.

[17] Zhong Lin W. Zinc oxide nanostructures: growth, properties and applications [J]. Journal of Physics: Condensed Matter, 2004, 16(25): R829.

[18] Guo Y, Sun Q, Wu F G, et al. Polyphenol-containing nanoparticles: synthesis, properties, and therapeutic delivery [J]. Advanced Materials, 2021, 33(22): 2007356.

[19] Song G, Kenney M, Chen Y S, et al. Carbon-coated FeCo nanoparticles as sensitive magnetic-particle-imaging tracers with photothermal and magnetothermal properties [J]. Nature Biomedical Engineering, 2020, 4(3): 325-334.

[20] Jokerst J V, Lobovkina T, Zare R N, et al. Nanoparticle PEGylation for imaging and therapy [J]. Nanomedicine, 2011, 6(4): 715-728.

[21] Taniyasu Y, Kasu M, Makimoto T. An aluminium nitride light-emitting diode with a wavelength of 210 nanometres [J]. Nature, 2006, 441(7091): 325-328.

[22] Castro Neto A H, Guinea F, Peres N M R, et al. The electronic properties of graphene [J]. Reviews of Modern Physics, 2009, 81(1): 109-162.

[23] Morones J R, Elechiguerra J L, Camacho A, et al. The bactericidal effect of silver nanoparticles [J]. Nanotechnology, 2005, 16(10): 2346.

[24] Chandra V, Park J, Chun Y, et al. Water-dispersible magnetite-reduced graphene oxide composites for arsenic removal [J]. ACS Nano, 2010, 4(7): 3979-3986.

[25] Wang Z L, Song J. Piezoelectric nanogenerators based on zinc oxide nanowire arrays [J]. Science, 2006, 312(5771): 242-246.

[26] Chakraborty I, Pradeep T. Atomically precise clusters of noble metals: emerging link between atoms and nanoparticles [J]. Chemical Reviews, 2017, 117(12): 8208-8271.

[27] Brandbyge M, Mozos J L, Ordejón P, et al. Density-functional method for nonequilibrium electron transport [J]. Physical Review B, 2002, 65(16): 165401.

[28] Vainrub A, Pettitt B M. Coulomb blockage of hybridization in two-dimensional DNA arrays [J]. Physical Review E, 2002, 66(4): 041905.

[29] Ambacher O, Smart J, Shealy J R, et al. Two-dimensional electron gases induced by spontaneous and piezoelectric polarization charges in N- and Ga-face AlGaN/GaN heterostructures [J]. Journal of Applied Physics, 1999, 85(6): 3222-3233.

[30] Chang S S, Shih C W, Chen C D, et al. The shape transition of gold nanorods [J]. Langmuir, 1999, 15(3): 701-709.

[31] Wu S, Dou J, Zhang J, et al. A simple and economical one-pot method to synthesize high-quality water soluble CdTe QDs [J]. Journal of Materials Chemistry, 2012, 22 (29):14573-14578.

[32] Vahidmohammadi A, Rosen J, Gogotsi Y. The world of two-dimensional carbides and nitrides (MXenes) [J]. Science, 2021, 372(6547): eabf1581.

[33] Yanagi I, Takeda K I. Sub-10-nm-thick SiN nanopore membranes fabricated using the SiO_2 sacrificial layer process [J]. Nanotechnology, 2021, 32(41): 415301.

[34] Lee G H, Kim K, Kim Y, et al. Recent advances in patterning strategies for full-color perovskite light-

emitting diodes [J]. Nano-Micro Letters, 2023, 16(1): 45.

[35] Coey J M D. Perspective and prospects for rare earth permanent magnets [J]. Engineering, 2020, 6(2): 119-131.

[36] Zhang G, Guo F, Wu H, et al. Above-room-temperature strong intrinsic ferromagnetism in 2D van der Waals Fe_3GaTe_2 with large perpendicular magnetic anisotropy [J]. Nature Communications, 2022, 13(1): 5067.

[37] Skomski R. Nanomagnetics [J]. Journal of Physics: Condensed Matter, 2003, 15(20): R841.

[38] Kim S M, Hsu A, Park M H, et al. Synthesis of large-area multilayer hexagonal boron nitride for high material performance [J]. Nature Communications, 2015, 6(1): 8662.

[39] Li C, Yi M, Wei G, et al. Effect of multilayer core-shell microstructure on mechanical properties of Ti(C,N) based self-lubricating cermet materials [J]. Journal of Alloys and Compounds, 2020, 817: 153197.

[40] Murphy C J, Sau T K, Gole A M, et al. Anisotropic metal nanoparticles: synthesis, assembly, and optical applications [J]. The Journal of Physical Chemistry B, 2005, 109(29): 13857-13870.

[41] Dai H. Carbon nanotubes: synthesis, integration, and properties [J]. Accounts of Chemical Research, 2002, 35(12): 1035-1044.

[42] Horcajada P, Chalati T, Serre C, et al. Porous metal–organic-framework nanoscale carriers as a potential platform for drug delivery and imaging [J]. Nature Materials, 2010, 9(2): 172-178.

[43] Haes A J, Van Duyne R P. A Nanoscale optical biosensor: sensitivity and selectivity of an approach based on the localized surface plasmon resonance spectroscopy of triangular silver nanoparticles [J]. Journal of the American Chemical Society, 2002, 124(35): 10596-10604.

[44] Pomerantseva E, Bonaccorso F, Feng X, et al. Energy storage: The future enabled by nanomaterials [J]. Science, 2019, 366(6468): eaan8285.

[45] Liao Y, He R, Pan W, et al. Lattice distortion induced Ce-doped NiFe-LDH for efficient oxygen evolution [J]. Chemical Engineering Journal, 2023, 464: 142669.

[46] Liu N, Zhou L, Wu Z Q. Alkyne-palladium(Ⅱ)-catalyzed living polymerization of isocyanides: an exploration of diverse structures and functions [J]. Accounts of Chemical Research, 2021, 54(20): 3953-3967.

[47] Roy S, Zhang X, Puthirath A B, et al. Structure, properties and applications of two-dimensional hexagonal boron nitride [J]. Advanced Materials, 2021, 33(44): 2101589.

[48] Shi P, Ma J, Liu M, et al. A dielectric electrolyte composite with high lithium-ion conductivity for high-voltage solid-state lithium metal batteries [J]. Nature Nanotechnology, 2023, 18(6): 602-610.

[49] Lyu J, Liu Z, Wu X, et al. Nanofibrous kevlar aerogel films and their phase-change composites for highly efficient infrared stealth [J]. ACS Nano, 2019, 13(2): 2236-2245.

[50] ĐorđevićL, Arcudi F, Cacioppo M, et al. A multifunctional chemical toolbox to engineer carbon dots for biomedical and energy applications [J]. Nature Nanotechnology, 2022, 17(2): 112-130.

[51] García De Arquer F P, Talapin D V, Klimov V I, et al. Semiconductor quantum dots: Technological progress and future challenges [J]. Science, 373(6555): eaaz8541.

[52] Zhang H, Watanabe T, Okumura M, et al. Catalytically highly active top gold atom on palladium nanocluster [J]. Nature Materials, 2012, 11(1): 49-52.

[53] Meng Z, Zhang S, Wu S. Power density dependent upconversion properties of $NaYbF_4$: Er^{3+}@ $NaYbF_4$: Tm^{3+}@$NaYF_4$ nanoparticles and their application in white-light emission LED [J]. Journal of

Luminescence, 2020, 227:117566.

[54] Sun H, Yan Z, Liu F, et al. Self-supported transition-metal-based electrocatalysts for hydrogen and oxygen evolution [J]. Advanced Materials, 2020, 32(3): 1806326.

[55] Wang J, Cui W, Liu Q, et al. Recent progress in cobalt-based heterogeneous catalysts for electrochemical water splitting [J]. Advanced Materials, 2016, 28(2): 215-230.

[56] Liu J, Jiang X, Li Y, et al. Immunogenic bifunctional nanoparticle suppresses programmed cell death-ligand 1 in cancer and dendritic cells to enhance adaptive immunity and chemo-immunotherapy [J]. ACS Nano, 2024, 18(6): 5152-5166.

[57] Wan F, Zhang L, Dai X, et al. Aqueous rechargeable zinc/sodium vanadate batteries with enhanced performance from simultaneous insertion of dual carriers [J]. Nature Communications, 2018, 9(1): 1656.

[58] Zhu J, Shao W, Li X, et al. Asymmetric triple-atom sites confined in ternary oxide enabling selective CO_2 photothermal reduction to acetate [J]. Journal of the American Chemical Society, 2021, 143(43): 18233-18241.

[59] Wu S, Liu Y, Chang J, et al. Ligand dynamic effect on phase and morphology control of hexagonal $NaYF_4$ [J]. CrystEngComm, 2014, 16 (21):4472-4477.

[60] Mak K F, Lee C, Hone J, et al. Atomically thin MoS_2: a new direct-gap semiconductor [J]. Physical Review Letters, 2010, 105(13): 136805.

[61] Yang R, Fan Y, Zhang Y, et al. 2D transition metal dichalcogenides for photocatalysis [J]. Angewandte Chemie International Edition, 2023, 62(13): e202218016.

[62] Lee C, Li Q, Kalb W, et al. Frictional characteristics of atomically thin sheets [J]. Science, 2010, 328(5974): 76-80.

[63] Allain A, Kang J, Banerjee K, et al. Electrical contacts to two-dimensional semiconductors [J]. Nature Materials, 2015, 14(12): 1195-1205.

[64] Naguib M, Mochalin V N, Barsoum M W, et al. 25th Anniversary Article: MXenes: a new family of two-dimensional materials [J]. Advanced Materials, 2014, 26(7): 992-1005.

[65] Liu H, Neal A T, Zhu Z, et al. Phosphorene: an unexplored 2D semiconductor with a high hole mobility [J]. ACS Nano, 2014, 8(4): 4033-4041.

[66] Zeng X, Zhao C, Jiang X, et al. Functional tailoring of multi-dimensional pure MXene nanostructures for significantly accelerated electromagnetic wave absorption [J]. Small, 2023, 19(41): 2303393.

[67] Ong W J, Tan L L, Ng Y H, et al. Graphitic carbon nitride (g-C_3N_4)-based photocatalysts for artificial photosynthesis and environmental remediation: are we a step closer to achieving sustainability? [J]. Chemical Reviews, 2016, 116(12): 7159-7329.

[68] Kasani S, Curtin K, Wu N. A review of 2D and 3D plasmonic nanostructure array patterns: fabrication, light management and sensing applications [J]. Nanophotonics, 2019, 8(12): 2065-2089.

[69] Hong S, Sycks D, Chan H F, et al. 3D printing of highly stretchable and tough hydrogels into complex, cellularized structures [J]. Advanced Materials, 2015, 27(27): 4035-4040.

[70] Son D I, Kwon B W, Park D H, et al. Emissive ZnO–graphene quantum dots for white-light-emitting diodes [J]. Nature Nanotechnology, 2012, 7(7): 465-471.

[71] Küstner B, Gellner M, Schütz M, et al. SERS labels for red laser excitation: silica-encapsulated SAMs on tunable gold/silver nanoshells [J]. Angewandte Chemie International Edition, 2009, 48(11): 1950-1953.

[72] Li Q, Mahendra S, Lyon D Y, et al. Antimicrobial nanomaterials for water disinfection and microbial control: Potential applications and implications [J]. Water Research, 2008, 42(18): 4591-4602.

[73] Wu Y, Tan S, Zhao Y, et al. Broadband multispectral compatible absorbers for radar, infrared and visible stealth application [J]. Progress in Materials Science, 2023, 135: 101088.

[74] Saha R, Mondal B, Mukherjee P S. Molecular cavity for catalysis and formation of metal nanoparticles for use in catalysis [J]. Chemical Reviews, 2022, 122(14): 12244-12307.

[75] Amjadi M, Kyung K U, Park I, et al. Stretchable, skin-mountable, and wearable strain sensors and their potential applications: a review [J]. Advanced Functional Materials, 2016, 26(11): 1678-1698.

[76] Krätschmer W, Lamb L D, Fostiropoulos K, et al. Solid C_{60}: a new form of carbon [J]. Nature, 1990, 347(6291): 354-358.

[77] Novoselov K S, Geim A K, Morozov S V, et al. Electric field effect in atomically thin carbon films [J]. Science, 2004, 306(5696): 666-669.

第2章

液相法及自组装技术制备纳米材料

新材料在国家“十四五”规划中被列为《中国制造 2025》十大重点发展领域之一，这无疑标志着新材料产业在未来发展中将扮演着愈发重要的角色。其中纳米材料由于其优异的性能，是新材料领域的重点之一。自从 20 世纪 80 年代人们发现纳米材料具有特别优良的理化性质和特殊的电、磁、光、热、力等特性以来，大批科研工作者对纳米材料的制备进行了系统的研究。纳米材料的制备是纳米科技发展的基础。随着纳米材料制备技术的不断进步，各种尺寸、形态和性能的纳米材料不断涌现，纳米材料的研究和应用取得了越来越多的成果。

由于纳米材料的性能与其形貌和尺寸密切相关，因此可控合成是纳米材料研究的基础。其合成过程不仅涉及精确控制纳米颗粒的尺寸、形状和组成，还包括晶胞的排列方式（影响产品的晶相）、纳米粒子之间的相互作用和组装方式等。纳米颗粒的合成技术直接影响着最终产品的性能和应用潜力，而它们的组装策略则决定了能否实现预期的功能和结构特性。因此，深入研究纳米颗粒的合成与组装方法对于推动纳米科技的发展具有重要意义。

纳米微粒的制备过程需要综合考虑多种关键因素，以确保最终产品的质量与应用性能。

纯度与表面清洁度：确保纳米微粒的高纯度和表面清洁度是至关重要的，因为这直接影响到材料的性能和应用潜力。

粒径与粒度分布：纳米微粒的平均粒径及其分布范围对材料的物理化学性质有显著的影响。精确控制粒径和分布是实现材料特定功能的关键。

稳定性：纳米微粒的稳定性，包括它们抵抗团聚的能力和物理化学稳定性，这是纳米微粒长期存储和应用中的一个主要性能指标。稳定性高的纳米微粒更易于处理和集成到各种系统中。

产品的形貌和晶相：纳米微粒的形貌与晶相和其应用性能密切相关，不同形貌的晶体可以暴露不同的晶面以提高其催化性能。例如不同晶面的 Cu_2O 纳米晶的催化活性有显著的区别，锐钛矿相的 TiO_2 与金红石相的 TiO_2 具有不同的折射率和光催化性能。

制备的可持续性：能够持续进行纳米微粒的制备，并且这些微粒易于收集和分离，是实现工业化生产的重要条件。

尽管 20 世纪 40 年代就已能在实验室中制备出纳米金属粉体材料，但直到 1995 年才在德国建立起第一条工业化纳米材料（纳米微粒）生产线，即纳米氧化钛（TiO_2,P25）生产线。

纳米微粒的制备方法多种多样，以是否发生化学反应为根据，可以简单地划分为物理法和化学法；以反应是在什么相态进行可分为固相法、液相法和气相法；按照生成途径，纳米材料的制备方法也可分为“自上而下”的分解方法和“自下而上”的构建方法。在众多的制备方法中，化工实验室主要以液相法合成为主，因为液相法合成可以实现对所制备纳米粒子形貌、尺寸和晶相的有效控制。

液相合成技术是在均相溶液中进行反应，经过特定的化学路径，生成目标溶质。随后，通过分离过程（如离心分离）将溶剂移除，形成具有特定形态和尺寸的颗粒。液相生长过程通常在比较温和的条件下进行，相较于固相反应，它避免了长时间的高温烧结，使得高熔点和多组分化合物的合成成为可能。此外，通过精确调控前驱体和反应条件，可以制备出大多数化合物的纳米微粒。而且溶液的组分浓度易于调整，更方便控制产物的形貌。

液相合成技术包括多种方法，如沉淀法、水热合成法以及溶胶-凝胶法等。此外，模板法和自组装技术，由于通常在水溶液环境中进行，也被认为是液相合成技术的延伸。

2.1 沉淀法制备纳米材料

沉淀法是一种在溶液中通过添加沉淀剂使溶质以沉淀形式析出的方法，常用于制备高纯度的纳米微粒。沉淀法应用范围非常广泛。

沉淀法是将反应物混合溶解形成混合溶液，随后在混合溶液中加入沉淀剂，形成纳米微粒的前驱体沉淀。随后沉淀物经过干燥或煅烧过程，转化为目标纳米微粒。在溶液中，当离子 A^+ 和 B^- 的浓度乘积超过其溶度积（即 $[A^+][B^-] > K_{sp}$）时，A^+ 与 B^+ 开始结合形成晶核。晶核随着生长和重力作用逐渐沉降，形成沉淀。沉淀物的粒径由晶核形成和成长的相对速率决定。通过精确控制反应条件，优先促进晶核的形成而非生长，可以制备出细小的纳米微粒。

例如，在制备金属氧化物纳米微粒的过程中，含有金属离子的可溶性盐类在加入适当的沉淀剂（例如氢氧根离子、草酸根离子或碳酸根离子）后，或在特定温度下进行水解，会生成不溶性的氢氧化物、水合氧化物或盐类沉淀。这些沉淀物经过分离、洗涤去除杂质，再通过热处理如分解或脱水，便可得到所需的纳米微粒。

根据不同的沉淀方式，沉淀法分为均匀沉淀法、共沉淀法和水解沉淀法等。

2.1.1 均匀沉淀法

在普通的沉淀过程中，通常的做法是将沉淀剂逐滴加入含有金属盐的溶液中。然而，即便是沉淀剂的初始浓度较低，在持续搅拌的过程中，局部区域的沉淀剂浓度依旧可能很高，进而导致沉淀过程中掺入杂质或者粒径分布不均等问题，很难实现对纳米颗粒形貌和尺寸的精确控制。因此，研究者开发了均匀沉淀法。

均匀沉淀法是在溶液中预先加入一种能够**逐步释放沉淀剂**的化学物质，实现沉淀剂的均匀分布。均匀沉淀法通过精细调控体系中的可控参数，如 pH 值、温度或反应物的浓度，来间接控制沉淀剂的生成速率。通过维持沉淀剂的缓慢生成速率，可以有效防止局部过饱和现象发生，保持溶液的均匀性，从而控制纳米粒子的生长速率，得到形貌、尺寸可控的纳米粒子[1]。

尿素是广泛使用的均相沉淀剂，其水溶液在大约 70 ℃的温度下会发生分解反应。控制水解反应速率，可以调节水解反应产物的浓度，实现对沉淀过程的控制，最终达到控制产物粒径的目的[2]。当然，根据目标产物的不同，沉淀剂也是多种多样的，例如制备硫化物的沉淀剂可以采用含硫的硫代乙酰胺或硫脲。

在新兴材料领域的应用范例：尽管该方法为传统的制备方法，但近年来研究者利用该方法制备出了均匀的 ZnS 微球，用来构筑**光子晶体超材料**[3]。超材料作为一种前沿的科技创新成果，在隐身、加密等军工领域有重要的应用前景，可以引领战略性新兴产业和未来产业。因此，超材料作为一种具有颠覆性的新材料，其技术突破和创新性应用对于推动产业升级和转型具有重要作用。

构筑三维有序光子晶体的前提是所用微球的粒径要高度均一，因此实现对 ZnS 微球粒径的精确调控是至关重要的。在目前较为成熟的 ZnS 微球的合成方案中，通常选择引入聚乙烯吡咯烷酮（PVP）等配体（起到稳定和形貌导向的作用），从而控制微球粒径的均一性。纳米微球的生长过程基本符合 LaMer 模型[4]，在合成 ZnS 微球的反应过程中，反应物浓度会随原料的消耗而不断降低，进而破坏微球的生长平衡，导致难以精确控制微球粒径。

吴越等人[3]针对以上问题，在现有 ZnS 微球合成方案的基础上进行了改进。如图 2.1 所示，首先，在成核浓度以上进行快速成核，随后在保持反应过程硫源过量的情况下，通过恒速加入锌源的方式，平衡锌源的加入速率和消耗速率，使合成反应保持在微球直径生长的最佳浓度范围内，最终通过控制前驱体的注入量实现精确控制微球的粒径。反应中所涉及的原料主要有两个：一个是提供 Zn^{2+} 的 $Zn(NO_3)_2 \cdot 6H_2O$，另一个是提供 S^{2-} 的硫代乙酰胺（TAA）。反应前期，加入过量的硫源 TAA，待其完全溶解后再快速加入适量的锌源，使 Zn^{2+} 的瞬时浓度达到临界过饱和浓度（C_{max}），生长出大量的直径约为 10 nm 的初级晶粒。

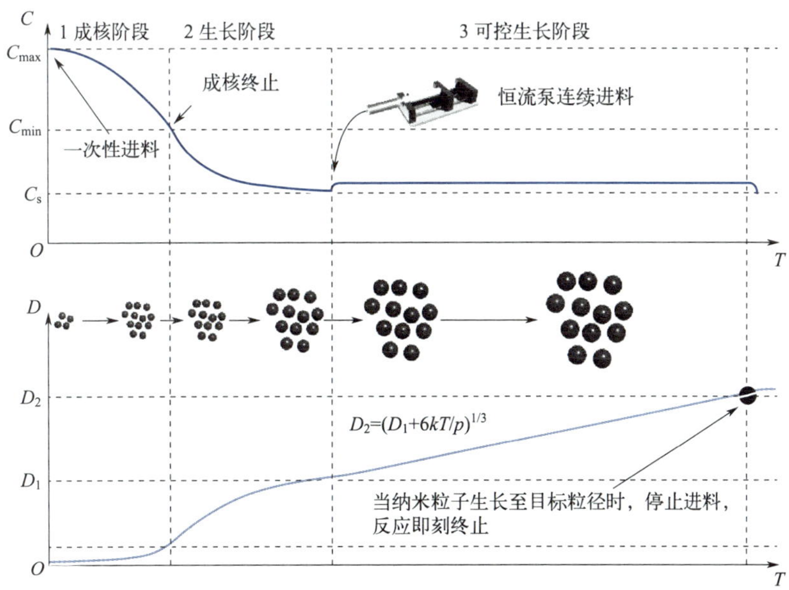

图 2.1 粒径精确可控的 ZnS 微球的合成示意图[3]

随着锌源的逐步消耗，Zn^{2+} 的浓度逐渐降低到 C_{min} 以下，反应亦从成核阶段转变为生长阶段。所生成的初级晶粒逐渐吸附更多的小晶粒，进而生长为尺寸更大的多晶团聚体，直到 Zn^{2+} 浓度低于 C_s，生长成粒径大于 100 nm 的 ZnS 微球。控制 $Zn(NO_3)_2 \cdot 6H_2O$ 水溶液的注入速率，使其与反应中 Zn^{2+} 的消耗速率相匹配，ZnS 微球始终在锌离子浓度稳定的情况下生长，保证了所合成的 ZnS 微球的均匀性。

采用该方法，通过控制锌源加入量，可以合成出直径分别为 155 nm、170 nm、195 nm、205 nm、235 nm 和 250 nm 的 ZnS 微球（如图 2.2 所示）。可以清晰地看出，该方法不但可以精确控制产品的粒径，还可以得到粒度非常均匀的粒子。

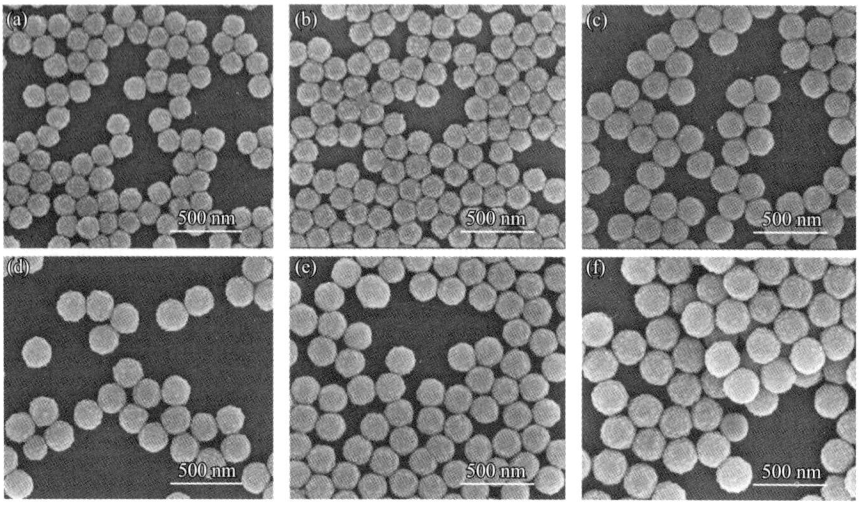

图 2.2　不同直径的 ZnS 微球的 SEM 图

（a）155 nm；（b）170 nm；（c）195 nm；（d）205 nm；（e）235 nm；（f）250 nm

由于制备的 ZnS 微球粒径均匀，故可以很好地组装为三维有序的光子晶体结构，产生亮丽的色彩（如图 2.3 所示）。而且该光子晶体薄膜具有偏振特性，当 *s*-偏振光和 *p*-偏振光分别以 60° 入射角照射结构表面时，光子晶体薄膜分别呈现出绿色和蓝色结构的图案。

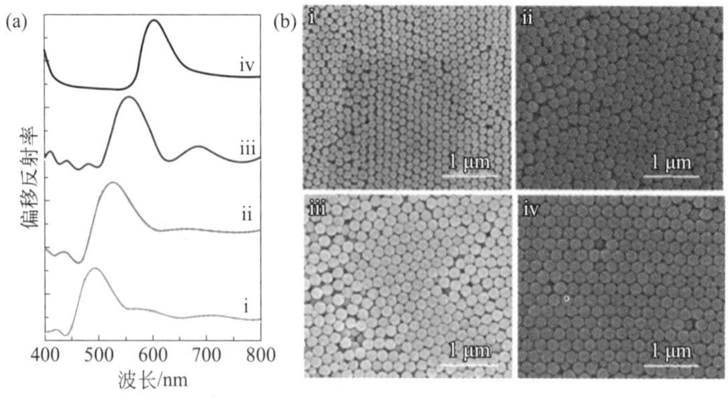

图 2.3　均匀 ZnS 微球组装的光子晶体超材料及光学性能

（a）i、ii、iii、iv分别为以直径170 nm、200 nm、215 nm和235 nm的ZnS微球为结构单元构筑的三维光子晶体膜的反射光谱；（b）平面SEM图

2.1.2 共沉淀法

共沉淀法是在含有多种阳离子的溶液中加入沉淀剂，使所有阳离子同时沉淀，形成均匀的沉淀物。用于制备具有特定化学计量比的复合氧化物或其他类型的复合纳米微粒。例如，在含有 $BaCl_2$ 和 $TiCl_4$ 的混合溶液中逐渐加入草酸溶液，可以生成 $BaTiO(C_2O_4)_2 \cdot 4H_2O$ 沉淀。经过过滤、洗涤以及热分解等一系列后续处理步骤，最终得到化学计量比精确、具有特定晶型的 $BaTiO_3$ 纳米微粒[5]。

共沉淀法因具有可提高原料混合均匀性、加快反应速率、降低反应温度等方面的优势，已经被广泛应用于制备多种类型的纳米材料，包括钙钛矿型化合物、尖晶石型化合物、铅锆钛酸盐、$BaTiO_3$ 系材料、敏感材料、铁氧体以及荧光材料等。共沉淀法在传统固体扩散法的基础上进行了改进，为制备高性能纳米材料提供了一种有效的途径。

在新兴材料领域的应用范例：磁流体材料的制备。磁流体材料又称磁性液体、铁磁流体或磁液，是一种新型的功能材料，它既具有液体的流动性又具有铁磁性材料的磁性。磁流体是由直径为纳米量级 (10 nm 以下) 的磁性体颗粒、基载液（也叫介质）以及界面活性剂三者混合而成的一种稳定的胶状液体。磁流体材料在航空航天、国防、医疗、交通等领域中的应用取得了颇多新的科研成果，随着科技发展磁流体被应用到越来越多的领域。相应地，对磁流体相关科学技术的要求也在逐渐提高。其中，化学共沉淀法制备某磁流体的步骤如下：将 $FeSO_4$ 和 $FeCl_3$ 混合固体（物质的量之比为 1∶2）配成溶液，再滴入稍过量的 NaOH 溶液（过程中不断搅拌），随后加入油酸钠溶液，即可生成黑色的、分散质粒子直径在 5.5～36 nm 的磁流体。

2.1.2.1 共沉淀法的关键步骤

（1）实现多种离子的同时均匀沉淀

反应过程中，高速搅拌、过量添加沉淀剂以及精细调控 pH 值等方法有助于提高沉淀物的均一性。根据化学平衡理论，溶液的 pH 值是影响沉淀均匀性的关键操作参数。在制备共沉淀溶液时，无论是使用氢氧化物、碳酸盐、硫酸盐还是草酸盐，溶液的 pH 值都具有较大的可调性，从而为沉淀反应提供了精细的可操控性。

（2）洗涤沉淀是另一个需要细致操作的步骤

因为反应体系中的阴离子以及沉淀剂中的阳离子残留可能会对最终产物的烧结性能等造成不利影响，所以沉淀物需要洗涤，洗涤后的产物要用分散剂（例如乙醇、丙醇、异丙醇或异戊醇）进行分散保存，以防止干燥后的粉末聚集。

2.1.2.2 单相共沉淀法和混合共沉淀法

根据沉淀物的相态和组成特点，共沉淀法分为**单相共沉淀法和混合共沉淀法**。

（1）单相共沉淀法

单相共沉淀法是使溶液中的多种离子均匀地混合，并通过控制条件使它们同时沉淀为单一相的化合物的方法。单相共沉淀通常在均匀的溶液中进行，通过加入沉淀剂，所有金属离子会按照化学计量比同时沉淀，形成单一的固溶体或化合物。该方法适用于制备组成均匀的复合氧化物，如钙钛矿型、尖晶石型等材料。单相共沉淀的产物通常需要进一步热处理来获得所需的纳米微粒。

常用的前驱体：多种草酸盐化合物可作为单相共沉淀法的前驱体，通过共沉淀法制备相应的复合氧化物纳米微粒。例如，以 $BaTiO(C_2O_4)_2 \cdot 4H_2O$、$BaSn(C_2O_4)_2 \cdot 1/2H_2O$、$CaZrO(C_2O_4)_2 \cdot H_2O$ 为原料可分别制备 $BaTiO_3$[5]、$BaSnO_3$[6]、$CaZrO_3$[7] 的纳米微粒。

单相共沉淀法的缺点：虽然通过共沉淀得到的前驱体是均匀单相的，但得到的沉淀物在经过后续的热处理后，不一定能够保持其组成的均匀性。例如，在 $BaCl_2$ 和 $TiCl_4$ 的混合水溶液（或者 Ba、Ti 的硝酸盐溶液）中加入草酸，共沉淀后，得到单相化合物 $BaTiO(C_2O_4)_2 \cdot 4H_2O$。沉淀物 $BaTiO(C_2O_4)_2 \cdot 4H_2O$ 在高温煅烧时，发生热分解得到 $BaTiO_3$ 纳米微粒。在这个过程中，最终产物 $BaTiO_3$ 不是溶液共沉淀的产物，而是沉淀物高温煅烧后，经过分解，再合成得到的产物。单一相 $BaTiO_3$ 的制备需要反应温度在 750 ℃以上。但是在 450 ℃时，热分解得到的中间产物（碳酸钡、二氧化钛）就已经开始反应，生成了多种杂质，降低了最终产物 $BaTiO_3$ 的单相组成均匀性。这一现象在多个共沉淀法制备纳米微粒的过程都有发生。中间产物的热稳定性差异越大，合成的纳米微粒的组成不均匀性越明显。

（2）混合共沉淀法

混合共沉淀法指沉淀产物为不同成分的混合物的共沉淀法，本质上来说，混合共沉淀法是通过分别沉淀实现的。以 ZrO_2-Y_2O_3 纳米微粒的制备为例，以 $ZrOCl_2 \cdot 8H_2O$ 和 Y_2O_3 为原料，首先，Y_2O_3 在盐酸中溶解生成 YCl_3，然后与 $ZrOCl_2 \cdot 8H_2O$ 混合形成一定浓度的溶液。再在该溶液中加入 NH_4OH 作为沉淀剂，$Zr(OH)_4$ 和 $Y(OH)_3$ 便逐渐沉淀出来。经过洗涤、脱水和煅烧等步骤，最终得到 ZrO_2-Y_2O_3 纳米微粒[8]。混合共沉淀过程比较复杂，溶液中不同种类的阳离子沉淀次序与 pH 值紧密相关[9]。例如，Zr、Y、Mg、Ca 的盐溶液在 pH 值逐渐升高时，沉淀的 pH 值范围各有不同（如图 2.4）。在不同的 pH 值范围，这些金属离子依次沉淀，形成混合的氢氧化物沉淀物。为了实现沉淀物的均匀性，通常将含多种阳离子的盐溶液缓慢加入过量的沉淀剂中，并进行充分搅拌，以促使所有沉淀离子的浓度

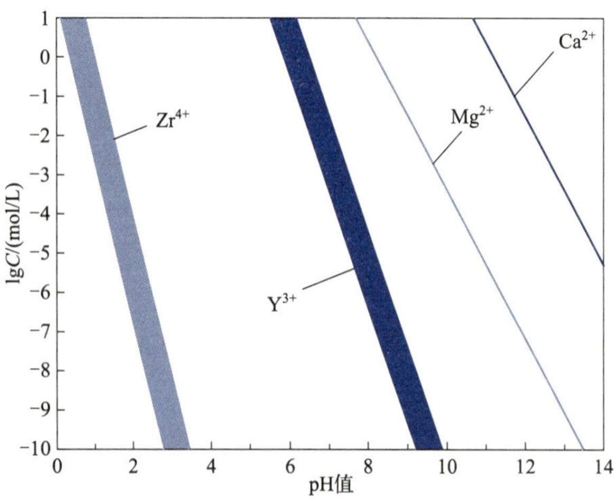

图 2.4 不同金属离子沉淀的 pH 范围[8]

超过沉淀平衡浓度，实现同时沉淀。然而，由于不同离子的沉淀生成浓度和沉淀速率存在差异，溶液的原始均匀性可能会有部分损失。

2.1.3　水解沉淀法

很多化合物可通过水解生成沉淀，水解沉淀法就是利用这种特性来制备相应的纳米微粒。原理是在水中配制无机盐溶液，并通过精细调控水解条件，使金属盐与水反应，生成氢氧化物或其他水合物沉淀，从而合成具有单分散特性的球形、立方体等形态的纳米微粒。

传统水解沉淀法的原料为常见的无机盐，例如氯化物、硫酸盐、硝酸盐、铵盐等。水解反应后，沉淀物主要是金属氢氧化物及其水合物，将其加热分解，即可得到金属氧化物纳米微粒。水解反应过程简单，反应物单一，如果采用高纯度的金属盐，并严格控制反应过程中不掺入杂质，得到的纳米微粒就会具有高纯度。

例如，钛盐水解，生成氢氧化钛 [$Ti(OH)_4$]，再加热分解，可得到球状的单分散形态的 TiO_2 纳米微粒 [10]。铝酸钠（$NaAlO_2$）水解后得到沉淀物 $Al(OH)_3$，加热分解，得到氧化铝纳米微粒。

除了上面的简单沉淀反应，沉淀法中还有涉及氧化还原反应的例子。例如：Cu_2O 单晶的合成，反应体系以 Cu^{2+} 与 OH^- 生成的蓝色絮状沉淀 $Cu(OH)_2$ 为还原反应的前驱体，在碱性条件下加入还原剂，与 $Cu(OH)_2$ 发生反应生成 Cu_2O[11]。

沉淀法过程反应速率较快，不利于控制产品的形貌和粒径。为了减慢反应速率，通常加入配体稳定金属离子或晶粒的特定晶面，以便控制产品的形貌和尺寸。例如，在 Cu_2O 单晶的合成过程中通常加入聚乙烯吡咯烷酮（PVP）作为配体。PVP 选择性吸附到种子的特定晶面，降低吸附晶面的表面能，进而调控各晶面的生长速率。调节 PVP 与 Cu^{2+} 的比例在 2.6～7.7 的范围，可分别得到 Cu_2O 6 面体、14 面体和 26 面体 [12]（图 2.5）。

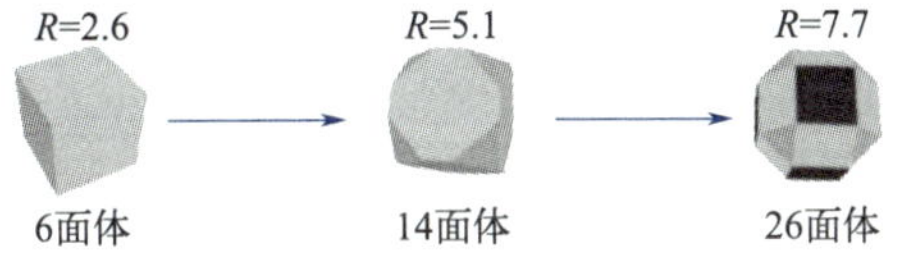

图 2.5　Cu_2O 单晶形貌与配体用量的关系（图中 R 为 PVP 与 Cu^{2+} 的比例）[12]

2.2　热分解法制备形貌规整的纳米材料

热分解法是另外一种常用的纳米粒子制备技术，是通过在高沸点有机溶剂中加热分解金属前驱体化合物来制备纳米粒子的方法。该方法是利用金属前驱体化合物在高温下分解生成金属和其他产物的方法，它不仅具有原子经济性，还可以在分解后实现爆发性成核，从而实现均匀纳米粒子的生成。这种方法通常采用两种投料方式来制备粒径均一的纳米粒子。一种是将含有稳定剂（表面活性剂）的溶剂加热到特定的温度，然后将金属前驱体化合物快速注入其中，实现纳米粒子的快速成核，再通过反应温度和时间来控制纳米粒子的尺寸、粒径分布等，该方法也称为热注射法。量子点合成的经典方法就是热注射法，此部分内容将在第 4 章详细介绍。另一种方式是将反应原料在低温条件下预先混合，然后缓慢加热至反应开始，在粒子生长过程中，通过不断补加反应原料来维持体系中恒定的过饱和浓度，最后得到窄粒度分布的粒子。这种方法得到的纳米粒子尺寸非常均匀，粒径分布通常在 10% 左右，经过尺寸选择性处理粒径分布可减小到 5% 左右。

在新兴材料领域的应用范例：上转换发光材料由于具有优异的低背景荧光、高稳定性、反斯托克斯位移大、高穿透深度等优点，近年来在生物检测、成像和发光显示等方面受到了广泛的关注。热分解法是制备形貌规整、粒径小且均匀的上转换纳米粒子的重要方法之一。例如，在金属氟化物（例如 $NaYF_4$: Yb,Er）上转换纳米粒子的制备过程中，热分解法的前驱体就是相对应的金属三氟乙酸盐，这种三氟乙酸盐在加热的条件下会分解为对应的金属离子和氟离子。严纯华院士团队[13]第一次提出利用热分解法制备稀土氟化物，以油酸/十八烯/油胺作为溶剂，以 $La(CF_3COO)_3$ 和 CF_3COONa 作为前驱体，在高温（>250 ℃）下合成出了 LaF_3 纳米晶体。孙小千等[14]使用 $Gd(CF_3COO)_3$ 和 CF_3COONa 作为前驱体，保持 Na : Gd 比为 1 : 1，通过改变 $Gd(CF_3COO)_3$ 和 CF_3COONa 的用量可以制备出形貌规整、尺寸可控的立方体纳米晶体（图 2.6）。通过透射电子显微镜（TEM）可以看出纳米晶尺寸均小于 20 nm，而且尺寸随着前驱体用量的降低而减小。

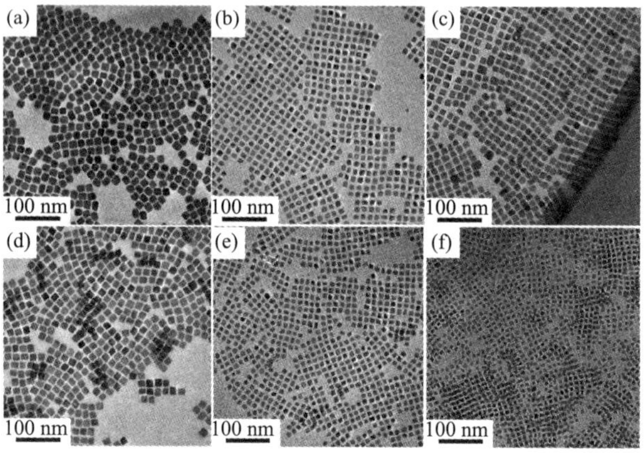

图 2.6 不同前驱体含量制备的上转换纳米粒子的 TEM 图[13]

前驱体含量分别为：（a）1.0 mmol；（b）0.9 mmol；（c）0.8 mmol；（d）0.7 mmol；（e）0.6 mmol；（f）0.5 mmol

2.3 溶胶-凝胶法制备纳米材料

溶胶-凝胶法是一种通过液相化学反应合成纳米微粒的方法，多年来一直被用于制备高纯度、高均一性的金属氧化物和陶瓷粉末。该方法将原料和组分控制在分子水平，其过程涉及溶胶（sol）的形成、溶胶向凝胶（gel）的转化和凝胶的干燥[15]。

溶胶-凝胶法中，选择具有高化学活性的化合物（金属无机盐或金属醇盐）作为前驱体，在溶剂中均匀混合并溶解。活性金属前驱体首先发生水解或醇解反应，然后进行缩聚或加聚反应，转化为能够在溶液中稳定的溶胶。干燥或者自然老化后，溶胶中的胶粒逐渐聚合，形成三维网络结构的凝胶。凝胶在干燥过程中除去剩余的溶剂，并通过焙烧除去有机成分，最终固化成为所需的无机纳米微粒。

溶胶-凝胶法的发展经历了一个漫长的过程。20世纪70～80年代，传统胶体型的溶胶-凝胶法在核燃料的制备中取得成功，表现出在粉体材料制备上的优异性，引起科研工作者的广泛关注。随后，无机聚合物型溶胶-凝胶法因具有易控制性和良好的均匀性，越来越多地被用于纳米微粒的制备。然而，许多低价金属的醇盐或无机盐难以溶解于有机溶剂，限制了无机聚合物型溶胶-凝胶法在制备这些组成材料方面的应用。为了解决这个问题，人们开始使用金属离子络合物作为可溶性原料，通过络合物型溶胶-凝胶法形成凝胶。早期使用柠檬酸作为络合剂形成络合物凝胶，但存在局限性，不适合所有金属离子，且凝胶容易潮解。经过改进，目前已有报道采用单一有机酸或有机胺作为螯合剂，形成更稳定和均匀透明的凝胶。

2.3.1　溶胶-凝胶法制备纳米微球

在新兴材料领域的应用范例：纳米微球的制备。纳米微球材料的制备与应用被列为制约中国工业发展的35项“卡脖子”技术之一。微球在现代工业中被广泛地应用于生物制药、平板显示、医疗诊断、分析检测等众多领域。如果缺少微球作为色谱的填料，就难以分离出纯的药物分子。

例如可采用溶胶-凝胶法实现TiO_2微球的可控制备。TiO_2具有出色的理化特性，如成本低、化学稳定性高、无毒、能带位置适宜以及生物相容性较好。基于这些性质，它已经成为半导体敏化领域和钙钛矿型太阳能电池研究中应用最广泛的光催化剂和光阳极，在新能源领域具有重要的地位。

通过溶胶-凝胶法[16-18]可以制备尺寸和形状可控的TiO_2微球。在水/乙醇混合溶液中制备TiO_2微球时，通常将$Ti(OR)_4$作为TiO_2的前驱体，但是$Ti(OR)_4$水解反应极快，反应较难控制。

首先，$Ti(OR)_4$逐步水解形成几纳米大小、表面能较高、静电荷较小的TiO_2水合物。由于范德华力以及各个TiO_2水合物之间的氢键作用，TiO_2水合物会自发团聚，故水合物逐渐聚集使得其质量增加，聚集的水合物表面的静电荷也增加。当微球尺寸达到某个临界值时，斥力相互作用能够有效地阻止微球聚集，从而促使TiO_2微球分散且微球粒径不再增加。制备特定尺寸的单分散的TiO_2微球的方法是在$Ti(OR)_4$的水解反应过程中添加功能性的添加剂。添加剂主要有聚合物稳定剂、乙二醇、盐类、酸类、胺或氨等，以添加剂作为形状控制剂，可以精确地控制$Ti(OR)_4$的水解反应，使TiO_2微球尺寸变得高度均匀。为了制备单分散的颗粒，原则上，成核和生长步骤必须在溶胶-凝胶反应过程中完全分开。但是，$Ti(OR)_4$的水解反应非常快并且难以控制，在整个溶胶-凝胶过程中，核的形成及其生长同时发生。因此，降低$Ti(OR)_4$水解反应速率的主要方法是添加稳定剂。减慢水解反应速率会使溶胶-凝胶反应更可控，从而导致TiO_2微球的形成具有高度的尺寸和形状均匀性。

Lee等人[16]通过添加过量的水制备了直径在100～200 nm范围内的TiO_2球［如图2.7(a)］。在溶剂体系中加入结构导向剂以稳定钛的前驱体钛酸异丙酯，将微球直径控制在100～200 nm。Yoon等人[18]的研究表明，钛酸异丙酯在C_8～C_{16}正烷基胺、水和乙醇混合物中进行水解反应可制备多种粒径均匀、可控的TiO_2胶体微球［如图2.7(b)］。Xia等[17]

通过添加乙二醇（EG）来稳定 Ti(OR)$_4$，TiO_2 微球的尺寸控制为 (500±13.8)nm、(400±5.2)nm、(320±9.7)nm 和 (200±11.6)nm［如图 2.7（c）］。

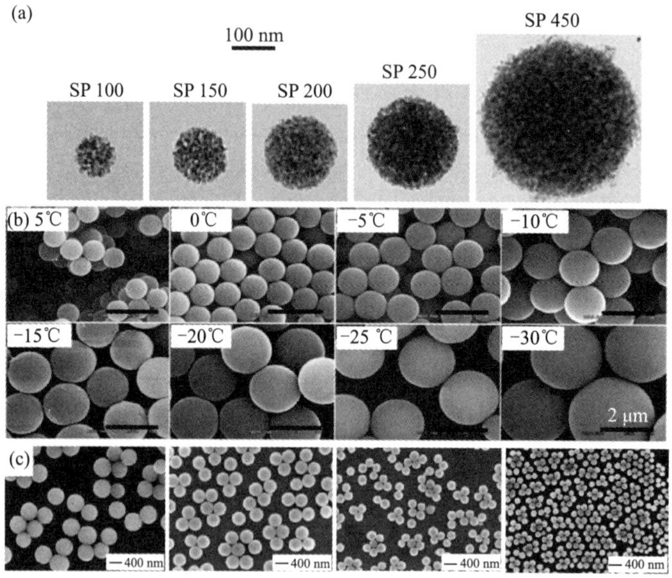

图 2.7 不同方法制备的 TiO_2 球的 SEM 图 [16-18]

2.3.2 溶胶-凝胶法的优点

①溶胶-凝胶法通过分子级别的均匀混合实现高化学组成一致性；②无需机械混合，过程简单，引入杂质的可能性较低；③溶胶-凝胶法产生的胶粒尺寸小（通常<100 nm），粒径均一，分散性良好；④溶胶-凝胶法可以精确控制产物的孔隙度，便于形成多样的微结构；⑤溶胶-凝胶法制得的纳米微粒烧结温度相对较低（例如，相比于传统方法，溶胶-凝胶法合成出的氧化铝纳米颗粒的烧结温度只需 400～500 ℃），可以降低过程能耗；⑥工艺简单，设备要求低，材料组成和反应条件易于调整。以上特点使得溶胶-凝胶法在制备具有特定性能的纳米材料方面具有巨大的潜力。

然而，尽管溶胶-凝胶法具有上述优势，但也面临一些挑战和局限性。原料成本相对较高，可能会限制其在大规模生产中的应用。在材料制备过程中可能产生的残留孔洞和有机溶剂的潜在毒性，对材料性能和环境安全构成威胁。此外，在高温热处理过程中，纳米粒子的快速团聚可能会影响材料的均匀性，并可能导致环境污染。这些局限性需要通过进一步的研究和优化来克服，以实现该技术在工业中的广泛应用。

2.3.3 溶胶-凝胶法的过程组成

（1）溶胶的制备

有两种方法制备溶胶。①以金属盐溶液为原料，精细控制沉淀过程，减少颗粒团聚和沉淀，直接形成溶胶体系。②在金属盐溶液中加入适量沉淀剂，生成金属氢氧化物沉淀；然后加入解凝剂，进行解凝处理，使沉淀颗粒重新分散，新形成的尺寸合适的颗粒充当溶胶体系的胶核，构造溶胶体系。

(2) 溶胶-凝胶转化

溶胶-凝胶转化也称作胶凝化。在这一过程中，溶胶由液态向固态转变。胶凝化过程中，胶粒通过物理吸引力（如范德华力）或化学键（如共价键）相互连接，胶粒开始聚集。胶粒的聚集导致三维网络结构形成，这个网络能够捕获和固定溶胶中的液体。当网络结构足够稳定，能够支撑自身的重量时，凝胶形成。

溶胶-凝胶转化通常分为物理法和化学法。物理法通过改变溶胶的外部条件，如温度、压力或蒸发溶剂，来促进胶粒间的接近和聚集。物理法需要更精确地控制实验条件以达到凝胶化的目的。化学法则是通过在溶胶中加入适量的电解质（无机盐或有机酸、碱等），改变溶胶中电解质的浓度来促进胶凝。化学法需要考虑加入的电解质对最终材料性能的潜在影响。

胶凝化形成的凝胶需要进一步老化，称为陈化。在陈化过程中，凝胶网络可能会进一步强化，胶粒间的结合会更加稳定。陈化还可以提高凝胶的机械强度和稳定性，有时也用于改善凝胶的孔隙结构。

(3) 凝胶干燥

胶凝化后的凝胶需要进一步干燥和热处理来去除溶剂和有机组分，提高凝胶的机械强度和热稳定性。干燥过程有助于固定凝胶中的化学组成，为后续的热处理步骤做准备。

凝胶的干燥方法包括常压干燥、真空干燥、冷冻干燥等。干燥过程中，溶剂逐渐从凝胶网络中移除，留下由胶粒构成的多孔结构。随着溶剂的去除，凝胶的物理性质如密度、孔隙率和机械强度会发生变化。干燥过程中的温度控制对于保持凝胶结构的完整性至关重要，需要严格控制干燥速率，以防止凝胶开裂或过度收缩，以免影响材料的最终性能。干燥后的凝胶可能需要进一步的热处理（如煅烧）来提高其结晶度和稳定性。

2.3.4 溶胶-凝胶法的机理类型

根据溶胶-凝胶形成的机理，溶胶-凝胶法可以分为三种主要类型，如图 2.8 所示。

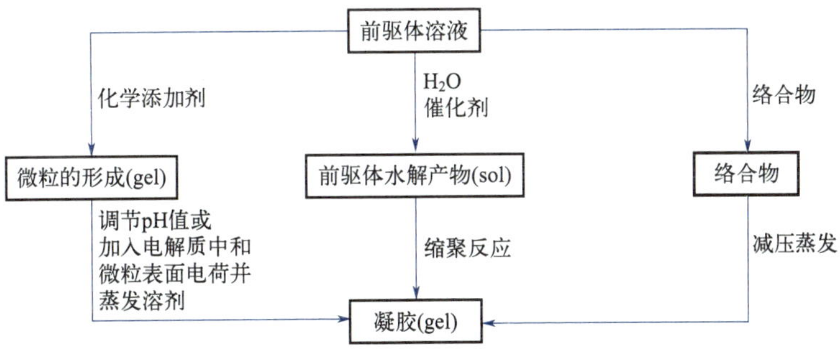

图 2.8 不同类型的溶胶-凝胶形成过程

传统胶体型： 这一类型包括传统的溶胶-凝胶转变机制，通常起始于金属盐或金属醇盐的水解和缩聚反应，形成稳定的溶胶，随后转化为具有一定机械强度的凝胶。

无机聚合物型： 在这种类型中，溶胶-凝胶过程通过无机聚合物的形成来进行，这些聚合物在溶液中逐渐增多，最终形成三维网络结构的凝胶。

络合物型：此类型的溶胶-凝胶法利用金属离子与适当的配体形成络合物，这些络合物随后参与水解和缩聚反应，促进凝胶网络的形成。

溶胶-凝胶法制备纳米微粒能否成功取决于三个关键步骤：①金属盐的合成（主要是醇盐的合成）；②控制水解-聚合反应形成溶胶和凝胶；③热处理。

2.4 微乳液法制备纳米材料

微乳液通常是由水或含电解质的水溶液、有机溶剂（如碳氢化合物）、具有亲水和疏水基团的表面活性剂以及醇类助表面活性剂构成的稳定且透明（半透明）的、各向同性的热力学稳定体系[19]。微乳液有水包油（O/W）和油包水（W/O）两种类型，基于无机纳米颗粒表面性质，通常采用油包水（W/O）型微乳液制备无机纳米微粒。在 W/O 型微乳液中，表面活性剂分子因具有双重亲疏水性，能够自发组装成球形囊泡结构，这些囊泡能够包裹水或电解质溶液，为无机纳米颗粒的合成提供理想的反应环境。如图 2.9 所示，在体系中，微小的水滴被表面活性剂和助表面活性剂所组成的单分子膜包围形成微乳液滴，其大小可控制在 10～200 nm 之间。其界面处的表面活性剂和助表面活性剂的碳氢链在不同液滴碰撞的过程中可以相互渗入。因此微乳液滴可以作为一个微反应器，其中的物质在碰撞的过程中可以穿过有机界面进行交换，并进一步发生化学反应。

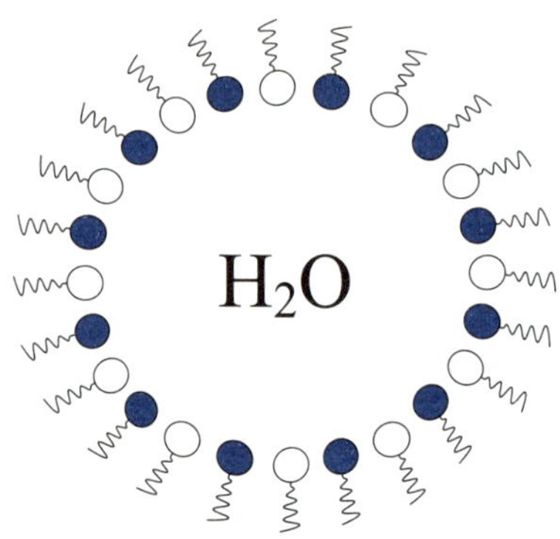

图 2.9　W/O 型微乳液的微观结构示意图

在微乳液中加入反应前驱体物质，由于乳液的界面限制，反应过程（包括成核、生长、聚结、团聚等）被局限在微小的球形液滴中，通常形成球形微粒，并且阻隔了微粒之间的团聚。微乳液法制备的纳米微粒具有粒径均一、易于控制的优点。

目前较为普遍的微乳液制备方法是：预先配制含有有机溶剂、短链醇、乳化剂的微乳混合液；加入水，混合液迅速变透明，形成微乳液。这种制备方法简便且高效，无需额外能量输入，仅依赖于各组分之间的自然匹配。微乳液的稳定性主要由表面活性剂的种类和油水比例决定，表面活性剂的亲水和亲油基团使油水两相能够形成稳定的乳液。例如，在油包水（W/O）型微乳液中，水相被表面活性剂和助表面活性剂形成的单分子层包围，形成一个个微小的“水池”，这些微乳液颗粒的空间结构通常在几纳米到几十纳米之间。微乳液颗粒由于其特殊的微环境，可作为多种化学反应的理想介质，如酶催化、聚合物合成、金属离子络合等，也被誉为“微反应器”。由于微乳液颗粒限制了反应空间，因此产物的粒径被限制在微乳液颗粒的尺寸范围内，这使得微乳液法成为制备纳米微粒的重要方法。

在新兴材料领域的应用范例：纳米碳材料的可控制备。纳米碳材料在结构、光学、电学、热学和力学等性质方面具有独特的特点，因此在电子器件领域、催化剂领域和生物医学领域都有重要的应用。而纳米碳材料的形貌和结构是影响其性能的重要因素。例如，纳米碳材料可以作为生物传感器和荧光探针，用于早期疾病诊断；同时也可以作为药物递送系统，将药物传递到特定的部位。

如图 2.10 所示，复旦大学赵东元教授采用微乳液法制备了不同形貌的纳米碳材料 [20]。功能介孔碳材料因其卓越的性能在催化、能源和环境等领域具有广泛的应用。复旦大学赵东元和李伟团队开发了一种通用的、合成的纳米球大小均一、孔径可调（5～37 nm）的 N-掺杂的介孔碳纳米球的纳米乳液组装方法。他们在乙醇 / 水体系中加入有机分子（1,3,5-三甲基苯，TMB）制备 F127/TMB/ 多巴胺纳米乳液。该乳液中多巴胺聚合成高度均匀的聚合物纳米球，通过调控有机分子 TMB 的比例可以制备不同形貌和孔径的纳米碳材料。

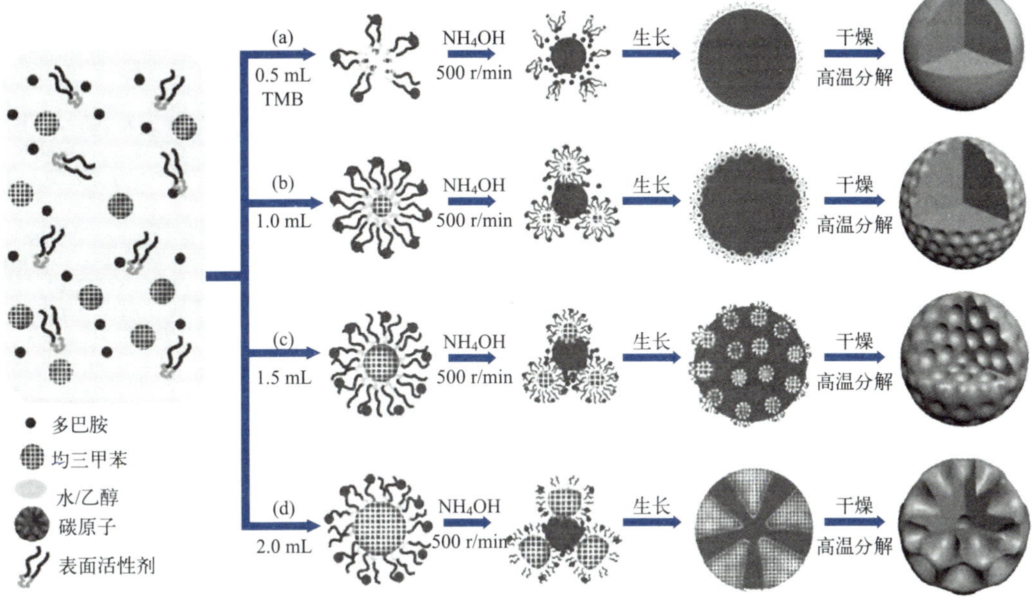

图 2.10 微乳液法制备不同形貌碳纳米球的过程示意图 [20]

微乳液颗粒的尺寸限制了反应空间，从而控制了产物的粒径，使其成为制备纳米微粒的有效途径。调节水、油和表面活性剂的性质与加入量，可以促进微乳液自发形成不同的纳米结构，如球形、杆状、六方形、层状、反六方形等。微乳液法还可以用来制备比较复杂的复合氧化物纳米微粒，如 $BaFe_{12}O_{19}$ 纳米微粒 [21]。

2.5 水热 / 溶剂热法制备纳米材料

水热 / 溶剂热法是一种在密闭容器内制备材料的湿化学方法，与溶胶-凝胶法、共沉淀法等其他湿化学方法的主要区别在于温度和压力的不同。早在 20 世纪 90 年代，水热 / 溶剂热法就被应用于合成纳米粒子的研究中。简单来讲，水热/溶剂热法就是利用高压条件下溶剂温度高于其常压沸点来加快化学反应的一种方法。水热法[22]研究的温度范围在水的沸点和临界点之间（100～374 ℃），但通常使用的温度是130～250 ℃，相应的水蒸气压力为0.3～4 MPa。通常水热/溶剂热法反应需要一个带有聚四氟乙烯内衬的高压釜。反应体系一般由三部分组成，即溶剂、配体和反应物。由于在密封内衬内进行反应，当加热到一定温度时，体系将产生一个较高的压力，使得体系温度高于溶剂的常压沸点，从而使一些在常压下不能发生的反应发生。高压釜的存在使反应体系突破了溶剂沸点带来的反应条件限制，故而在这样的体系中，除了那些能产生气体或者会发生分解的物质，对于反应物、配体和溶剂的选择限制就少了很多。

水作为溶剂之一，其主要优点是环境污染小、成本较低，有利于工业化生产。因为溶剂的理化性质将对反应的活性、体系的黏度等产生影响，当以醇类作为溶剂时，可以通过醇的类别和用量的不同来调节体系的反应速率等，进而控制晶体的成核以及生长过程，达到控制晶体形貌的目的。而且，水热/溶剂热条件，即高温高压条件，可以加速水溶液中的离子反应和促进水解反应，有利于原子、离子的再分配和重结晶。通过水热/溶剂热法制备的纳米微粒具有良好的结晶性、低团聚性、高纯度、粒度分布均匀、形貌可控等优点。

2.5.1 水热法

水热法适用于多种纳米微粒合成，如 ZrO_2、CrO_2、TiO_2、Al_2O_3、$\gamma\text{-}Fe_2O_3$、$NaYF_4$ 等均有报道。水热法在纳米微粒制备方面具有广泛的应用场景。

根据反应类型的不同，水热法可相应分为不同的类型。

水热氧化：在水热条件下进行氧化反应，生成氧化物纳米微粒。

水热沉淀：通过沉淀反应在水热条件下形成沉淀物，进而形成纳米微粒。

水热合成：直接在水热条件下合成目标纳米材料。

水热分解：利用水热条件促使某些化合物分解，生成纳米微粒。

水热还原：在水热条件下进行还原反应，制备特定纳米材料。

水热结晶：在水热条件下通过结晶过程制备晶体纳米材料。

水热合成法制备纳米微粒是在高温高压的密闭反应装置（例如高压釜）中进行。在封闭系统中，反应温度的升高导致水分子物理特性发生显著变化。例如，水的蒸气压升高、密度降低、表面张力和黏度减小、离子积增大等，这些条件都有利于纳米晶体的生长。在水热反应中，水不仅作为溶剂和反应介质，还可以充当化学组分发生化学反应。例如，在某些金属氧化物的水热还原反应中，水分子的氢和氧原子可以分别作为还原剂和氧化剂。另外，在水热条件下，水的溶解能力虽然受到介电常数降低的影响，但高温可以增加分子运动，从而提高某些物质在水溶液中的溶解度，进而加快反应速率。

水热法合成纳米微粒的设备包括烘箱和水热反应釜（包括内衬）。烘箱是提供加热能源的设备，用于维持水热反应所需的高温条件。水热反应釜是水热合成中的主要设备，通常由耐高温高压的不锈钢材料制成。水热反应釜需要有良好的密封系统以保持所需的高压环境，其通常包括密封盖和紧固装置。水热反应釜的内衬通常采用聚四氟乙烯制成，聚四氟乙烯具有极佳的化学稳定性和非黏性，可以防止反应物与反应釜材料发生不必要的化学反应，同时也便于反应后产物的取出。

另外，在水热合成反应中，通常需要加入络合剂以控制和引导晶体的生长和不同形貌的生成。在水热反应中，因合成温度相对较低，压强大，对络合剂的沸点要求不高，故而可选用的配体相对较多。常用的配体或表面活性剂有油酸[23]、乙二胺四乙酸[24]、柠檬酸[25]、十六烷基三甲基溴化铵[26]等。

应用范例：国瓷材料研发了难度等级最高的水热法制备钛酸钡粉体技术，改变了我国先进电子元器件粉体严重依赖进口的被动局面，重构了世界产业格局。目前该公司已拥有5项打破国外垄断或“卡脖子”的技术，保障了国内相关行业的发展安全。如尾气处理蜂窝陶瓷载体，打破了美国康宁等公司长期对我国的技术封锁。

2.5.2 溶剂热法

溶剂热法是一种在特定溶剂（如乙醇、苯）中进行的高温高压化学反应过程，它可以在水或有机溶剂中进行，可以说水热反应是特定溶剂的溶剂热反应。溶剂热反应提供了更大的灵活性，因为可以根据反应物的溶解性和反应条件选择合适的溶剂。

在溶剂热反应中，溶剂的物理化学性质，如沸点、溶解度、极性等，都会影响纳米颗粒的形成过程。例如，高沸点的溶剂能够提供更高的反应温度，有利于纳米颗粒的结晶和生长；溶剂的极性会影响溶质在其中的溶解度和反应活性，进而影响纳米颗粒的形貌和尺寸。在某些溶剂中，纳米颗粒可能更倾向于形成球形结构，而在其他溶剂中则可能形成棒状、片状或其他复杂形状。

例如，钱逸泰等人用乙二胺或吡啶为溶剂，使用溶剂热法制备 CdS 纳米材料[27]。在不同的溶剂中，得到的 CdS 纳米晶体的形貌完全不同，在乙二胺中可以得到纳米棒状产品，而在吡啶中会得到小的盘状纳米颗粒。

再例如 CeO_2 的合成[28]，当选择二甲基亚砜作溶剂时，可以得到海胆状 CeO_2［如图 2.11（a）、（b）］；而当选择 *N*,*N*-二甲基甲酰胺时，可以得到珊瑚状 CeO_2［如图 2.11（c）、（d）］。海胆状的 CeO_2 是由长 1 μm、直径 50 nm 的 CeO_2 纳米棒组成；珊瑚状的 CeO_2 是由长 200 nm、直径 50 nm 的 CeO_2 纳米棒组成。

图 2.11 溶剂热法合成的 CeO_2 纳米材料的 TEM 照片[28]

（a）、（b）是在二甲基亚砜中反应；（c）、（d）是在 *N*,*N*-二甲基甲酰胺中反应

可见，溶剂在溶剂热法合成纳米材料过程中起到关键的作用。通过合理选择溶剂，可以控制纳米颗粒的形貌、尺寸和分散性，从而优化纳米颗粒的性能。相比于传统的高温固相法，溶剂热法与水热法一样，具有产率高、反应温度低等多种优点，是合成形貌可控纳米材料的理想选择之一。

2.5.3 水热–溶剂热法

除了单纯的水热或溶剂热法，水和有机溶剂的混合物也经常被用作水热-溶剂热的反应介质，也称为水热-溶剂热法。水热-溶剂热法具有操作简便、成本低廉、环境友好以及配体选择范围广等优点，因此该合成方法应用广泛，例如近年来广泛研究的稀土掺杂上转换纳米晶体 β-$NaYF_4$:Yb,Er 就可以通过水热-溶剂热法可控合成。在合成 β-$NaYF_4$ 晶体的水热法中，所用原料稀土盐通常为硝酸稀土盐或者是盐酸稀土盐，氟源可以是 NaF、NH_4F、HF 等。溶剂一般为水和醇类混合物，例如乙醇、甲醇、乙二醇等。在该过程中，溶剂的组成对合成产物的形貌具有重大的影响。如图 2.12 所示，在水热 / 溶剂热反应中，不同溶剂组合可以合成不同形貌的 $NaYF_4$:Yb,Er 纳米晶体。以水-甲醇为溶剂时，得到的是立方体块状晶体 [29]；以水-正丁醇为溶剂时，合成的 $NaYF_4$:Yb,Er 纳米晶体形貌不完全一致，有多边形饼状，也有球形。晶体形貌的差异是由不同的醇在晶体表面吸附性能不同造成的，不同的吸附性能会影响晶面的表面能，进而造成其生长速率的不同。

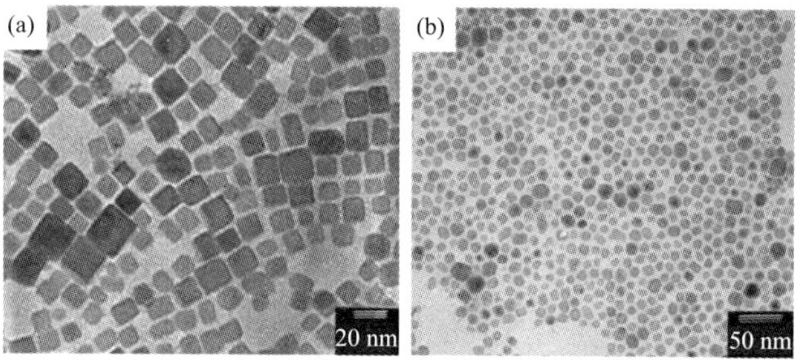

图 2.12 在水-甲醇（a）和水-正丁醇（b）体系中合成的 $NaYF_4$ 纳米晶体的 TEM 照片 [29,30]

2.5.4 配体在水热 / 溶剂热法中的作用

在水热 / 溶剂热法合成纳米材料的体系中，配体（表面活性剂）对产品纳米粒子的形貌和粒径起到至关重要的调节作用。从合成到最终的应用，配体的选择和使用对纳米材料的性能和稳定性有着直接的影响。在纳米粒子的成核期，配体影响反应和成核速率，从而控制纳米晶成核的大小和数目；生长期，配体对不同晶面的选择性吸附，导致不同维度和不同形貌的纳米晶形成。纳米晶尺寸小、比表面积大导致表面电子态对整体的电子结构贡献显著。配体正是与这些表面原子相连，所以配体对纳米晶的电子结构影响显著。另外，在纳米粒子生成之后，配体仍有如下的作用。

稳定作用：配体能够通过化学键合作用稳定纳米材料，防止纳米颗粒聚集，从而保持纳米材料的分散性和均匀性。这对于控制纳米材料的尺寸和形态至关重要，因为纳米材料的尺寸和形态直接影响其物理和化学性质。

保护作用：在纳米材料的后续处理过程中，配体可以作为保护层，防止纳米材料与周围环境中的其他物质发生不必要的反应，从而保护纳米材料的稳定性和纯度。

提高生物相容性：在生物医学应用中，通过选择合适的配体，可以提高纳米材料的生物相容性，减少对生物体的毒性，从而提高纳米材料在生物体内的应用效率和安全性。

例如，在 $NaYF_4$ 晶体的合成过程中，以不同碳链长度的饱和脂肪酸为配体，在其他条件完全相同的情况下，配体碳链长度的改变对 $NaYF_4$ 晶体的形貌及生长过程起到控制作用。图 2.13 为以不同饱和脂肪酸为配体合成 β-$NaYF_4$ 的生长过程机理示意图。

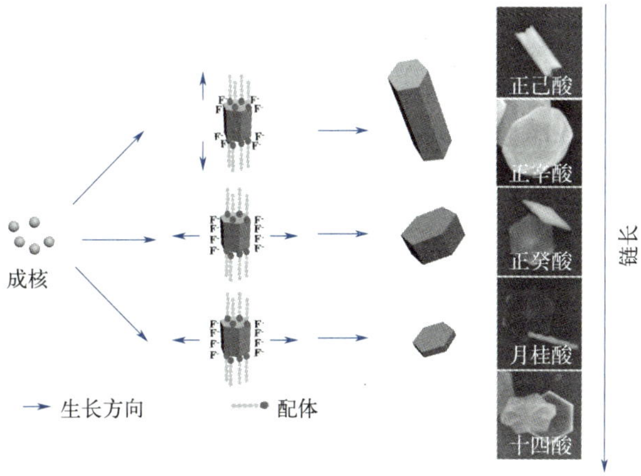

图 2.13　以不同饱和脂肪酸为配体合成 β-$NaYF_4$ 的生长过程机理示意图 [31]

当分别以正己酸（HA）、正辛酸（CA）、正癸酸（DA）、月桂酸（LA）、十四酸（MA）为配体时，由于不同配体与不同晶面的亲和力不同，晶体会沿不同方向生长。以正己酸为配体时，可以生成两端类似皇冠状的微米棒，当增长配体碳链长度后微米棒不断变短，最后生成了长径比很小的微米 / 亚微米盘状结构。

多数情况下，表面活性剂或离子优先结合在晶体特定的晶面上，导致该晶面的增长率受到抑制。利用这一特性，可以合成出具有特定晶面特征的纳米粒子。Huang 等人的研究发现，在表面活性剂（十六烷基三甲基溴化铵，CTAB）的作用下，通过水热合成法可以制备出具有八面体形态的 Au 纳米颗粒，并且其尺寸可以通过调整反应持续时间来精确控制 [32]。纳米颗粒沿着不同晶面方向的生长速率存在显著差异，相对于（111）晶面，（100）晶面具有更快的生长速率，将促进正八面体结构的形成，如图 2.14 所示。如果（100）晶面被离子或表面活性剂所占据，那么原本预期的八面体结构可能会转变为立方体形态。

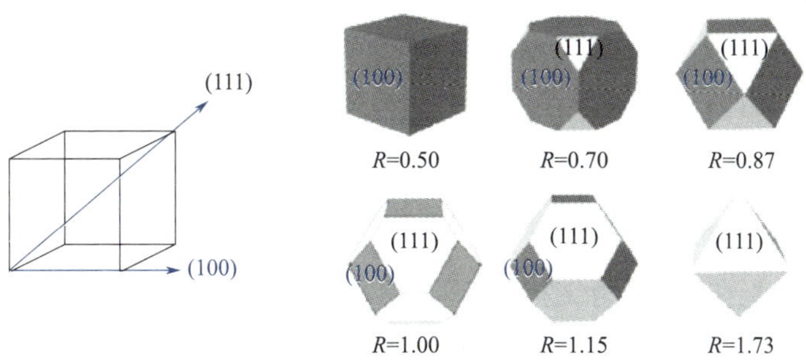

图 2.14　在不同的（111）与（100）晶面生长速率比时得到的纳米晶体形貌示意图 [32]

R 是（111）晶面生长速率与（100）晶面生长速率的比

小表面积和低表面能可以产生更高的稳定性和更大的有序性。基于此原理，原子结构通常是更有利于稳定有序的密堆积排列方式，如面心立方晶体结构。这有利于形成包含（111）和（100）晶面的伍尔夫多面体，这种结构类似于截去顶点的八面体[33-37]。而特定的配体不仅能够控制纳米粒子的尺寸，还能够有选择性地与某些晶面结合，从而降低这些晶面的表面能。因此，配体的参与不仅促进了伍尔夫多面体的形成，也为合成形态多样的纳米粒子提供了新的机会（如图 2.15）。

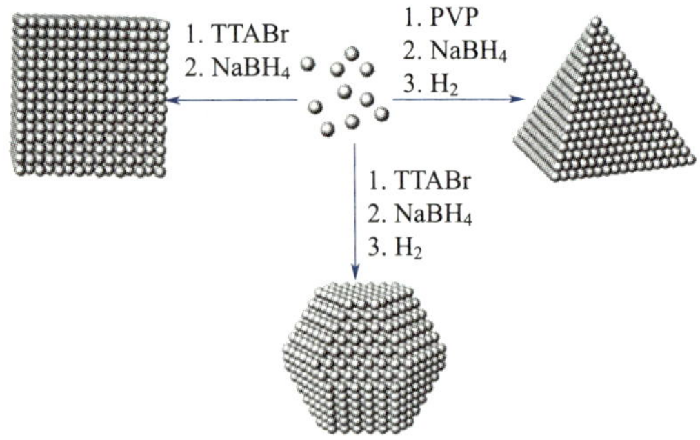

图 2.15 通过改变合成条件制备各种形状的铂纳米粒子[33]

TTABr为四丁基溴化铵；$NaBH_4$为硼氢化钠

综上所述，配体（表面活性剂）在纳米材料合成中的应用是多方面的，它们不仅影响纳米材料的稳定性和分散性，还直接关系到纳米材料的尺寸、形貌、功能性和应用范围。因此，选择合适的配体对于纳米材料的成功合成和应用至关重要。

2.6 新型纳米材料制备技术

2.6.1 微流控技术与微流控静电纺丝法

常见的基于微流控技术合成纳米材料的微反应器按结构形式可分为微管路和微流控芯片反应器。不同类型的微反应器均可以与光、电、热、压、磁等各种功能模块中的一种或多种进行集成，以满足不同实验条件。

在微反应器的微通道中进行高效混合是可控制备纳米材料的基础。不同于宏观体系，微反应器中通道尺度的大幅降低使分子扩散效应的影响变得十分显著，利用此效应可获得较快的混合速率。目前使用较多的方法是对通道进行特殊设计以提高混合效率，例如在通道内部设计人字形微结构或者采用多相微流控液滴体系。微流控技术实现的毫秒或纳秒级混合有效提高了纳米材料的可控性和均匀性。

（1）微流控技术制备纳米材料

微流控技术是指在微观尺寸下控制、操作和监测微小流体(体积为纳升到微升)的技术。在微流体通道内，当尺寸减小到微米级时，传统的传质、传热规律不再适用，表现出微尺度效应。微尺度效应使得微通道内的传热、传质能力相比于传统反应器得到显著增强。其主要特点体现在如下几个方面。①微量：微流控技术的耗样量一般在 10^{-9}～10^{-12} L 范围内，对涉及易燃易爆反应物的反应而言，在一定程度上降低了反应的危险性。②高效：微流控技术所使用的微反应器尺度微小，传质、传热速率明显比常规反应器更快，使反应器中的混合更加均一，促使反应更加高效、快速地完成。③高通量：通过多通道并行等方法能有效提高反应通量。

在纳米材料的合成方面，相比常规合成方法，微流控技术具有传质传热效率高、反应速率快、安全可控等优点，近年来被广泛应用于制备纳米材料。该技术可调的反应微环境和快速的传质传热，提高了反应的均一性，克服了传统方法制备纳米材料粒径分布较宽的缺点，实现了对纳米材料尺寸均一性的精准调控。可用来制备无机纳米材料、量子点和多功能杂化纳米材料。

应用范例：制备量子点

传统方法制备的量子点由于高的表面能表现出团聚趋势，而且量子点表面基团的不稳定导致了其与高分子聚合物相容性差的问题，这些缺陷极大地限制了量子点的实际应用。因此最近几年研究者采用液滴微流控技术制备量子点。

液滴微流控是利用互不相溶的两种液体分别作为连续相和非连续相，通过控制微通道结构和两相流速比来构筑微液滴的技术。如图 2.16 所示，结构不同的微流控装置可以实现对流相和流速的精确调控，从而产生单相或多相液滴，为量子点的合成提供了一种强有力的手段[38]。Andrew J. deMello 等[39]利用液滴微流控技术，将前驱体溶液剪切成高度分散的液滴，促使 Pb 源和 Se 源 /S 源的快速混合和反应，得到的硫化铅和硒化铅量子点具有粒径分布窄 (5%～7%)、发射波长可调 (765～1580 nm)、量子产率高等优点。该液滴微反应器可连续稳定运行，说明该方法具有大规模制备量子点的潜力。

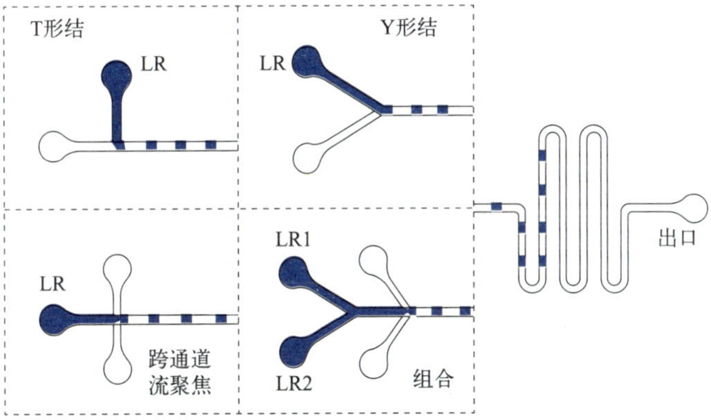

图 2.16　基于液滴微流控制备量子点的实例[38]

(2) 微流控纺丝技术制备纳米材料

虽然钙钛矿量子点具有连续可调的发射光谱、窄的半峰宽和超高的量子产率等优点，但是钙钛矿量子点固有的结构不稳定性严重阻碍了其在光电器件中的应用。针对上述科学问题，南京工业大学陈苏教授团队采用微流控纺丝技术，基于微流体静电纺丝机成功实现了在壳核纤维的界面中原位制备钙钛矿量子点（如图 2.17 所示），其中聚苯乙烯（PS）为内核聚合物基质，聚甲基丙烯酸甲酯（PMMA）为外壳材料。该方法制备的壳核纳米纤维钙钛矿膜不仅具有较高的量子产率（82.3%），而且表现出优良的稳定性。

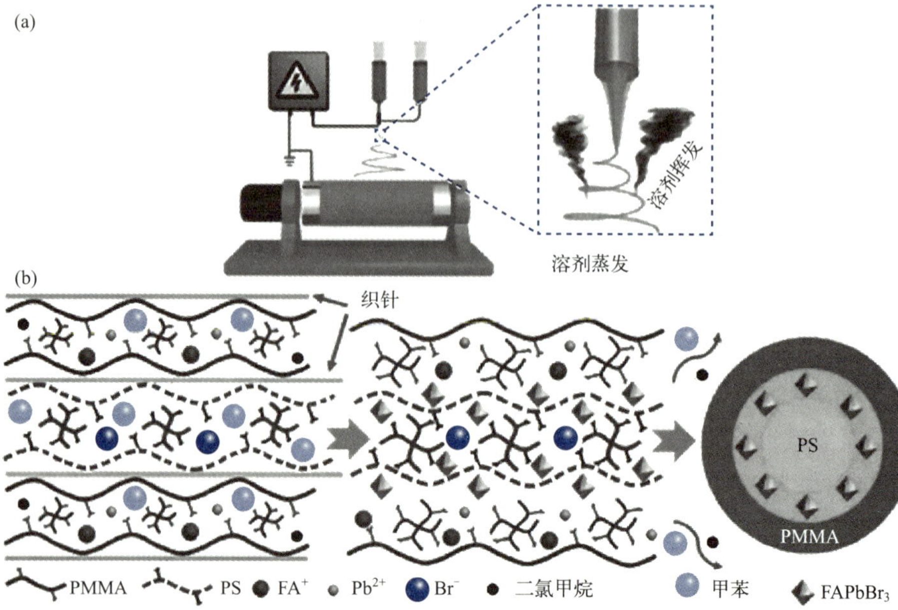

图 2.17 微流体静电纺丝制备核壳钙钛矿纳米纤维

该团队又进一步开发出了利用高通量微流控气喷纺丝技术规模化制备钙钛矿杂化纳米纤维的技术，在纺丝的过程中进行原位化学反应合成钙钛矿量子点，实现了高荧光性能钙钛矿量子点纳米纤维膜的宏量制备，将其粉碎后即可获得钙钛矿量子点杂化粉体材料。微流控气喷纺丝技术以气体（空气）为驱动力，能安全高效地实现纳米纤维的量产。

（3）微流控技术在纳米材料合成领域的未来发展趋势

① 通过与多种在线检测技术联用，微流控技术能实时监控合成反应，高效地获取材料的粒度、形状、组成和形态等信息，并能根据反馈及时调整反应体积等，有望实现对反应条件的高通量筛选。

② 利用微流控技术可实现纳米材料的多步骤复杂合成及处理。纳米材料的合成多数都需要根据需求进行后处理（过滤、纯化等）。然而，目前常用的微反应器仍存在难以处理固体物质以及功能相对简单等问题。对于流动反应器而言，若反应中存在不溶或难溶的固体物质，很可能导致注射器堵塞、通道结垢、进样困难、切换阀损坏等严重问题。

③ 基于微流控技术将纳米材料合成的规模扩大至工业水平。虽然研究人员利用微流控技术已经合成出多种高质量的纳米材料，但如何将合成规模扩大至工业水平是其从实验室走向具体应用的过程中必须要解决的问题。

2.6.2 双光子微纳 3D 打印法

双光子光刻技术（two-photon lithography）是一种微纳米级结构增材制造打印技术，具有非常高的分辨率，可以在空间上实现三维结构的精准制造。该技术是指在特定材料上（如高分子材料），使用双光子共振效应同时吸收两个光子，形成高能量离子的过程。其工作原理是，当双光子束照射到特定材料上时，材料的电子会受到共振效应，这时会同时吸收两个光子，使能量上升至可以出现离子效应的高能量状态，这样就可以形成微纳米结构。该技术可应用于纳米技术和微纳米工程等领域，用来制造纳米结构，如纳米晶体、纳米管和纳米探针等。

如图 2.18 所示，利用该技术，不但可以实现不同线宽的光刻胶打印，还可以制造多种不同形状的三维立体微纳米结构。通过进一步改进制造条件，可将该高灵敏度光刻胶的线宽分辨率推进至 10 nm（图 2.19）[41]。

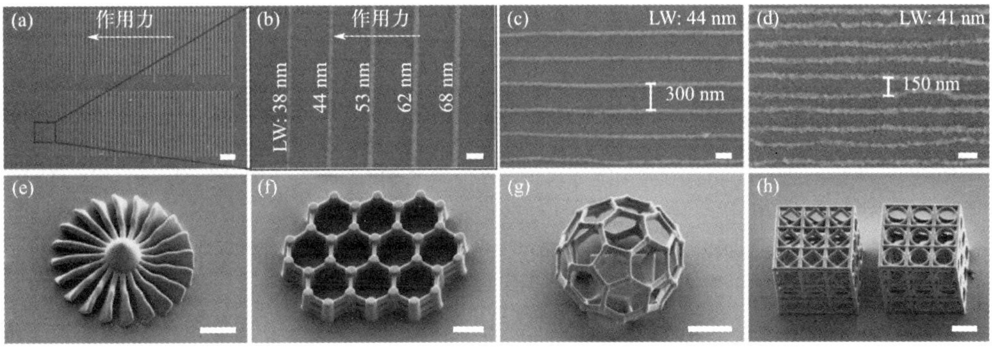

图 2.18 双光子微纳 3D 打印技术制备的纳米结构 SEM 照片（标尺：5 μm）[40]

新加坡科技设计大学 Joel K. W. Yang 教授使用该技术制备了高质量、高折射率的光子晶体超材料[42]。他们将一种钛离子掺杂树脂用于高分辨率打印。打印后，将结构在空气中热处理以诱导晶格收缩并产生二氧化钛纳米结构。该技术获得了图案分辨率高达 180 nm 且折射率为 2.4～2.6 的三维光子晶体。利用该策略打印的带有金刚石晶格的结构，在 550 ℃下退火后，产生了 270～415 nm 的晶格常数（图 2.20）。同时也可以打印出三维立体的微纳结构（图 2.21）。

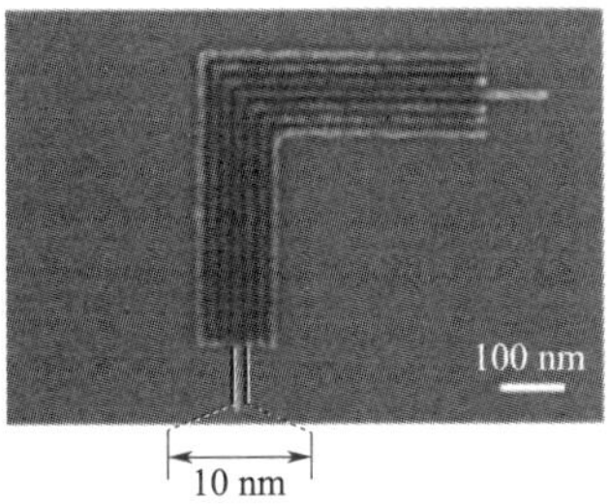

图 2.19 双光子微纳 3D 打印技术制备的线宽 10 nm 光刻胶[41]

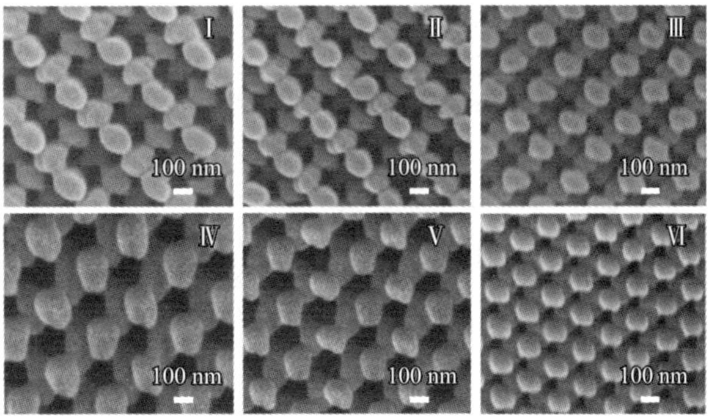

图 2.20 以钛离子掺杂树脂为墨水制备的 3D 光子晶体 SEM 照片[42]

可见，双光子微纳 3D 打印技术不仅突破了传统制造方法的局限，更是在科研探索与工业生产中开辟了新的前沿领域。在科学研究领域，双光子微纳 3D 打印机由于其优异的加工精度，为科学家们研究微观结构和功能材料提供了重要的平台，能够在微米甚至纳米尺度上构建出复杂的三维结构，可用来制造生物组织工程中的细胞支架和光子晶体超材料等。而在工业中，双光子微纳 3D 打印机能够实现复杂零件的快速原型制作和直接制造，极大地缩短了产品开发周期，降低了生产成本。因此，该技术在航空航天、医疗器械、精密仪器等高精度要求的行业，展现出特有的优势和发展潜力。

2.6.3 超快激光技术

超快激光是一种脉宽非常短的脉冲激光，从时间的尺度来讲，其脉宽可短至 10^{-14}～10^{-12} s。经过聚焦，超快激光可以瞬间在材料内部产生极高的温度和压强。这种局部极端条件会诱导材料的结构发生许多意想不到的变化，因此超快激光已成为对各种材料进行微纳加工的有力工具。

当将飞秒激光聚焦到透明材料内部时，会产生一系列基于多种高度非线性效应的物理化学动力学过程。浙江大学邱建荣团队长期从事飞秒激光与材料相互作用的研究，并取得了一系列高度原创的重大突破。他们采用均匀透明、无杂质、无气泡的玻璃为原料，把飞秒激光聚焦照射到玻璃内部，获得了理想的超快激光精雕工艺，成功在玻璃内部实现了组分可调的钙钛矿纳米晶的合成（图 2.22）。

图 2.21 以钛离子掺杂树脂为墨水制备的 3D 光子晶体三维立体结构 SEM 照片[42]

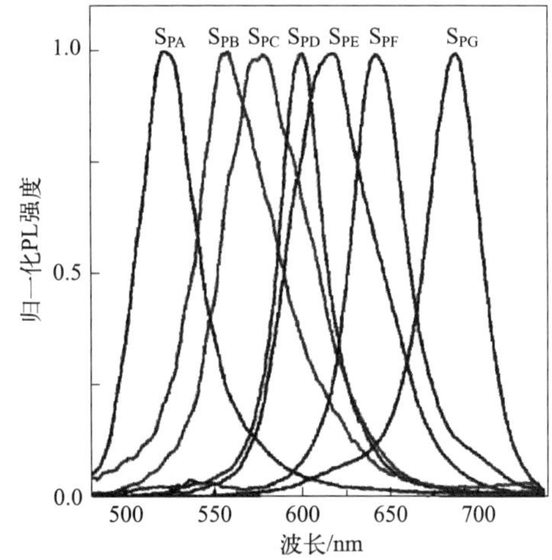

图 2.22 成分可调节的 $CsPb(Br_{1-x}I_x)_3$ 钙钛矿的纳米晶光致发光光谱

另外，该团队以含 Cl^--Br^--I^- 的卤氧化物复合玻璃为例，实现了在玻璃中具有可调谐成分和带隙的钙钛矿纳米晶 3D 直接光刻。该方法制备的纳米晶在紫外线照射、有机溶液浸泡和 250 ℃高温环境中都表现出了优良的稳定性，展示了这种 3D 结构纳米材料在光存储、Micro-LED 和全息显示方面的应用。

利用超快激光，还可以在微米级精度内实现钙钛矿纳米晶彩色图案化。由于超快激光诱导的液相纳米分离只发生在玻璃内部的局部位置，三维激光直写技术排除了材料合成和器件加工过程中有机组分 (试剂和溶剂) 的污染。此外，稳定性实验表明该类器件可以在各种环境中长期使用。

2.7 自组装制备纳米结构材料

2.7.1 以表面活性剂为模板制备纳米结构材料

自组装过程，是一个无需人为干预的自发过程，原子、分子、分子聚集体以及组件在没有外部干预的情况下自动排列成有序且具有特定功能的实体[43,44]。

自组装过程以其高效且灵活的特性，应用在多种新型纳米结构材料的合成反应中。以表面活性剂为模板的自组装基本原理是：前驱体分子在水-空气界面受到分子间相互作用（如氢键、范德华力、静电作用等）表现出各向异性，产生不均匀分布，合力使前驱体分子倾向于分布在水相；加入两性分子（表面活性剂，同时具有亲水端和疏水端的分子）后，两性分子聚集在水-空气界面，直到覆盖整个界面；此时，界面能降到最低值，两性分子开始形成胶束。在胶束中，亲水基团朝向水相，而疏水基团聚集在胶束的内部，形成一个疏水核。这种结构有助于进一步稳定胶束。随着更多双亲分子的加入，胶束的数量增加，这些胶束通过分子间的相互作用力进一步组装成更复杂的结构，如密堆积的面心立方或体心立方结构。

胶束数量增加到一定程度时，它们会相互融合，形成更大的连续的结构，即溶致相。溶致相是指某些分子在特定条件下，如溶剂浓度、温度或pH值变化时，能够自发形成的有序结构。溶致相的形成是自组装过程中的一个重要步骤，它是形成更复杂的组装体的前提。胶束融合后，首先形成柱状六方排列的二维相，并进一步融合生成溶致液晶片状结构，这种结构类似于液晶，具有流动性和有序性，但其分子排列更为复杂。

胶束和溶致相可以通过不同的溶剂溶胀，形成乳液［乳液是一种分散体系，其中一种液体（分散相）以微小的液滴形式分散在另一种液体（连续相）中］。例如具有规则介孔结构的硅分子筛材料（MCM-41），就是1992年研究人员采用表面活性剂和硅酸盐进行共组装的，其通过范德华力和静电相互作用形成纳米复合材料，除去表面活性剂后得到MCM-41。后来，这种基于范德华力、静电力、氢键以及其他非共价键相互作用的策略也被广泛应用于制备多种介孔材料，例如SiO_2[45-48]、铝硅酸盐[49]、Al_2O_3[50]、TiO_2[51]等。

表面活性剂辅助自组装合成路线的机理如图2.23所示。初始阶段，表面活性剂分子自组装形成圆柱状胶束。随后，可溶性硅酸盐分子嵌入胶束的亲水区域。这些胶束通过静电、

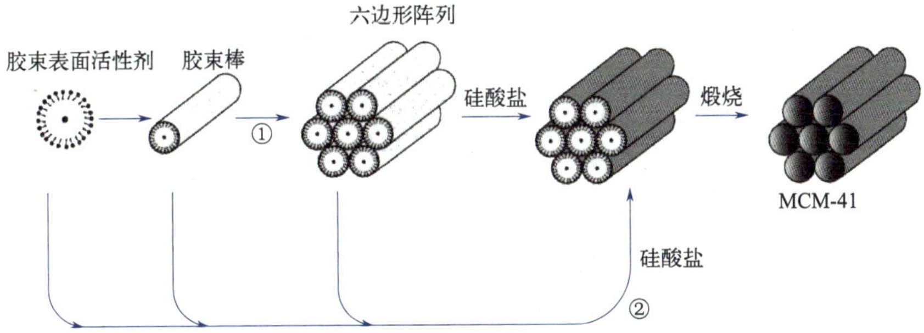

图2.23　表面活性剂辅助自组装合成MCM-41的路线示意图[52,53]

氢键或其他非共价键的相互作用，进一步组装成高度有序的无机-有机纳米复合物。可溶性硅酸盐分子的加入导致球形胶束向高度有序的聚集体转变，进一步水热处理后，形成固体的无机-有机纳米复合材料。经过 500 ℃以上的高温煅烧，去除表面活性剂模板，便得到具有高度有序介孔结构的分子筛材料。

2.7.2 表面配体诱导纳米晶自组装

纳米晶是指尺寸在纳米级别的晶体颗粒，通常小于 100 nm，具有非常大的比表面积。将纳米晶自组装成具有特定排列和介观形貌的超结构对于开发新材料至关重要。纳米晶自组装是纳米科技领域的一个重要研究方向，涉及通过非共价键等相互作用，使纳米级构筑基元组装成高度有序的晶体结构。这种自组装过程可以在热力学或动力学上进行调控，进而获得不同形态和结构的晶体。纳米晶的自组装不仅在催化、磁学、光学和功能生物材料等领域具有广泛的应用前景，而且为制备具有复杂结构的新型复合功能材料提供了一条有效的策略。

近年来，科研人员在纳米晶自组装方面取得了重要进展。例如，研究者采用 Au 纳米粒子为组装单元，将其分散于丁醇 / 水反相微乳液体系，组装图 2.24 所示的纳米结构材料 [54]。图 2.25 显示了制备具有多层壳纳米结构材料的自组装机制。超声分散后，含金纳米颗粒（Au NPs）的乳液滴悬浮在 1-丁醇中。为达到总界面自由能的最小化，这些 Au NPs 在乳液界面处自发吸附，因此单层 NPs 被限制在水 / 丁醇界面处。一段时间后，水在 1-丁醇中的适当溶解导致少量水扩散到界面周围的油环境中，迫使界面曲率面积向内收缩。当界面面积减小时，捕获的 NPs 层被压缩。当 Au NPs 紧密堆积在整个液滴表面，它们就会挤进固体和紧密包裹的外壳中。随着水继续向丁醇中扩散，水滴内部的纳米粒子遇到第一层壳与水之间的新界面，会优先驻留在壳的内部空隙中。以同样的方式，直到所有 Au NPs 都融入壳中，最终能够形成两层或多层堆叠的壳。随着水滴中的 NPs 被耗尽，最终得到有序的多层结构［图 2.24（b）、（c）］。当自组装过程完成时，壳内相邻 Au NPs 之间的范德华力对保持其结构完整性起着关键作用。

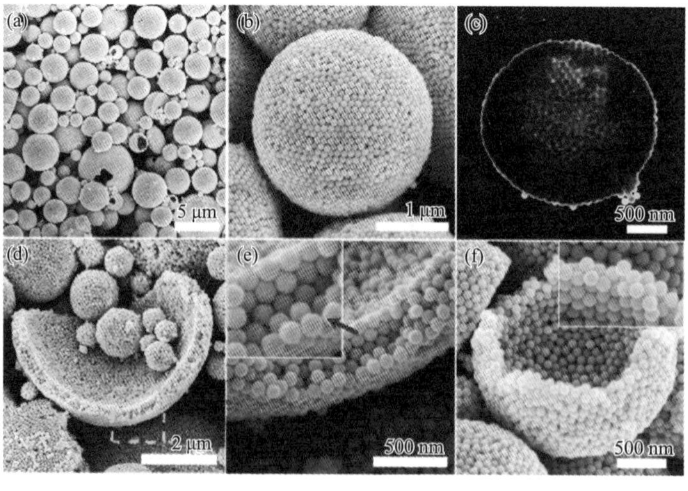

图 2.24 利用反相微乳液法将 Au 纳米球组装为纳米超结构的电镜照片 [54]

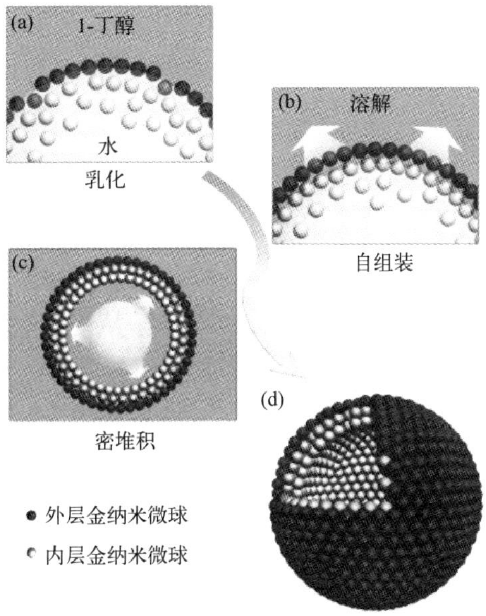

图 2.25　**利用反相微乳液法将 Au 纳米球组装为纳米超结构的过程示意图** [54]

在此基础上，研究者又发展了一种基于瞬态乳液体系的限域乳化策略，成功实现了对尺寸均一的微球进行简单、高效和精准定位的构筑工作 [55]。在水与正丁醇的瞬态乳液体系中，利用水和正丁醇的部分混溶特性，在孔模板中形成瞬态微乳液滴，从而使分散在微乳液滴中的纳米颗粒在孔模板中进行有序自组装。如图 2.26 所示，可以以不同形貌的纳米粒子为结构单元，组装出胶体囊泡、生物结构、立方结晶体等多种结构的纳米超结构材料。

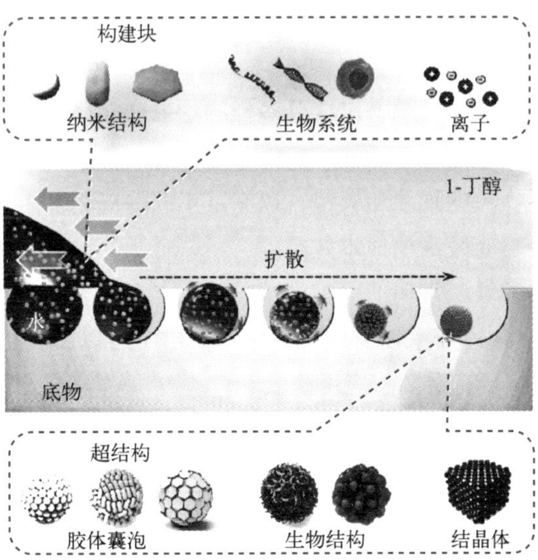

图 2.26　**通过限域，在正丁醇 / 水体系中将各种形貌的纳米粒子组装得到多种纳米超结构示意图** [55]

纳米晶自组装过程通常遵循自由能最小化原理，从而倾向于形成二维或三维紧密堆积超结构。近来研究者们已经发展了一系列策略来推动纳米晶的线性组装 [56]。复旦大学董安钢、李同涛研究团队提出了一种无需模板的高效线性组装新策略，将一系列油酸封端的各向异性稀土纳米晶（如纳米棒、纳米盘和纳米哑铃）组装成具有高度晶面选择性的柔性链状超结构（如图 2.27 所示）。该方法利用了低分子量的聚乙二醇（PEG）在油酸接枝的稀土纳米晶（100）晶面上的特异性吸附。这种选择性是基于油酸配体在稀土纳米晶不同晶面上的结合能差异来实现的。此外，对溶剂极性的调整促进了由分子间氢键连接的 PEG 超分子桥的区域选择性形成，最终实现线性组装。

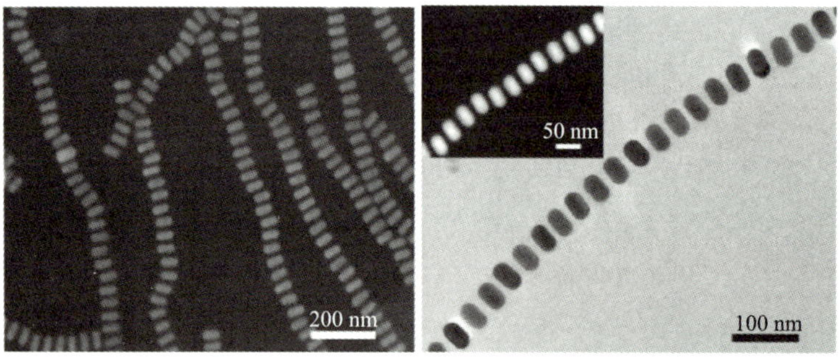

图 2.27 $NaYF_4$ 纳米棒组装后的扫描和高倍透射电镜照片[56]

纳米晶的自组装过程通常依赖于分子间的非共价相互作用，如范德华力、静电力、氢键、π-π 堆积作用等。由于纳米晶超大的比表面积，表面张力对纳米晶的自组装有巨大影响。引入表面活性剂分子，可以有效地引导纳米晶形成有序排列。例如，硫醇化的纳米晶粒经过溶剂去除，可以自发排列组成有序的二维结构。而引入的配体的化学性质、使用的分散介质、晶粒的核心尺寸等是影响自组装效果的重要因素。

总之，液相制备法具有多种优点：

① 能够将各种反应物溶解于液体中，实现对各组分含量的精确控制，并达到原子或分子级别的均匀混合。

② 方便引入微量有效成分，制备出成分多样的均一产品微粒。

③ 合成的微粒具有良好的表面活性。

④ 可通过配体调控微粒的形状和粒径，以满足不同的应用需求。

⑤ 在工业化生产中具有较高的成本效益。

因此，液相法是化工领域常用的可控合成纳米材料的方法。而近年来新型的微流控技术、3D 打印技术、超快激光技术以及自组装技术，由于可以制备更加精密和复杂的结构，在未来的纳米材料领域将具有重要的应用前景。

2.8 人工智能在纳米材料与纳米结构设计与合成中的应用

人工智能 (artificial intelligence，AI) 是近年来科技领域的热门话题，已经被广泛应用于医疗、金融、交通等各个行业。而在纳米材料设计领域，人工智能也扮演着重要的角色。正如北京大学张锦院士所讲，当前 AI 正在革新材料科学研究的范式，为材料数据库的标准化、材料基础研究的全局性和材料跨越实验室到产业化的鸿沟提供助力。AI 这个工具不仅可以扩展认知、辅助决策，还可以放大人的创造力。在材料智能化（AI for materials）的加持下，科研人员能够增强对材料体系全局的理解，进一步对齐从实验室到产业化的目标，从全局的角度开展材料的研发工作。

纳米材料设计是一个高度复杂的过程，其中涉及大量的试错和计算。而传统方法往往需要耗费大量时间和资源，效率较低。随着人工智能的发展，纳米材料设计变得更加高效和准确。

首先，人工智能在材料数据库中起到了关键作用。通过机器学习和深度学习的方法，人工智能可以对大量的实验数据进行分析和整理，并从中发掘出不同纳米材料的性能和特性。这样一来，研究人员可以更加迅速地获取需要的数据，有助于加速纳米材料的研发过程。

其次，人工智能在纳米材料预测和优化中具有独特优势。通过建立模型和算法，人工智能可以预测不同材料的性能并进行优化。例如，通过计算和分析纳米材料的晶体结构和原子排列方式，人工智能可以准确预测其电导率、力学性能等关键指标。这样一来，研究人员可以在实际合成之前对材料进行优化，提高设计的准确性和成功率。

2.8.1 人工智能在纳米材料合成优化中的作用

对于传统的无机纳米材料合成来说，由于涉及多种参数，通常需要反复实验，才能找到理想的合成条件，这不仅耗时耗力，成功率也比较低。将人工智能技术引入纳米材料合成领域，将有望省时省力，解放科学家的手，实现高质量纳米材料的高通量合成。

应用范例 1： 北京大学张锦团队与合作者[57]共同开发了基于AI技术的纳米碳材料智能合成平台Carbon Copilot（CARCO），它集成了语言模型、自动化实验装备和数据驱动的机器学习模型，探索纳米碳材料研究的范式变革。CARCO平台采用模块化设计，包括以下三个主要模块（如图2.28和图2.29所示）。

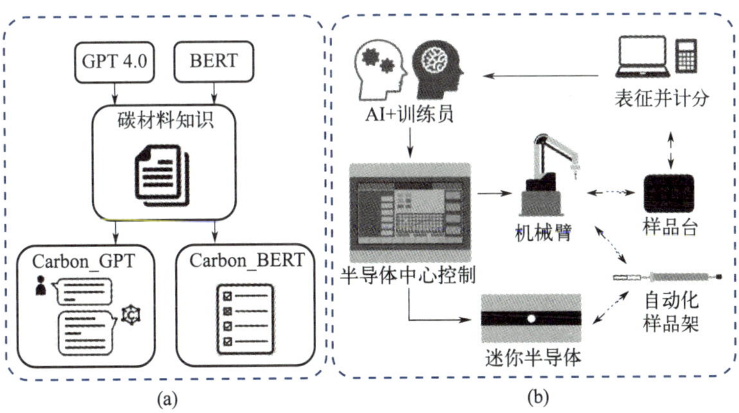

图 2.28 大语言模块（a）和半导体自动化模块（b）[57]

① **大语言模块：** 包括Carbon_GPT和Carbon_BERT。Carbon_GPT基于GPTs构建，用于生成宏观学术洞察；而Carbon_BERT基于BERT预训练模型构建，通过对碳材料领域相关文献进行微调，利用词嵌入技术解决具体的筛选类问题。

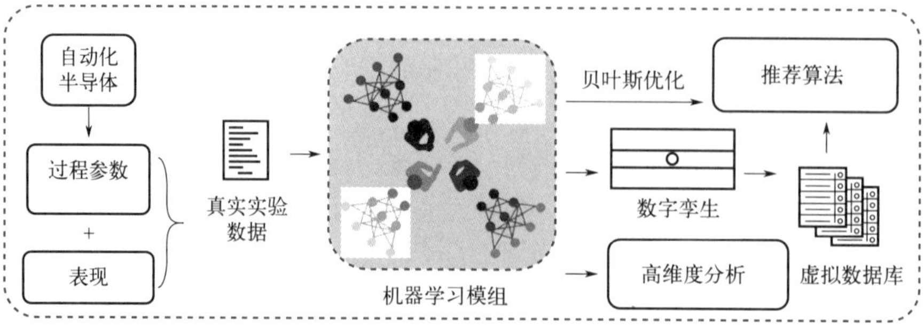

图 2.29 数据驱动的机器学习模块 [57]

② **半导体自动化模块**：由 AI 控制模块、机械臂、自动进样台、化学气相沉积系统组成。该模块能够每日执行超过 30 次可靠实验，通过精确的参数控制，确保实验的稳定性和一致性。

③ **数据驱动的机器学习模块**：通过收集实验参数和样品表征数据，建立标准化数据库，并使用机器学习模型进行实验结果的预测和工艺参数的优化，从而提升实验效率并实现对合成过程的精确控制。

研究者聚焦碳纳米管水平阵列，利用 CARCO 平台对 21 种双金属催化剂进行了筛选，筛选过程利用 Carbon_BERT，通过词嵌入技术预测不同催化剂在碳纳米管水平阵列合成中的效果，并利用自动化实验模块实现高通量实验验证。结果表明，不同催化剂的阵列生长效果在统计意义上符合 Carbon_BERT 的预测结果。值得注意的是，排在首位的催化剂是一种在该领域中全新的钛 - 铂双金属催化剂（Ti-Pt）。该催化剂合成的碳纳米管水平阵列在密度、定向性、洁净度、均匀性、一致性等方面均表现优异，其综合性能优于传统的铁催化剂。

利用 CARCO 平台完成了 500 余组实验后，基于数据驱动的机器学习模型建立了工艺参数与生长结果的关联，并基于模型进行了数百万次虚拟实验。虚拟实验的结果可以为碳纳米管水平阵列的制备提供配方，从而实现更加高效且精细的指标优化。指定密度的碳纳米管水平阵列制备对于定制化器件性能至关重要，传统的研究方法无法实现对密度的精确控制。CARCO 平台的成功应用证明了 AI 与人类科学家协作在纳米材料研究中的重要性，为进一步推动材料科学领域的范式革新提供了重要借鉴。

应用范例 2：中国科学院深圳先进技术研究院材料科学与工程研究所喻学锋、赵海涛团队将光学仿真、数据建模、自动化合成、原位表征、机器学习等方式融合，实现了银纳米晶的高通量合成及其原位应用，加速了材料在可视化传感检测领域的应用，实现了胶体光学材料高通量数据驱动研究的科学新范式 [58]。首先通过 Mie 散射理论对材料的理想光学性能进行仿真预测，建立目标光学性质（光谱半峰宽、峰位）与材料形貌、尺寸（分布状况、尺寸）之间的数字化联系，进而数据驱动指导银纳米晶的自动化合成和高通量筛选。针对自动化合成中的关键参数（稳定剂、形貌控制剂、还原剂），进行高通量湿化学合成和原位光学表征（光谱、色彩），对大量样本数据进行有效的分类和筛选，结合机器学习算法，建立多因素合成参数与材料形貌分布之间的复杂模型。在实现可控合成的基础上（有效样品数＞1200），进一步构建材料色彩与晶粒尺寸之间的数学模型，可以作为快速鉴定银纳米晶尺寸的可视化指标和经验数据库（图 2.30 为部分样品的透射电镜照片）。基于这些模型，可以对目标材料配方进行有效放大和精细化量产。

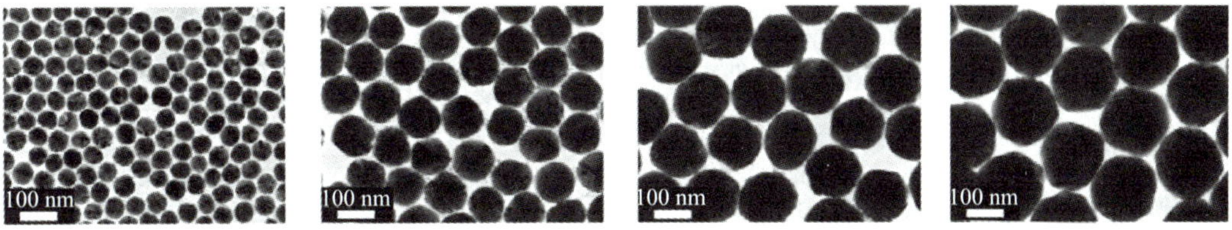

图 2.30 粒径为 50 nm、100 nm、150 nm 和 200 nm 的银纳米晶的透射电镜照片

另外，该团队首次将数据挖掘、数据驱动自动化合成、机器学习、逆向设计集成构建了机器人辅助胶体纳米晶数字制造平台，有望将科研人员从传统试错实验、劳动密集型表征中解放，实现胶体纳米晶数字化制备（如图 2.31）。为了实现自动化合成，研究人员对 1300 篇已报道的金纳米棒合成相关文献进行数据挖掘，并对其关键参数进行分水平排序，从而获取机器人执行参数，并设计正交实验及高通量实验验证，获取了金纳米棒形貌调控的重要参数[59]。

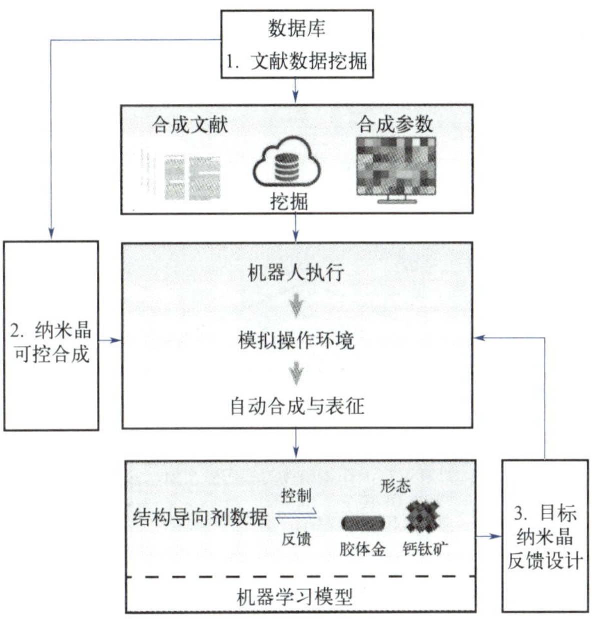

图 2.31 合成纳米晶的机器学习平台框图[59]

针对双钙钛矿，通过对其他钙钛矿相关文献进行数据挖掘，筛选出潜在的可供调节双钙钛矿尺寸形貌的 48 种溶剂和 61 种表面活性剂，结合高通量原位合成和表征，快速实现了溶剂和表面活性剂的筛选。然后，通过设计单因素、双因素以及三因素实验，进行高通量合成、原位光学表征、原位光谱学表征以及异位表征（透射电镜、扫描电镜）等，进而获得大样本数据和小样本数据。结合机器学习，获得合成关键参数（结构导向剂）与吸收光谱之间的关系模型以及吸收光谱和纳米晶尺寸之间的关系。通过积累数据样本，模型得到进一步完善。此外，根据两种材料大样本颜色信息（RGB），还可构建颜色信息与纳米晶

尺寸之间的关系模型，这个模型可作为快速鉴定纳米晶尺寸的另一个指标。得益于这些模型的构建，输入目标产物尺寸信息即可反馈合成关键参数（结构导向剂），从而实现纳米晶高效逆向设计及合成。

2.8.2 人工智能在纳米材料性能优化中的应用

利用人工智能还可以将材料的性能与产品结构、形貌进行关联，开发性能优异的纳米材料。

应用范例：南洋理工大学汤碧珺课题组[60]使用机器学习引导63次实验之后，成功制备出了从蓝光到红光的可调全色荧光碳量子点，所有颜色的荧光量子产率均超过60%。

尽管借助AI模型可以很好地提升实验结果，但是前期的实验成本依旧很高，需要大量实验数据。如果在实验早期引入AI，通过使用较少的初始数据，就能提升实验结果的准确率，将大大降低成本。

如图2.32所示，初始的训练集是随机选择的合成条件。每个合成条件的选择都由手动实验和表征的光致发光波长/荧光量子产率标记。颜色标签y_i^c是将预测的光致发光波长离散化后得出的。初始训练集的大小（N=23）由两个要求共同决定：①运行用于超参数搜索的机器学习代理模型交叉验证所需的最少数据点数量（例如20）；②验证在此合成搜索空间内合成全色碳量子点具有可行性。在第23次随机选择的合成条件下，合成的碳量子点表现出了多彩的荧光颜色和较长的发射波长，达到了以上两个要求。

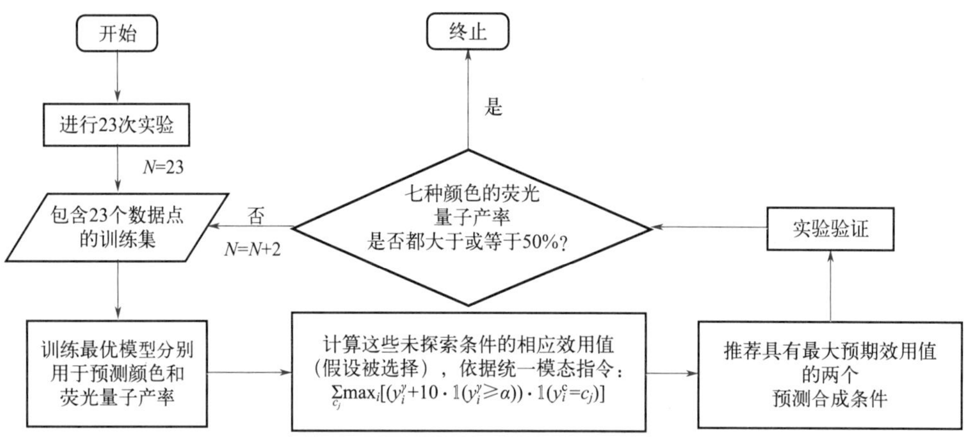

图2.32 **机器学习引导的多色碳量子点合成过程示意图**[60]

（图中“$\mathbb{1}$”是一个指示函数，用于筛选满足特定条件的项，当括号内的条件满足时，函数值为1，否则为0）

随后，他们选择2,7-二羟基萘作为前驱体，并结合多样化的催化剂以及一系列溶剂，探索不同条件下碳量子点的形成，并深入分析了8个关键的合成参数。同时，基于机器学习模型的预测结果，提出一种名为多目标优化策略的新方法。但是，由于搜索空间的维度较高，实验数据也比较有限，因此很难建立一个能被推广至未见数据上的模型。

为了解决这一问题，他们基于梯度提升决策树模型，在给定的数据集之上，分别拟合了两个已经通过最优超参数优化的回归模型。其中一个模型能用于预测光致发光波长，另一个模型能用于预测荧光量子产率。这样一来，就能预测所有未探索的候选合成条件。候选条件的搜索空间由 8 个合成参数的所有可能值的笛卡儿积来定义。

收集初始训练集后，将两个具有最优超参数的 ML 替代模型分别用于预测光致发光波长（或颜色）和荧光量子产率。然后，利用这两个训练好的模型对所有未探索的合成条件进行预测，对目标函数进行多目标优化，计算这些未探索条件的相应效用值。在所有未探索的条件中，对具有最大预期效用值的两个条件进行实验验证和特征描述。如果七种颜色的最大荧光量子产率都大于或等于 50%，则迭代的 ML 驱动的模态指令循环结束，否则迭代继续进行，并将两个新合成的数据点添加到训练集中，用于下一轮的模型训练和合成条件推荐。

这凸显了机器学习方法在引导合成策略上的独特优势，也证实了针对高维搜索空间中的合成参数与目标特性之间错综复杂的关系，机器学习方法能够发挥强大的导航作用。

2.8.3　人工智能在设计纳米材料结构中的应用

纳米材料的形貌不同，暴露于表面的晶面也会不同，从而决定了材料的性能，因此形貌的精准控制对于纳米材料的合成至关重要。但是在实验中，精准控制形貌需要大量的实验，耗时耗力，借助人工智能可以探索精准控制形貌的方法。

应用范例 1：格拉斯哥大学的研究团队 [61] 开发了一种自主化学合成机器人，用于自主智能探索和优化由实时光谱反馈、理论和机器学习算法驱动的纳米材料 (AI-EDISON) 系统。AI-EDISON 使用最先进的质量多样性算法对高维组合合成空间进行开放式探索，然后进行有针对性的优化，寻找具有微调光学特性的纳米材料的最佳合成条件。借助 AI-EDISON，该团队研究了通过种子介导的金纳米粒子 (Au NP) 合成连接的三个化学合成空间，其中从较低层次空间合成的纳米粒子在较高层次空间中用作种子（如图 2.33）。

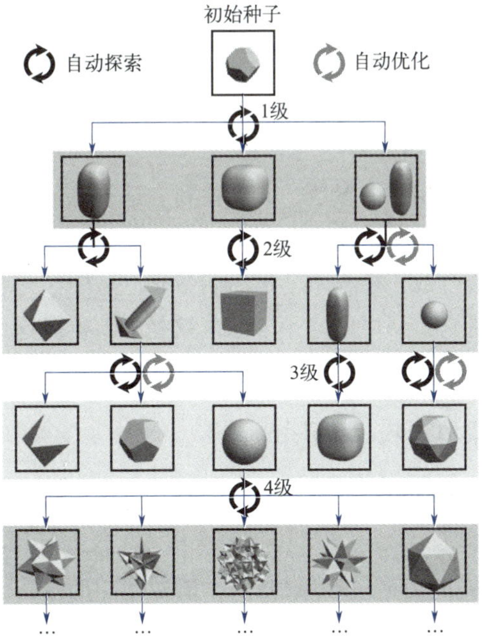

图 2.33　在三个分层连接的化学空间中以种子调节合成不同形貌 Au 纳米粒子的示意图 [61]

由于不同的等离子体纳米结构可以体现不同的紫外可见吸收光谱，因此通过增加光谱多样性可以实现结构多样性。通过在线紫外可见吸收光谱表征种子介导的多步法制备的金纳米粒子，仅通过图 2.33 所示的三个分层进行了约 1000 次实验就发现了五类纳米粒子。该平台通过结合实验和消光光谱模拟来优化具有所需光学特性的纳米结构，以实现高达 95% 的产率。

应用范例 2：美国能源部布鲁克海文国家实验室[62]功能纳米材料中心的研究人员利用人工智能技术发现了三种新的纳米结构，其中包括一种首次发现的纳米级“阶梯”结构。

研究人员开发出一个人工智能框架 gpCAM，可自主定义和执行实验的所有步骤，无需人工干预即可创建材料的不同结构集的模型，并在每次测量后进行自我更新，以帮助研究人员发现独特的纳米结构。

研究人员使用 BNL 的纳米加工设备制造了样品，并在材料合成设备中进行了自组装，再利用国家同步加速器光源Ⅱ（NSLS-Ⅱ）的软物质接口光束线照射样品并分析其结构。gpCAM 在几个小时内就确定了样本中的 3 个关键区域，供研究人员进行精细成像，从而发现“交替线”“倾斜”“阶梯”3 种新型纳米结构（如图 2.34）。该技术可加速材料研究的进度，适用于清洁能源和微电子等领域。

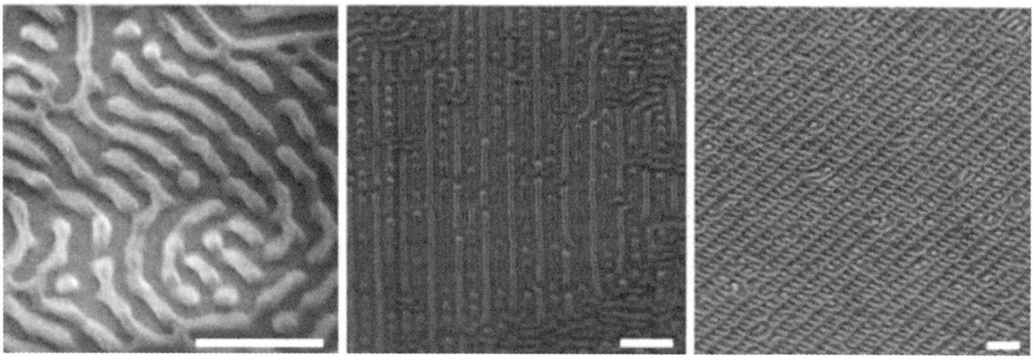

图 2.34 利用 AI 发现的新型纳米结构的 SEM 照片[62]

整个自组装过程需要控制许多参数，必须找到合适的参数组合，才能创建新的且有用的结构，这个过程往往非常漫长。为了加速研究，研究人员引入了一种新的 AI 能力：自主实验。首先，研究人员会合成一个样本，然后测量它，从中学习有用的信息。然后，再制作一个不同的样本，测量它，从中学习……总之就是不断重复这个过程，直到解决想要解决的问题。

2.8.4 人工智能对纳米材料科学的影响

人工智能的应用对纳米材料科学有深刻的影响，对纳米材料设计中的应用研究具有重要意义。

首先，人工智能的运用提高了纳米材料设计的效率和准确性。传统的试错方法需要大量的实验和计算，而人工智能可以通过模型和算法快速地进行预测和优化，极大地节省了时间和资源。

其次，人工智能推动了纳米材料科学的发展。通过大数据分析和模型的建立，人工智能可以挖掘出许多新的材料性质和特点，为纳米材料科学的研究提供了新的思路和方向。

最后，人工智能为纳米材料的定制设计提供了新的可能性。通过机器学习和深度学习，科学家们可以根据需要设计出具有特定性能和功能的纳米材料，推动纳米技术在各个领域的应用和发展。

思考题

1. 如果想得到形貌规整的完美晶体，采用哪种方法合适?
2. 要调控纳米材料的形貌，采用什么手段?
3. 你了解的新型纳米材料制备方法还有哪些?
4. 设想一下，机器学习在纳米材料合成领域还可以如何应用?

参考文献

[1] Adamski T. Commination of crystal nucleation by a precipitation method [J]. Nature, 1963, 197(4870): 894.

[2] García T, Solsona B, Taylor S H. Naphthalene total oxidation over metal oxide catalysts [J]. Applied Catalysis B: Environmental, 2006, 66(1-2): 92-99.

[3] Wu Y, Nan J, Ren J, et al. Polarization-dependent structural colors in ZnS nanosphere-based photonic crystals for anticounterfeiting applications [J]. ACS Applied Nano Materials, 2022, 5 (1):423-429.

[4] Lamer V K, Dinegar R H. Theory, production and mechanism of formation of monodispersed hydrosols [J]. Journal of the American Chemical Society, 1950, 72(11): 4847-4854.

[5] Stockenhuber M, Mayer H, Lercher J A. Preparation of barium titanates from oxalates [J]. Journal of the American Ceramic Society, 1993, 76(5): 1185-1190.

[6] Dileep K R, Rajbhar M K, Ashina A, et al. A facile co-precipitation method for synthesis of Zn doped $BaSnO_3$ nanoparticles for photovoltaic application [J]. Materials Chemistry and Physics, 2021, 258: 123939.

[7] Madej D, Rajska M, Kruk A. Synthesis and hydration behaviour of calcium zirconium aluminate powders by modifying co-precipitation method [J]. Ceramics International, 2020, 46(2): 2373-2383.

[8] Liu Q, Chen P, Jiang N, et al. Fabrication and characterizations of 8.7 mol% Y_2O_3-ZrO_2 transparent ceramics using co-precipitated nanopowders [J]. Scripta Materialia, 2019, 171: 98-101.

[9] Theiss F L, Ayoko G A, Frost R L. Synthesis of layered double hydroxides containing Mg^{2+}, Zn^{2+}, Ca^{2+} and Al^{3+} layer cations by co-precipitation methods—a review [J]. Applied Surface Science, 2016, 383: 200-213.

[10] Gowtham Sanjai S, Thejaraju R, Pradhann S, et al. Synthesis of titanium dioxide (TiO_2) nanoparticles by sol-gel method and its characterization [J]. Materials Science Forum, 2023, 1109: 3-9.

[11] Tahir M, Zeb M, Alamgeer, et al. Cuprous oxide nanoparticles: Synthesis, characterization, and their application for enhancing the humidity-sensing properties of poly(dioctylfluorene) [J]. Polymers, 2022, 14(8): 1503.

[12] Bi J, Wu S, Xia H, et al. Synthesis of monodisperse single-crystal Cu_2O spheres and their application in generating structural colors [J]. Journal of Materials Chemistry C, 2019, 7(15): 4551-4558.

[13] Sun B Z, He L L, Zhang C B, et al. Disorder–order phase transition induced by size effect in bulk $La_{2/3}Sr_{1/3}MnO_3$ [J]. Solid State Communications, 2006, 137(9): 478-482.

[14] Su X, Sun X, Wu S, et al. Manipulating the emission intensity and lifetime of $NaYF_4$:Yb^{3+},Er^{3+} simultaneously by embedding it into CdS photonic crystals [J]. Nanoscale, 2017, 9 (22):7666-7673.

[15] Sakka S. Birth of the sol–gel method: Early history [J]. Journal of Sol-Gel Science and Technology, 2022, 102(3): 478-481.

[16] Yu S, You J S, Yang I S, et al. Tailoring of nanoporous TiO_2 spheres with 100–200 nm sizes for efficient dye-sensitized solar cells [J]. Journal of Power Sources, 2016, 325: 7-14.

[17] Jiang X C, Herricks T, Xia Y N. Monodispersed spherical colloids of titania: Synthesis, characterization, and crystallization [J]. Advanced Materials, 2003, 15(14): 1205-1209.

[18] Hong M P, Kim J Y, Vemula K, et al. Synthesis of monodisperse mesoporous TiO_2 spheres with tunable sizes between 0.6 and 3.1μm and effects of reaction temperature, Ti source purity, and type of alkylamine on size and monodispersity [J]. Chemical Communications, 2012, 48(35): 4250-4252.

[19] Malik M A, Wani M Y, Hashim M A. Microemulsion method: A novel route to synthesize organic and inorganic nanomaterials [J]. Arabian Journal of Chemistry, 2012, 5(4): 397-417.

[20] Peng L, Hung C T, Wang S, et al. Versatile nanoemulsion assembly approach to synthesize functional mesoporous carbon nanospheres with tunable pore sizes and architectures [J]. Journal of the American Chemical Society, 2019, 141(17): 7073-7080.

[21] Fatima G, Bibi I, Majid F, et al. Mn-doped $BaFE_{12}O_{19}$ nanoparticles synthesis via micro-emulsion route: Solar light-driven photo-catalytic degradation of Cv, Mg and RhB dyes and antibacterial activity [J]. Materials Research Bulletin, 2023, 168: 112491.

[22] Gan Y X, Jayatissa A H, Yu Z, et al. Hydrothermal synthesis of nanomaterials [J]. Journal of Nanomaterials, 2020, 2020(1): 8917013.

[23] Zhang F, Wan Y, Yu T, et al. Uniform nanostructured arrays of sodium rare-earth fluorides for highly efficient multicolor upconversion luminescence [J]. Angewandte Chemie International Edition, 2007, 46(42): 7976-7979.

[24] Wang L, Li Y. Controlled synthesis and luminescence of lanthanide doped $NaYF_4$ nanocrystals [J]. Chemistry of Materials, 2007, 19(4): 727-734.

[25] Wang Y, Cai R, Liu Z. Controlled synthesis of $NaYF_4$: Yb, er nanocrystals with upconversion fluorescence via a facile hydrothermal procedure in aqueous solution [J]. CrystEngComm, 2011, 13(6): 1772-1774.

[26] Liang X, Wang X, Zhuang J, et al. Branched $NaYF_4$ nanocrystals with luminescent properties [J]. Inorganic Chemistry, 2007, 46(15): 6050-6055.

[27] Tang K B, Qian Y T, Zeng J H, et al. Solvothermal route to semiconductor nanowires [J]. Advanced Materials, 2003, 15(5): 448-450.

[28] Wei J, Yang Z, Yang Y. Fabrication of three dimensional CeO_2 hierarchical structures: Precursor template synthesis, formation mechanism and properties [J]. CrystEngComm, 2011, 13 (7):2418-2424.

[29] Liang X, Wang X, Zhuang J, et al. Synthesis of $NaYF_4$ nanocrystals with predictable phase and shape [J]. Advanced Functional Materials, 2007, 17(15): 2757-2765.

[30] Wang H Q, Nann T. Monodisperse upconverting nanocrystals by microwave-assisted synthesis [J]. ACS Nano, 2009, 3(11): 3804-3808.

[31] Wu S, Liu Y, Chang J, et al. Ligand dynamic effect on phase and morphology control of hexagonal $NaYF_4$ [J]. CrystEngComm, 2014, 16 (21):4472-4477.

[32] Chang C C, Wu H L, Kuo C H, et al. Hydrothermal synthesis of monodispersed octahedral gold nanocrystals with five different size ranges and their self-assembled structures [J]. Chemistry of Materials, 2008, 20(24): 7570-7574.

[33] An K, Alayoglu S, Ewers T, et al. Colloid chemistry of nanocatalysts: A molecular view [J]. Journal of Colloid and Interface Science, 2012, 373(1): 1-13.

[34] Wulff G. Zur frage der geschwindigkeit des wachsthurms and der auflösung der krystallflächen[J]. Zeitschrift für Kristallographie, 1901, 34(1-6): 449-530.

[35] Leontidis E, Kleitou K, Kyprianidou Leodidou T, et al. Gold colloids from cationic surfactant solutions. 1. Mechanisms that control particle morphology [J]. Langmuir, 2002, 18(9): 3659-3668.

[36] Zhang Q, Li N, Goebl J, et al. A systematic study of the synthesis of silver nanoplates: Is citrate a "magic" reagent? [J]. Journal of the American Chemical Society, 2011, 133(46): 18931-18939.

[37] Elechiguerra J L, Reyes-Gasga J, Yacaman M J. The role of twinning in shape evolution of anisotropic noble metal nanostructures [J]. Journal of Materials Chemistry, 2006, 16(40): 3906-3919.

[38] Hao N, Nie Y, Zhang J X J. Microfluidic synthesis of functional inorganic micro-/nanoparticles and applications in biomedical engineering [J]. International Materials Reviews, 2018, 63(8): 461-487.

[39] Lignos I, Protesescu L, Stavrakis S, et al. Facile droplet-based microfluidic synthesis of monodisperse Ⅳ－Ⅵ semiconductor nanocrystals with coupled in-line NIR fluorescence detection [J]. Chemistry of Materials, 2014, 26(9): 2975-2982.

[40] Sensitive photoresists for high-speed two-photon lithography [J]. Nature Nanotechnology, 2024, 19(1): 11-12.

[41] Wang Q, Zhou Y, Wang X, et al. Suppressing of secondary electron diffusion for high-precision nanofabrication [J]. Materials Today, 2023, 67: 95-105.

[42] Zhang W, Min J, Wang H, et al. Printing of 3D photonic crystals in titania with complete bandgap across the visible spectrum [J]. Nature Nanotechnology, 2024,19:1813-1820.

[43] Sun K, Tan D, Fang X, et al. Three-dimensional direct lithography of stable perovskite nanocrystals in glass [J]. Science, 2022, 375(6578): 307-310.

[44] Whitesides G M. Self-assembling materials [J]. Scientific American, 1995, 273(3): 146-149.

[45] Luan Z, He H, Zhou W, et al. Transformation of lamellar silicate into the mesoporous molecular sieve MCM-41 [J]. Journal of the Chemical Society, Faraday Transactions, 1998, 94(7): 979-983.

[46] Yang H, Vovk G, Coombs N, et al. Synthesis of mesoporous silica spheres under quiescent aqueous acidic conditions [J]. Journal of Materials Chemistry, 1998, 8(3): 743-750.

[47] Chen X, Huang L, Li Q. Hydrothermal transformation and characterization of porous silica templated by surfactants [J]. The Journal of Physical Chemistry B, 1997, 101(42): 8460-8467.

[48] Anderson M T, Sawyer P S, Rieker T. Surfactant-templated silica aerogels [J]. Microporous and Mesoporous Materials, 1998, 20(1): 53-65.

[49] Templin M, Franck A, Du Chesne A, et al. Organically modified aluminosilicate mesostructures from block copolymer phases [J]. Science, 1997, 278(5344): 1795-1798.

[50] Oliver S, Kuperman A, Ozin G A. A new model for aluminophosphate formation: Transformation of

a linear chain aluminophosphate to chain, layer, and framework structures [J]. Angewandte Chemie International Edition, 1998, 37(1 - 2): 46-62.

[51] Cabrera S, Haskouri J E, Beltrán Porter A, et al. Enhanced surface area in thermally stable pure mesoporous TiO_2 [J]. Solid State Sciences, 2000, 2(5): 513-518.

[52] Kresge C T, Leonowicz M E, Roth W J, et al. Ordered mesoporous molecular sieves synthesized by a liquid-crystal template mechanism [J]. Nature, 1992, 359(6397): 710-712.

[53] Beck J S, Vartuli J C, Roth W J, et al. A new family of mesoporous molecular sieves prepared with liquid crystal templates [J]. Journal of the American Chemical Society, 1992, 114(27): 10834-10843.

[54] Liu D, Zhou F, Li C, et al. Black gold: Plasmonic colloidosomes with broadband absorption self-assembled from monodispersed gold nanospheres by using a reverse emulsion system [J]. Angewandte Chemie International Edition, 2015, 54(33): 9596-9600.

[55] Liu D, Aleisa R, Cai Z, et al. Self-assembly of superstructures at all scales [J]. Matter, 2021, 4(3): 927-941.

[56] Wan S, Gao Y, Zhang Z, et al. Oriented linear self-assembly of colloidal nanocrystals through regioselective formation of hydrogen-bonded supramolecular bridges [J]. Journal of the American Chemical Society, 2024, 146(20): 14225-14234.

[57] Li Y, Wang S, Lv Z, et al. Transforming the synthesis of carbon nanotubes with machine learning models and automation [J]. Matter, 2024:101913.

[58] Xing L, Chen Z, Chen W, et al. Robotic platform for accelerating the high-throughput study of silver nanocrystals in sensitive/selective Hg^{2+} detection [J]. Chemical Engineering Journal, 2023, 466:143225.

[59] Zhao H, Chen W, Huang H, et al. A robotic platform for the synthesis of colloidal nanocrystals [J]. Nature Synthesis, 2023, 2 (6):505-514.

[60] Guo H, Lu Y, Lei Z, et al. Machine learning-guided realization of full-color high-quantum-yield carbon quantum dots [J]. Nature Communications, 2024, 15 (1):4843.

[61] Jiang Y, Salley D, Sharma A, et al. An artificial intelligence enabled chemical synthesis robot for exploration and optimization of nanomaterials [J]. Science Advances, 2022, 8 (40):eabo2626.

[62] Doerk G S, Stein A, Bae S, et al. Autonomous discovery of emergent morphologies in directed self-assembly of block copolymer blends [J]. Science Advances, 2023, 9 (2):eadd3687.

第 3 章

纳米材料的表征技术

纳米材料是一个处于迅速增长态势的材料类别，受到了广泛关注，并在众多领域得以应用。当前，多种技术已被研发出，用于表征纳米颗粒的尺寸、晶体结构、元素组成及其他物理性质。然而，每种技术都有其自身的优势与局限性，这就导致仅选择单一的表征方法往往无法有效解决问题，通常需要运用多种表征方法相互组合。随着纳米颗粒在基础研究和应用领域的重要性日益凸显，在合成以及进一步修饰纳米材料后，保障其可重复性和可靠性就显得格外关键，这就对纳米材料的表征技术提出了更高的要求。本章将对纳米颗粒表征的原理、应用、进展、优点和缺点展开介绍。

现代科技的发展为纳米材料微观结构的研究提供了丰富的手段和工具。例如，高分辨率电子显微镜技术，如扫描电子显微镜（SEM）和透射电子显微镜（TEM），可以直观展示纳米材料的微观形貌和结构。X 射线衍射（XRD）技术能够精准确定纳米材料的晶体结构和晶格参数。能谱分析技术，如 X 射线光电子能谱（XPS）和电子能量损失谱（EELS），则提供了有关元素组成和化学键性质的信息。此外，原子力显微镜（AFM）、拉曼光谱学和磁共振技术等也为纳米材料微观结构研究提供了有力支持。

3.1 纳米材料重要表征对象

在纳米尺度下，材料的性能往往受微观结构影响，包括晶体结构、晶粒尺寸、晶界特征和缺陷结构。深入理解和表征纳米材料的微观结构，能揭示其特殊性质的来源和机制，为性能优化和应用提供科学依据。

某一特定参数的表征，比如纳米尺寸、形貌、组成或者各种物理性质，无法呈现纳米材料的全貌。因而，往往需要测定多种参数来表征纳米材料的性能。这些参数可以通过一种或多种表征手段测定，而且各种表征手段所获得的表征参数需要相互验证。

3.1.1 形态特征

纳米颗粒的形态表征至关重要，因为形态对大多数纳米材料的性质有着深远的影响。不同类型的纳米材料，其形态特征受晶格与晶体结构、基体组成、合成方法以及热稳定性或光稳定性的影响显著。纳米材料存在多种形态，每种形态均具有独特性质。例如，常见的形态包括纳米球、纳米礁、纳米珊瑚、纳米盒、纳米管、纳米团簇、纳米螺旋和纳米锥等（见图 3.1）。

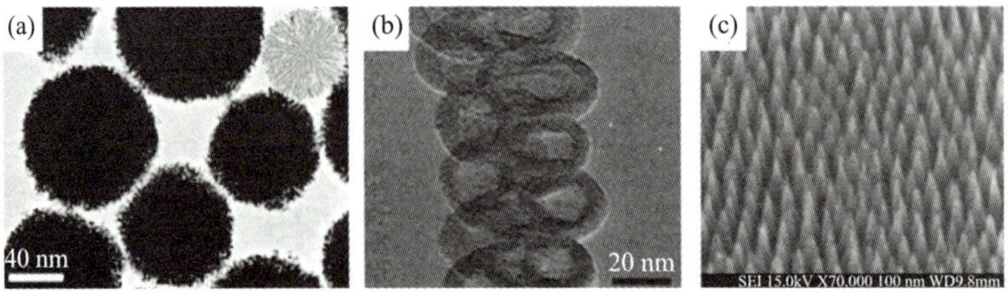

图 3.1 三维纳米材料的 TEM 图像

(a) 纳米球（树枝状结构）；(b) 纳米螺旋；(c) 纳米锥

3.1.2 结构缺陷

纳米材料中常见的结构缺陷主要包括空位、错配位、堆垛层错和位错等。针对这些结构缺陷，已有多种表征方法被开发出来，通常可以分为直接表征和间接表征两类。直接表征方法主要包括 SEM 和 TEM，这些技术能够直接观察缺陷的形态和分布。间接表征方法则通过测量物理性质的变化来推测缺陷的存在和类型，常用的技术包括电阻率测量（ER）、X 射线线路剖面分析（XLPA）和正电子湮没光谱学（PAS）[1]。

3.1.3 光学特性

光学表征技术对于揭示纳米材料的光吸收、反射、发光和磷光等光学特性至关重要。例如，金属纳米材料能够通过入射光子激发电子的集体振荡带（即局域表面等离子体共振，LSPR）展现出与体相金属材料不同的光学特性，这些振荡带通常在体相金属中并不明显。LSPR 的激发不仅可以增强电磁场，还能调节光吸收和散射等光学性质。以银金属为例，其平均自由程约为 50 nm，银的 LSPR 光谱显示出平面偶极子、四极子及外部四极子等离子共振的三个显著振荡带[2]。常用的光学性能表征技术包括紫外-可见吸收光谱、光致发光（PL）光谱以及椭圆偏振光技术[3]。

3.1.4 结构

纳米材料的结构分析至关重要，因为要全面理解其特性，需要从原子 / 分子（局部）水平到晶格结构，再到微观结构进行详细研究。纳米材料结构分析的主要目标是研究结构与性能之间的关系，并揭示其独特特性。确定纳米材料尺寸和晶粒结构的关键方法之一是粉末 X 射线衍射（PXRD）。通过 PXRD 分析，可以推断出许多结构细节，包括晶体的原子结构、单位晶胞中原子的位置和对称性、纳米晶颗粒的大小和形状、晶相的鉴定及其质量分数的定量估计，以及纳米晶的位置、对称性和组装的长度。TEM 用于可视化晶态纳米材料中的原子晶格。

3.1.5 元素组成

纳米材料在生物医学等领域的应用日益广泛，其元素组成的精确分析对于确保其在人体内的安全性和可持续性具有重要意义。质谱法（MS）是分析纳米材料元素组成最常用且可靠的方法之一。通过测定纳米材料的质荷比，质谱法能够定量分析其中的原子或分子质量。针对固体样品，EDS（能量色散谱）、EPMA（电子探针显微分析）和 XRF（X 射线荧光光谱仪）适用于快速定性与半定量分析；对于精确的总量或痕量元素测定，需经酸消解后利用 ICP-OES（电感耦合等离子体发射光谱仪）/ICP-MS（电感耦合等离子体质谱）测定。spICP-MS（单颗粒电感耦合等离子体质谱）技术具备独特优势，可直接测定纳米粒子的粒径分布、颗粒数量及元素成分。随着纳米技术的不断进步，单颗粒电感耦合等离子体质谱法（spICP-MS）应运而生，成了更为精准的分析工具，尤其在处理纳米级粒子的元素组成分析方面展现出了巨大优势。

3.1.6 尺寸与粒径

纳米颗粒的尺寸可通过多种技术进行表征，其中包括 TEM、SEM、AFM、XRD 和动态光散射（DLS）。DLS 适用于 1nm～1μm 的分散体系，且对大颗粒 / 聚集体的散射更敏感；宽分布或多峰样品易受大颗粒主导而失真，应与 TEM/AFM/XRD 互证。例如，研究表明，硅纳米颗粒在吸附血清蛋白后尺寸增大，影响 DLS 测量的准确性[4]。在这种情况下，差异离心沉降技术可以作为有效的替代方案[5]。此外，对于 DNA、蛋白质及其他有机化合物的研究，纳米颗粒跟踪分析（NTA）是一种非常有效的技术，可以定量分析纳米颗粒在液体介质中的尺寸分布和浓度[6]。与 DLS 相比，纳米颗粒跟踪分析在尺寸单分散和多分散样品的测量中提供了更精确的结果，并且具有更好的峰分辨率[7]。

纳米材料由于具有较大的比表面积，在各类应用中展现出优异的性能。基于气体吸附和脱附原理的吸附等温线法（BET）是一种广泛应用于表面积测量的技术[8]。

3.1.7 其他物理化学性质

纳米材料的其他物理化学特性包括溶解性、聚集状态、表面能、表面电荷、表面形态和表面涂层等。这些特性对于纳米材料在不同应用中的表现至关重要，尤其是在电子、光学和催化等领域。

本章将介绍传统和新型的纳米材料表征方法，重点探讨用于表征上述物理化学特性的方法与技术。

3.2 传统纳米材料的表征方法

3.2.1 紫外可见吸收光谱

紫外可见吸收光谱（UV-vis）通过分析光谱中的电子激发态和声子，揭示样品的电子结构。UV-vis 特别适用于直接检测等离子金属纳米颗粒的光谱吸收行为，帮助确定与 LSPR 相关的波长。通过测量等离子共振峰的线宽，反映纳米颗粒的介电常数局部差异、颗粒尺寸的变化、耦合效应、多分散性及聚集状态[9]。例如，金、银和铜纳米颗粒溶胶由于局域表面等离子体共振信号，在可见光波段表现出特征性的 UV-vis 消光光谱。在某些情况下，金属硫化物纳米颗粒和各向异性金或银纳米颗粒也可能在近红外（NIR）波段出现 LSPR 带。

除了表征纳米颗粒的光学性质，UV-vis 光谱还可用于测量金纳米颗粒的尺寸和物质的量浓度。为此，需利用 LSPR 位置及其对应波长的消光值，以及 LSPR 波长与 450 nm 波长处消光值的比值（A_{LSPR}/A_{450}）来计算。350～400 nm 波段的吸光度也可用于测定金胶体浓度，但由于纳米颗粒的尺寸、表面修饰和氧化态等因素的轻微影响，测量的误差可能高达 20%～30%。若在计算时考虑这些因素，则可显著降低浓度测定的误差。

此外，UV-vis 光谱的最大吸光度还可用于测量柠檬酸盐包覆银纳米颗粒的浓度。Haiss 等人探讨了使用 UV-vis 光谱来确定金纳米颗粒尺寸和浓度的实用性，并利用多极散射理论分析了金纳米颗粒的光学特性与颗粒大小和波长之间的依赖关系。该理论考虑了纳米颗粒中导电电子平均自由程的减小对折射率的影响。为了验证这些理论结果，研究者使用 TEM 和 UV-vis 光谱对 5～100 nm 范围内的金纳米颗粒进行了表征。实验结果与理论结果之间的良好一致性表明，UV-vis 光谱可以直接用于确定金纳米颗粒的大小和浓度 [10]。

3.2.2　光致发光光谱

光致发光（PL）光谱是一种非接触、非破坏性的材料表征方法。光能或光子照射材料，激发电子跃迁至更高能级，随后释放光子返回较低能级，从而发射光，PL 光谱是能记录其发射光的光谱。通过结合拉曼分析和 PL 检测，可以在同一工作平台上同时表征材料的电子和振动特性。此外，拉曼-PL 系统的结合还能够实现亚微米空间分辨率的共焦映射，提供更为精确的表征能力。

在光谱学中，PL 产生两种主要的发光结果：荧光和磷光。释放的光子数量与吸收的光子数量之比被称为光致发光量子产率。当材料被光能或光子激发时，激发态电子会迅速退回基态并发出光，这一现象被称为荧光。荧光的特征是当入射光停止后，发光立即消失。与此相对，磷光则表现为较长的发光持续时间，因而两者的发光特性存在显著差异。除了辐射发光外，其他非辐射过程，如能量转移和热损失，也会与光子发射竞争。

在时间分辨光致发光（TRPL）技术中，光谱和显微镜系统可以结合使用以提高测量精度。特别是在太阳能行业，采用飞秒激光器和时间相关单光子计数技术，能够精确监测载流子寿命和电池性能，从而优化材料和设备的性能 [11,12]。

TRPL 是一种测量样品对脉冲激光响应的光致发光强度随时间变化的技术。使用的设备与标准 PL 的设备类似，但有一些不同之处，如使用单色器而不是光谱仪。单色器只选择一个波长的光进入光电倍增管探测器，该探测器可以计数单个光子。TRPL 常用 TCSPC（时间相关单光子计数）+PMT（光电倍增管）/SPAD（单光子雪崩二极管，激发时序触发）；亦可用条纹相机实现时间分辨成像［条纹管转化后由 CCD（电感耦合器件）读出］，两方案链路不同。击中样品后，脉冲诱导了一个光致发光，其强度随时间而减小，且在被下一个脉冲击中之前缓慢减小。计算机可以通过计算在短时间内击中探测器的光子来绘制特定波长的光强度衰减曲线。为了增加信噪比，还将后续脉冲的曲线相加。样品的 PL 衰减时间可以提供有关运行过程的信息。实验得到的 PL 衰减曲线如图 3.2 所示。激光脉冲引发了光致发光强度的快速增加，这种强度在几纳秒内缓慢衰减。PL 是一种主要的无接触光学技术，用于评估能源设备材料的晶体结晶度和纯度，以及确定一些污染物。PL 光谱的典型示例如图 3.2 所示，即由羧甲基纤维素钠稳定的 $Zn_xCd_{1-x}S$ 纳米颗粒的 PL 光谱图，图中揭示了

$Zn_xCd_{1-x}S$ 量子点具有多色的光发射，且主要是由光致发光引起的。这意味着晶格点缺陷，如空位和间隙原子在带隙到带隙光学跃迁时能有效地捕获电子、空穴和激子电荷载体。由辐射产生的电子-空穴对的发射路径取决于缺陷的存在、缺陷密度和深度。当 $M^{2+}:S^{2-}$的化学计量比为 1∶2 时，预期在量子点表面创建金属（V_M）的空位（如 V_{Cd} 或 V_{Zn}）和硫的反位缺陷。此外，在合成纳米材料的 pH 值条件下，羧甲基纤维素的阴离子化物种与金属阳离子之间的强烈相互作用可能导致量子点表面硫空位（V_S）的形成。在这方面，考虑到缺陷类型（V_M、V_{Cd}、V_{Zn} 和 I_S）的组合和 $Zn_xCd_{1-x}S$ 的发射曲线的相似性，观察到了三种主要的辐射发射，如图 3.2（b）所示[13]。

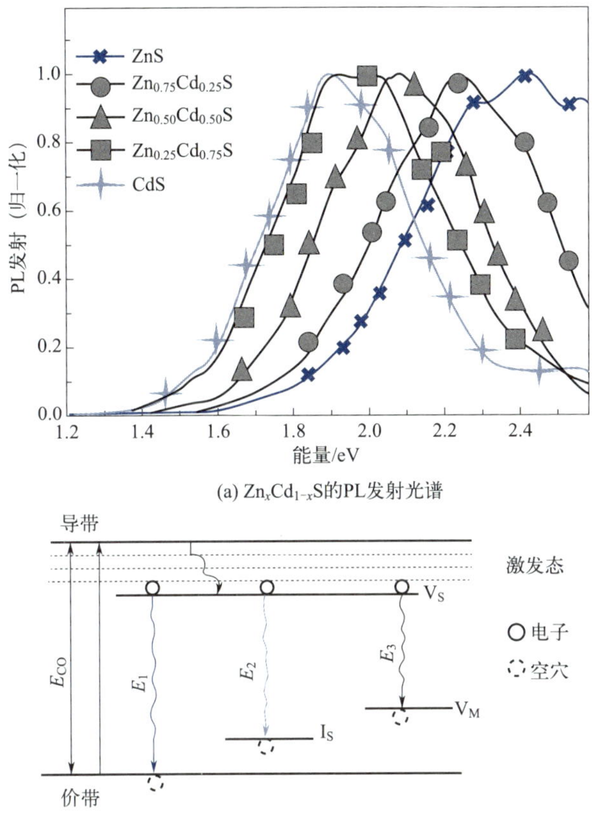

(a) $Zn_xCd_{1-x}S$的PL发射光谱

(b) 合金$Zn_xCd_{1-x}S$量子点的三个主要发射的能带结构

图 3.2　PL 光谱

3.2.3　Fourier 变换红外光谱

傅里叶变换红外光谱（FTIR）是红外光谱学的一种特殊技术。与色散式红外光谱仪不同，后者通过将入射光分解为各个光谱分量并逐一测量的方式进行分析，而 FTIR 光谱仪则能够同时测量所有频率的光。通过数学上的傅里叶变换，FTIR 光谱仪将时间域信号转换为频率域信号，从而获得红外光谱。得益于能同时测量所有频率，FTIR 相比于扫描型光谱仪在分析速度上具有显著优势。

FTIR 检测器记录的信号与时间相关。经过傅里叶变换后，这些信号从时域转换为频率域，最终以波数（cm^{-1}）形式显示在 FTIR 光谱上。FTIR 光谱仪主要由光源、干涉仪和检测器组成。光源发射红外光，干涉仪通过时间依赖的方式调节红外光的光谱组成，而检测器则用于测量光强度。在干涉仪中，入射的红外光首先通过分束器分成两束。第一束光被固定镜反射，第二束光则通过移动镜反射。由于移动镜的运动，第二束光的行程会随之变化，从而导致两束光的相位差发生改变，并产生干涉现象。由于移动镜的变化，干涉仪射出的红外光频率分布也随之改变。最终，检测器记录下的“干涉图”即为信号强度与时间（镜子位置）的函数。计算机对该干涉图进行傅里叶变换，得到最终的频谱，即信号强度与频率或波数的关系。

FTIR 与传统红外光谱（IR）本质上没有区别，FTIR 是基于傅里叶变换原理（通过记录信号在时间域中的变化，随后进行傅里叶变换转换到频率域）的一种具体应用，是 IR 中的先进技术。因此，FTIR 与其他 IR 技术一样，都是测量样品中分子振动所需的能量。FTIR 的一大优势在于能够从同一光谱中同时提供定性和定量信息。它是一个强大且可靠的技术，广泛用于确定未知样品的成分。

在 FTIR 分析中，未知样品的 IR 会与大量已知化合物的光谱进行比较。每种化合物都有其独特的 IR 特征，因此，如果未知样品的光谱与某一已知样品的光谱匹配，则可以确认两者为相同的化合物。现代分析中，通常通过适当的搜索算法和 FTIR 数据库自动完成光谱匹配。这些数据库可以由实验中收集的光谱建立，或使用商业化的现成库。此外，还可以从 IR 光谱中提取定量信息，通过使用已知浓度标准样品的 IR 光谱创建校准曲线，从而推算未知样品中的物质浓度。对于较为复杂的定量分析，还可以使用基于信号强度、峰面积或化学计量法的“定量模型”[14]。

FTIR 分析具有许多优势，如灵活性高、操作简便，因此已成为各个行业中成熟的分析技术。常规 FTIR 分析的应用不仅限于鉴别伪劣产品、检测污染物和解决生产问题，还能提供丰富的化学信息。FTIR 光谱仪能够同时测量所有频率（或波数），并精准匹配分子振动所需能量，使得 FTIR 成为一种快速且高效的分析工具，能够在几秒钟内提供测试结果。此外，FTIR 分析对样品的需求极少，几乎不需要样品准备和消耗品。它适用于多种样品类型，包括液体、固体、粉末、半固体、气体及糊状物，能够提供定性和定量的分析数据。

FTIR 的两种最重要的采样技术为透射 FTIR 和衰减全反射 FTIR（ATR-FTIR）。此外，光谱反射和漫反射等其他采样技术也在 FTIR 应用中占有重要地位。

光谱反射采样技术适用于液体、薄膜和块状材料的 FTIR 测试。在 IR 中，红外光照射到样品时，部分光会被样品吸收，另一部分则会从样品表面反射。在透射和 ATR-FTIR 测量中，红外光与样品相互作用后穿透样品并被检测。然而，在光谱反射测量中，检测的是从样品表面反射回来的光。这一差异使得反射率成为研究那些难以或无法通过透射或 ATR 分析的样品的理想选择。

漫反射采样技术与光谱反射技术稍有不同，主要用于纳米粉末材料的 FTIR 分析。在漫反射中，红外光照射样品后，会在各个方向反射。这使得漫反射技术在处理颗粒或粉末样品时具有独特的优势。

透射 FTIR 是 FTIR 光谱学的传统方法，适用于液体、气体、粉末和薄膜样品。在透射模式中，透过样品的红外光会被 FTIR 检测器检测。然而，使用可拆卸池或流动池进行液体样品的 FTIR 分析具有一定的挑战性。具体问题包括：①样品池脆弱且组装复杂；②光路长度难以重现；③样品池可能泄漏；④空气泡干扰分析；⑤清洁和组装耗时；⑥黏稠样品难以处理；⑦需要较大样品体积和大量清洗溶剂。

ATR-FTIR 因其操作简便、测量快速，已广泛应用于液体、固体、粉末、半固体和糊状物等样品类型。在 ATR 模式下，红外光穿过晶体并在晶体与样品的界面内反射，然后传输至 FTIR 检测器。部分反射光进入样品并被吸收，这部分光被称为消逝波。消逝波在样品中的渗透深度取决于折射率差等参数。

ATR-FTIR 光谱学广泛应用于化合物识别、分子结构研究、表面性质检查、聚合物分析、生物分子研究、化学反应监测等领域，尤其在制药、材料科学、法医和环境分析中具有重要意义。由于 ATR-FTIR 无需样品准备或稀释，因此已成为分析固体和液体材料的有效工具。最初，ATR 技术主要用于获取聚合物样品和薄膜的 IR。

3.2.4 拉曼光谱

拉曼散射是一种通过将分子激发到更高能级并利用散射光来研究分子特性的技术。该过程通常通过单色光束（如激光）激发分子进入激发态。大多数分子会从激发态迅速弛豫回到其初始基态（S_0），并散射出与入射激光相同波长的光，这种现象被称为瑞利散射。由于只有少数分子能够通过弛豫回到振动激发态并释放出低于激发光子能量的光，因此拉曼散射的强度通常较弱，要求使用高质量的设备进行高灵敏度的研究。在激发后的弛豫过程中，部分分子会从振动激发态返回基态，并释放出比激发光子能量更高的光子，这一过程称为反斯托克斯散射。振动激发态分子的百分比可用下式计算:

$$e^{-E/(bT)} \tag{3-1}$$

式中，E 是基态和激发态之间的能量差；b 是玻尔兹曼常数；T 是热力学温度。该分布给出了处于振动激发态的分子的百分比。因此，反斯托克斯线的强度明显低于斯托克斯线，并且利用它们的强度比，可以进行原位温度监测。分子成为拉曼活跃的条件是在与入射辐射相互作用时电子云的极化（变形）发生变化。

$$u' = x_1E' + \frac{1}{2}x_2E'^2 + \frac{1}{6}x_3E'^3 \cdots \tag{3-2}$$

此公式描述了感应偶极矩（u'）与入射电场（E'）的关系，其中 x_i 为极化率张量。偶极矩是一个二维（向量）术语，而x_1是分子极化率，是一个三维（张量）术语，并且在常用的场强水平（每条线激光功率高达 1 kW）下可以简化为其线性项。只有当激发光非常强时，才需要考虑非线性项（每条线超过 1 MW）。由于这种情况，传统的拉曼效应经常被称为“线性拉曼效应”，而非常强的激光激发可能产生“非线性拉曼效应”。x_2的贡献会引发超拉曼效应，而x_3的贡献则会引发受激拉曼散射和相干反斯托克斯拉曼光谱。

双光子可被用来激发受激拉曼散射过程，如果利用第二激光束作为激发源为分子系统提供强外部斯托克斯场，则从理论上可以看到所有拉曼活跃模式（三波混频）[15]。当两个频率为 ω_1 和 ω_2 的电磁波叠加时，将产生第三个电磁波，该电磁波频率可以是差频（差频产生，$\omega_1 - \omega_2$）、二次谐波（二次谐波产生，$\omega_1 + \omega_2$）或和频［和频产生，$2\omega_1$（当 $\omega_1=\omega_2$ 时，和频变为二次谐波）］。振动幅度的平方决定了振荡偶极子发射的谐波强度[16]。

拉曼方法是 IR 的一种补充技术，拉曼谱图提供了拉曼强度与拉曼频移之间的关系。拉曼谱的主要参数包括拉曼频移、带强度和带形状。与 IR 类似，纳米材料的化学结构直接影响拉曼谱的特性，例如拉曼带的数量、形状和强度。不同的激发条件会影响谱图的特征，而在 IR 中，偶极矩（一个矢量）的变化与在拉曼光谱中极化（一个张量）的变化是两个互补的谱学基础。

一般来说，单分量和多分量的定量分析方法以及通过傅里叶变换进行的定性分析与 IR 中的方法相同。拉曼光谱的使用受到荧光现象的严重限制，拉曼散射的强度比荧光强度弱 10^7 倍。因此，由于微量杂质的荧光，测试分析物的拉曼光谱是难以实现的。虚拟能级与激发态 S_1 之间的能隙必须足够广（在 UV、中远红外和 NIR 之间选择激发波长）以防止拉曼散射被荧光掩盖。

3.2.5 X 射线光电子能谱

XPS 的原理是用 X 射线轰击材料表面，并测量从表面发射的电子的动能。该技术不仅具有良好的表面敏感性，还能提取样品中元素的化学态信息，因此成为一种有效的表面分析手段。几乎所有材料，包括半导体、聚合物、纺织品和尘土，都可以利用 XPS 进行表面研究，且该技术能够识别除氢和氦之外的几乎所有元素。材料表面上的各种过程，如润湿、附着、腐蚀、电荷转移和催化等，均受到表面性质及其污染物的影响。因此，研究和理解材料表面及其性质至关重要。光电效应是 XPS 技术的基础，最早由 Heinrich Hertz 于 1887 年发现，Albert Einstein 在 1905 年对其进行了深入的理论研究，并因此于 1921 年获得诺贝尔物理学奖。1914 年，Robinson 和 Rawlinson 首次观察到通过照射 X 射线产生的光电发射现象，而 Steinhardt 和 Serfass 在 1951 年发表了首篇将 X 射线发射作为分析技术的论文[17]。值得一提的是，瑞典乌普萨拉大学的 Kai Siegbahn 在 20 世纪 50 年代和 60 年代做了大量开创性工作，将 XPS 技术发展成我们今天所知的方法，因其在高分辨率电子能谱学方面的突出贡献，Siegbahn 于 1981 年获得诺贝尔物理学奖。

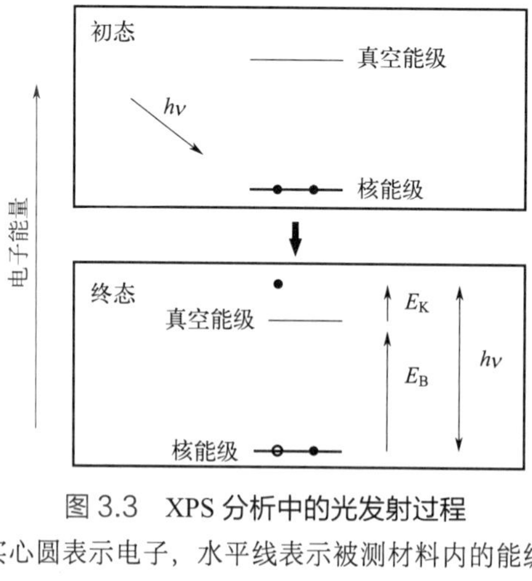

图 3.3 XPS 分析中的光发射过程

实心圆表示电子，水平线表示被测材料内的能级

在 XPS 中，样品被软 X 射线（能量小于 6 keV）照射，然后分析发射电子的动能（图 3.3）。发射的光电子是 X 射线能量完全转移给中心电子的结果。这可以用以下数学方程表述：

$$h\nu = E_B + E_K + \Phi_{spec} \tag{3-3}$$

这个方程简单地表明 X 射线的能量等于电子的结合能（E_B）（它与原子 / 轨道的结合程度）、发射电子的动能（E_K）以及光谱仪的工作函数（Φ_{spec}）的总和，其中 Φ_{spec} 是一个常数。

需要注意的是，光电子结合能是相对于样品的费米能级（而不是真空能级）来测量的，这就是包含 Φ_{spec} 的原因。光电子的峰值由元素和它们被抛射出的轨迹表示。例如，“O1s”描述了从氧原子的 1s 轨道发射的电子，任何结合能低于 X 射线源能量的电子须从样品发射，它们能通过 XPS 技术观察到。电子的结合能是物质的性质，与用于激发它的 X 射线源无关。当使用不同的 X 射线源进行实验时，光电子结合能不会改变；然而，根据上述方程，发射的光电子的动能将会改变。

中心 XPS 电子的损失导致了一个中心的“空穴”。这种激发产生的电离态将通过价层电子填充这个空穴而达到弛豫终态。这种弛豫通过两种竞争过程之一释放能量：X 射线荧光或俄歇电子发射。X 射线荧光在电子谱中不被检测，这里不再进一步考虑。生成的俄歇电子将被检测并且通常用于 XPS 的定性分析。俄歇峰编号基于原子轨道的 K、L 和 M 命名法。例如，氧的主要俄歇峰以 KLL 表示，表明第一个被抛出的电子来自 K 轨道，中心填充的空穴来自 L 轨道，最后抛出的俄歇电子也来自 L 轨道。次级符号有时用于区分特定的 L、M 和 N 轨道。俄歇过程由三种不同的电子跃迁组成，抛射的俄歇电子的动能由下面的方程描述。

$$E_{Auger,K} = E_{(K),B} - E_{(L_1),B} - E_{(L_3),B} \tag{3-4}$$

3.2.6 二次离子质谱

当离子束轰击固体样品时，目标物质中的部分粒子被激发并电离。利用质谱仪检查这些次级离子的过程称为二次离子质谱（SIMS）。通过分析样品表面发射的次级离子，可以获取关于样品元素、同位素和分子组成的信息。化学环境和溅射条件（如离子的能量和角度）对次级离子的产量有显著影响，因此，在进行定量分析时可能会带来误差。尽管如此，SIMS 仍然是最敏感的元素和同位素表面分析的方法之一。

初级离子束聚焦在样品表面，产生离子，并通过强电势在质谱仪中转化为次级离子。类似地，也可以使用高速中性原子束（如氩原子）替代初级离子束，用于化合物的表面研究。在真空环境下，初级离子束与样品的相互作用产生足够的能量来电离多种元素。如果初级束由带正电荷的粒子组成，则有利于负离子的形成；如果初级束由带负电荷的粒子组成，则有利于正离子的形成。

SIMS 是一种极为敏感的元素和同位素表面微分析技术，具有以下特点：①对从氢到铀等所有元素都具有极高的灵敏度；②许多元素的检测限可降至 10^{-9} 级；③在低背景下实现高达 40 nm 的横向分辨率成像；④具有超过 5 个数量级的高动态范围。SIMS 技术分为静态模式和动态模式。静态 SIMS 主要关注表面第一层单分子，适用于分子特性的研究；而动态 SIMS 则用于研究材料的组成和微量元素的深度分布，具备从亚纳米到数十纳米的深度解析能力。

静态 SIMS 通过能量为几千电子伏的初级离子束溅射固体样品。固体样品的颗粒被释放出来，其中一部分被电离。用质谱仪测量次级离子发射，提供有关表面原子层元素、同位素和分子组成的信息。根据化学环境和溅射条件（如离子、能量、角度），次级离子产额会有很大变化。

静态 SIMS 仅测量第一个顶层单分子层，但动态 SIMS 测量了材料的整体组成和微量元素的深度分布，深度分辨率可达亚纳米至数十纳米。动态 SIMS 仪器配备氧和铯初级离子束，可以增强正或负次级离子的强度。动态 SIMS 使用连续、聚焦的初级离子束通过溅射从样品表面去除材料。溅射材料中被电离的部分被提取到一个双聚焦质谱仪中，该仪器利用静电场和磁场根据质荷比将离子分开。不同质荷比的离子通过调整磁场强度来选择。动态 SIMS 非常敏感，能够检测浓度达百万分之几至十亿分之几的微量元素，并且用于确定固体材料中元素组成和微量杂质以及掺杂剂含量。

目前，多种商用 SIMS 专为地球科学应用而设计。这些设备通常包括一个离子源，控制初级束相对于样品的位置。在高真空环境中，这些离子形成次级束，被输送到质谱仪中。大多数用于元素和同位素分析的 SIMS 设备通过加速源区域产生的离子穿越 10 kV 的电势梯度，然后将其传输到质谱仪中。质谱仪的配置因应用而异，但通常包括磁场和静电分析器。SIMS 源还可以与其他类型的质谱仪集成，如四极质谱仪和飞行时间质谱仪。

SIMS 具有以下优势:

① SIMS 分析所需样品量非常少，几乎不会破坏样品，例如，典型的 U-Th-Pb 研究仅消耗几个立方微米的样品。

② 由于其灵敏度高，SIMS 能够检测到低浓度样品（达到 10^{-9} 级），因此在半导体行业广泛应用，用于检测非导电物质中的微量组分，并评估陨石、星际尘埃和其他小样品中的微量元素含量。

③ 高灵敏度还使得其对元素和分子丰度以及同位素比的全面理解成为可能。

④ 现场分析通常避免了复杂的样品制备要求，可以直接评估矿物颗粒或薄片。

3.2.7 X 射线衍射

XRD 是表征纳米颗粒的常用技术之一，能够揭示晶体结构、相组成、晶格参数和晶粒尺寸。晶粒尺寸通常通过谢乐公式计算，该公式基于 XRD 测量中最强衍射峰的宽化。XRD 技术主要用于粉末样品，通常在胶体溶液干燥后进行测量。通过将 XRD 衍射峰的位置和强度与国际衍射数据中心（ICDD）数据库中的参考图谱进行比较，可以确定颗粒的成分。然而，对于小于 3 nm 的纳米颗粒，XRD 衍射峰宽度会显著增加，从而使得该技术在分析非晶态材料时存在局限性。

除了实验增宽，颗粒或晶粒尺寸及晶格应力也是 XRD 峰增宽的主要原因。XRD 反映相干衍射域尺寸，常与实际颗粒尺寸不同；多晶域 / 微应变会影响峰宽，需与 TEM/SAXS 结合判读。当 X 射线从物质中散射时，可能会产生不同强度的衍射图案，进而引起干涉现象。

与此相反，XRD 创建的衍射图案提供了有关样品内部结构的信息。X 射线束直射样品，散射强度为出射方向的函数。入射和出射光束方向之间的角度被称为 2θ。当满足布拉格定律时，对于由原子（或离子）周期性排列、相距为 d 的最基本样品，会观察到构造干涉（更高的散射强度）：

$$n\lambda = 2d\sin\phi \tag{3-5}$$

式中，n 是一个整数（1，2，3……）；λ 是 X 射线束的波长；ϕ 是上述散射角 2θ 的一半。

单晶学测量结果与晶体的生长长度相关。将样品置于不同的 X 射线束方向上，产生的衍射图案可能具有相似性。虽然衍射强度可以用于确定每个晶胞内的原子位置，但衍射斑点的位置提供了有关晶格对称性和大小的信息。有时，通过分析个别峰的形状和宽度，还可以确定晶粒的直径，以及微观应力和缺陷。尽管单晶测量是最具挑战性的，但它通常能提供比其他 XRD 技术更多的信息。为了收集完整的晶体学数据，必须在各个样品方向上进行多次测量，因为生长高质量的单晶仍然具有挑战性，并且常常是不可行的。样品通常采用细碎的粉末形式，由多个晶粒而不是一个单一晶体组成。该图案由同心圆环组成，其散射角 2θ 与单晶图案中单个斑点的散射角相同。

3

粉末衍射的两种主要应用是：

① 替代单晶衍射。与单个晶体相比，粉末样品易得而且可以更快地制备。即使在将锐利斑点转换为环的“粉末平均化”过程中失去了重要信息，只要晶体结构相对较小且峰重叠不太多，这种方法仍然可以解决。Rietveld 精修技术通常用于确定观察到的图案最有可能对应的晶体结构。类似于单晶衍射，有时可以通过检查单个峰的形状和长度来确定微观应力、缺陷以及晶粒尺寸的具体情况。

② 矿物或黏土样品通常包含多种晶相的混合物。可以通过将粉末衍射图案的“指纹”与已知图案的数据库进行比较，来确定纳米材料中存在的相。

尽管单晶衍射和粉末衍射在许多方面优于纤维衍射方法，但纤维衍射法在特定研究领域仍具有独特的应用价值，其样品通常是由挤压成型制备的纤维材料组成，特点是其径向平均值为沿纤维轴对齐，是一个明确定义的晶体轴。1953 年 DNA 结构的发现就是这种方法的一个著名例子。当时很难生长真正的单晶，并且分析单晶数据也很困难，但由纤维几何学引起的衍射图案的额外方向性足以确定 DNA 分子的螺旋结构。在研究长链化合物如 DNA 或柱状结构（如圆柱形液晶）时，经常使用纤维衍射。

与之密切相关的掠入射衍射（GID）技术，也称为掠入射 X 射线散射或 X 射线反射，其原理是 X 射线束以非常低的入射角照射在表面上时，反射率大大增加，且当射入表面的 X 射线束仅穿透很短的距离时，通常会导致衍射对表面敏感。因此，这种方法非常适合用于确定固体或液体衬底上薄膜或多层膜的特性。GID 通常在固定掠入射角 α_i 下进行 2θ 或 q 扫描以获得薄膜面内衍射；而 X 射线反射法在 $2\theta \approx 0$ 条件下扫描 α_i 以获取界面粗糙度和层厚等。二者不可混用。可以从得到的强度分布中确定层的厚度（或多层膜中的层），在某些情况下，还可以推断出每个层内的电子密度分布。

3.2.8　小角 X 射线散射

小角 X 射线散射（SAXS），通常简称为小角散射，探测角度通常小于 10°[18]。根据布拉格定律，这表明被探测物体具有较大的长度尺度，通常介于 3～100 nm 之间。该方法过去主要用于研究较大物体，如溶解在水溶液中的蛋白质、胶体颗粒、胶束或多孔介质中的空隙。

近年来，SAXS 被广泛应用于研究自组装系统，其中重复距离远大于单个分子，例如具有周期性序列的嵌段共聚物。在自组装过程中，当多个分子形成球体时，可能会构成跨度达到 20 nm 或更大的立方体结构。尽管原子位置可能高度无序，但球体的相对位置通常表现出长程有序。在这种情况下，需要专门设计用于微小角度散射的仪器，而传统的晶体学分析方法则更适用于研究这些过程。

产生 X 射线有多种方法：

① X 射线管。最简单、最早的方法，但有时仍被使用。当电子束击中金属靶时，会产生 X 射线，电子束产生的热量被金属靶吸收，限制了 X 射线束的强度。

② 旋转阳极 X 射线发生器。这种类型的 X 射线管在 20 世纪 70 年代普遍应用，通过内部水冷却的旋转圆筒替代固定靶，解决了热负载问题。然而，该发生器对电机要求更加严格，容易发生故障，并且需要经常维护，但能显著增加 X 射线的强度。

③ 同步辐射。与前两者相比，同步辐射 X 射线源由经过磁场加速的电子束产生。所得到的电子束通常强度要大几个数量级，但需要大型设施。

在 SAXS 方法中，SAXS 在小角区（典型 0.1°～5°，常以 q 表示）测量样品的低 q 弹性散射，以解析 1～100nm 级别的电子密度起伏与结构尺度。因此可以检测从埃到微米的长度尺度，并允许直接实时确定具有大电子密度变化的系统的结构信息。这使得 SAXS 方法可以分析无序系统的内部结构。

通过 SAXS 测量出的二维散射图案进行环形平均，可以生成一维平均强度。散射图案提供了关于纳米材料大小、形状和空间结构的信息。数据分析技术的选择取决于感兴趣的参数和样品的已知信息。通过对高质量散射曲线的详细分析，结合使用 Guinier 方法，可以精确计算与散射粒子大小和形状相关的零角散射强度和均方根半径。

SAXS 的结果相比于 TEM 成像具有更强的统计平均性。例如，利用 SAXS 技术研究 Pt 纳米颗粒随温度变化的结构演化，其中聚乙烯吡咯烷酮包覆的 Pt 纳米颗粒通过甲醇-水还原法制备[19]。结合 SAXS 和 XRD 技术，研究人员探讨了颗粒和晶体尺寸随温度变化的规律，采用谢乐公式从 XRD 数据中计算晶体尺寸。结合 SAXS 和 XRD 结果，发现铂纳米颗粒生长呈现阶梯特征，可以用三个阶段（扩散、聚集、团聚）来描述铂纳米颗粒和纳米晶体的生长过程。在加热过程中，聚集被确认是铂纳米颗粒主要的生长模式，并且在 250 ℃、300 ℃和 350 ℃时，分别观察到了铂纳米颗粒及 Pt 纳米晶体的最大生长速率和最大聚集度。这些发现有助于深入理解纳米颗粒的生长机制，并为其尺寸的控制提供理论依据。研究还表明，在某些温度条件下，XRD 和 SAXS 所得到的尺寸值存在差异。SAXS 对电子密度波动敏感，而 XRD 则反映了长程有序程度的影响，因此，SAXS 提供的是实际颗粒尺寸，而 XRD 则反映晶体的尺寸。SAXS 和 XRD 得到的不同尺寸值与纳米颗粒在热处理过程中的生长模式密切相关。通过 SAXS 获得的颗粒尺寸通常略大于 TEM 所测得的尺寸，这与 Pt 纳米颗粒的聚乙烯吡咯烷酮包覆层有关，因为包覆层导致的散射强度无法完全去除。需要指出，SAXS 作为一种低分辨率技术，在某些情况下，结合 XRD 或电子衍射技术进行补充研究是表征纳米颗粒的必要手段。

3.2.9　扫描电子显微镜

电子显微镜和微区分析技术的核心在于通过样品中原子散射电子所产生的信号，提供关于样品结构和成分的丰富信息。与光学方法相比，这些技术能够提供更高的空间分辨率。显微镜之所以能达到这一点，源于其使用的入射辐射波长较短。例如，可见光的波长范围为 390～700 nm，而 30 keV 的电子波长仅为 41 pm。

电子束技术的高空间分辨率和化学敏感性使其在纳米材料表征中具有独特优势。然而，入射电子束可能会因束诱导电离和溅射效应对研究材料产生较大影响，甚至导致材料的结构破坏。此外，除非使用专门设备，否则这些技术通常需要在高真空环境中进行操作[20]，这可能会影响气态环境敏感样品的物理和化学特性，从而限制可研究样品的种类。

在 SEM 中，电子枪组件根据不同的应用，产生的电子束初级能量通常在 500～40000 eV 之间变化。电磁透镜将电子束聚焦至一个小点，并通过扫描线圈在样品表面进行扫描，调节电子束的位置。通过连续收集入射电子与样品原子相互作用产生的信号，可以生成具有高空间分辨率的图像。分析人员需要根据实验目的仔细选择适当的实验条件，以确保获得的数据尽可能有效。SEM 能够获取与样品结构和化学成分相关的多种信号，通常使用次级电子信号来评估微观和纳米尺度的形貌特征。次级电子是由样品表面与入射电子束发生非弹性散射后释放的能量较低（约 50 eV）的电子。由于次级电子的低能量，它们只能在样品表面附近逃逸，从而有助于收集到更清晰的表面图像信号。因此，次级电子图像具有纳米级表面灵敏度，其信号逃逸深度通常为纳米量级。反向散射电子图像源自入射电子的弹性散射和大角度散射，信号强度与局部平均原子序数成正比（Z-contrast），重元素区域更亮；而次级电子来自非弹性散射，两者不能混用。

与次级电子成像相比，这种成像模式能够减少纳米表面的对比度和边缘效应，使得对比度的定量解释更加容易。对于纳米材料的表征，这种模式特别适用于增强重金属纳米粒子与较低原子序数基体之间的对比度，例如支撑金属催化剂或嵌入有机物中的颗粒。

SEM 的一个主要优点是拥有较大的景深，通常可达到几十微米，这使其能够同时成像复杂物体的各个区域。例如，对于支撑金属催化剂，其中纳米材料分散在较大的基底颗粒上，SEM 的景深优势允许直接成像这些复杂的 3D 网络，从而更容易表征团聚体的 3D 结构、团聚度以及其他相关特征。

通常在 SEM 中会增加第二个柱体，用于产生集中重离子束，以局部去除材料并暴露其内部特征。聚焦离子束（FIB）可以由低熔点金属或气体等离子体源提供。在这些原材料中，镓是最常用的金属源，而氙则常用于带等离子体源的 FIB[21]。FIB 在纳米材料研究中的主要应用是表征嵌入基体中的纳米材料分布。通过结合“切片和查看”技术，用离子束去除材料的一小部分，暴露出新层面，再进行分析。这一去除和分析过程可以重复，以获取纳米材料的元素组成和 3D 分布信息。

3.2.10　透射电子显微镜

TEM 是一种利用薄样品与均匀电子束相互作用的显微技术，典型的加速电压范围为

3

60～150 keV[22]。当电子束击中样品时，部分电子会透射通过样品，而其余的则会发生弹性或非弹性的散射。样品的尺寸、密度及元素组成是影响电子相互作用的关键因素。透射电子中携带的信息用于构建最终的图像。纳米颗粒的尺寸和形态决定了其特定的物理特性，如与生物系统的相互作用、光学性能、磁性、电性及催化活性。由于 TEM 能够直接观察样品并精确表征纳米粒子的均匀性，故它成为分析纳米颗粒大小和形状的主要方法。然而，在使用该方法时，需考虑到一些限制因素，例如测量大量颗粒的挑战和由定位效应导致的图像不准确性。对于极其均匀的样品，其他方法可能提供更准确的结果，例如对于较大、球形的纳米颗粒，可利用 SAXS 或 XRD 的边界和谢尔公式进行分析。因此，在使用 TEM 进行表征之前，采用其他技术进行先行分析是必要的。

除了尺寸和形态外，纳米粒子的性质还受到颗粒间距离等因素的影响。例如，当两个金属纳米粒子相互接近时，它们的等离子体波会发生耦合，导致红移现象，进而改变颜色。TEM 可以用于表征纳米粒子的聚集情况，这在许多生物医学应用中尤为重要，如传感和诊断，因为聚集现象常常取决于生物标志物或分析物的存在。在治疗应用中，纳米粒子的聚集有助于增强其治疗效果，而在成像中，聚集则能增强信号响应。因此，在样品准备过程中应特别小心，以确保结果的准确性。不当的处理可能改变样品或引发伪影，例如干燥胶体溶液时可能出现的聚集现象。

不同纳米晶体的组装能够形成新的多功能结构，结合各组成部分的优点，并引发新的有趣功能。TEM 作为一种可靠的表征手段，广泛应用于超晶格纳米复合材料的研究，这些超晶格常与多种原子晶体系统同构。通过调整胶体表面电荷或与 DNA 的定向结合，可以调节由金属、磁性纳米粒子及量子点等多种纳米粒子构成的 3D 阵列的最终结构和组成。

近年来，科学界已将纳米粒子视为动态系统，认为它们的性质和结构会随着与环境的相互作用而发生变化。为了提高其在各种应用中的性能，需要对这些动态变化进行详细表征。例如，研究表明，银纳米粒子在阳光照射下会聚集形成纳米桥，从而降低其细胞毒性。形态学的变化和表面硫化也会影响纳米粒子的溶解速率，进一步减少其毒性。此外，结合 TEM 和 DLS 技术，已有研究探索了细菌对包覆在纳米粒子表面的聚合物的生物降解过程。结果表明，纳米颗粒表面修饰的聚合物的降解导致胶体聚集，进而降低了其胶体稳定性。

尽管传统 TEM 技术不适用于研究纳米粒子的生长过程，但它仍可用来表征纳米材料从固体前驱体生成的过程。例如，TEM 成像技术已被应用于铜纳米粒子生长动力学的研究。高分辨率透射电子显微镜（HR-TEM）采用相位对比成像技术，通过结合透射和散射电子，能够生成高分辨率的图像。HR-TEM 通过使用比传统 TEM 更大的物镜孔径来充分利用散射电子，从而提供关于纳米粒子内部结构的关键信息。这种技术已成为描述纳米粒子内部结构的有效方法之一，使研究者能够观察到晶体形成过程中原子的排列。总之，虽然传统 TEM 可以对纳米粒子的形态进行统计分析，但要揭示单个颗粒的晶体结构，还需 HR-TEM 提供更高的分辨率和更详尽的内部结构信息。

图 3.4 展示了使用 400 keV 高能电子束拍摄的传统 TEM 高分辨率图像。由于高能电子束波长较短，传统 TEM 技术一直是提高“点”分辨率的有效手段。图像中呈现了一个 AgI 纳米粒子，位于碳基支撑体上。通过快速傅里叶变换（FFT），可以清晰观察到纳米粒子的

定向情况，电子束与其 {110} 晶面轴平行。该纳米粒子呈现明显的切顶八面体形态，具有 {100} 和 {111} 晶面。相位对比图像在低原子数材料的结构表征中尤为重要。从图像中可以清晰看到，碳支撑体呈现石墨结构，表现为三到四层石墨片，与纳米粒子的 {200} 晶面相一致。然而，对于未校正畸变的相位对比图像，需谨慎分析。因为在对焦或样品厚度变化时，可能会导致图像对比度发生快速反转[23]。

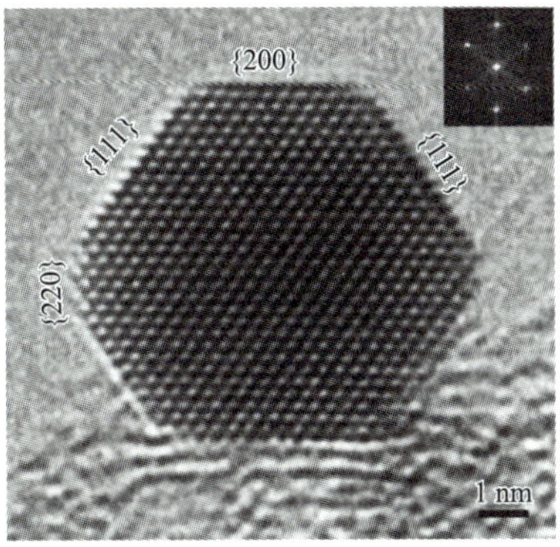

图 3.4　平行于 {110} 晶面轴拍摄的 AgI 纳米粒子的 HR-TEM 图像

此外，对于具有相同光学特性的纳米粒子，使用 HR-TEM 可以区分单晶和多晶各向异性。但在某些情况下，由于晶体和电子源的随机取向，原子未对齐可能导致复杂的图像，这些图像不适合直接用于结构表征。

液体 TEM 的一个关键要素是其真空系统，旨在防止可能的电子发射器损坏并减少电子束的散射。然而，由于液体会影响真空，传统 TEM 成像仅适用于固体和干燥样品，这使得固液系统在纳米尺度上的表征长期以来未受到足够关注。20 世纪 30 年代，L. Marton 研究了薄铝箔间填充液体的生物样品，标志着液体样品表征的早期尝试。直到近年，随着密封液体电池的发明应用以及液体蒸发防治技术的突破，液体样品的研究才得以实质性进展。2003 年，Frances M. Ross 和其团队制备了一种使用环氧树脂密封的氮化硅膜的 TEM 液体电池，这些膜不仅能包含液体样品，而且具有电子透明性，从而在显微镜中保持了真空环境。

低温电子显微镜（cryo-TEM）是 TEM 的一个分支，能够通过在其原位冻结的环境中观察几乎未经破坏的样品，从而实现材料的玻璃化。2017 年，Dubochet、Frank 和 Henderson 因其在溶液中进行高分辨率结构鉴定生物分子的 cryo-TEM 技术获得了诺贝尔化学奖。样品通常采用液氮冷冻，以避免改变样品分子构象或组装，这一技术广泛应用于分子生物学和胶体化学研究。

快速冷冻制样器用于将液体样品玻璃化，通过迅速降低温度并防止水分子重组为长程结构晶格，来冻结水溶液。其无定形状态是通过四个步骤实现的：①将液体样品加在涂有碳膜的铜网上；②排除多余液体以形成薄膜；③将网格浸入液氮中以进行冷冻；④将玻璃化样品存放于液氮存储容器中。

TEM 获取的衍射图案能提供关于样品结构的有价值信息。选区电子衍射（SAED）技术通过采集来自样品特定区域的衍射数据，不仅能够选择结晶区域，排除无定形区域，还能进一步选择具有特定方向或相位的区域进行分析。

无论电子发射角度如何，目标透镜都负责收集从样品中发出的电子并将其放大，从而将所有从单一点发出的电子聚焦到图像上。在电子从样品传输到图像的过程中，存在一个称为背焦面或衍射面的平面。在该平面上，无论电子从样品的哪个位置发出，都会聚焦到一个点上，具有特定动量矢量的电子将在此点聚焦。透镜的设置可调整图像或衍射图案的放大方式，具体取决于透镜的物镜平面是否与图像平面或目标的背焦面对齐。因此，每个透镜都有一个聚焦平面，分别对应图像平面或衍射面，这些平面与图像或衍射面共平面。

在图像平面中插入光栅时，光栅将仅允许来自光栅孔内的图像部分的电子通过，阻止来自孔外的电子通过。无论显微镜处于成像模式还是衍射模式，只有来自光栅孔内图像部分的电子会被传输到探测器。因此，所选区域的图像看起来就像一个普通图像，但上面覆盖了一个黑色圆圈。通过去除不感兴趣的样品部分的散射，所选区域的衍射图案会比没有光栅时更清晰。

通过适当确定光栅的大小和放置位置，可以获取样品特定区域的衍射数据。这不仅可以选择结晶区域并排除无定形区域，还可以选择具有特定方向或相位的区域，排除其他方向或相位的区域。

3.2.11 动态光散射

在物理学中，散射是一种广泛的物理过程，是某种形式的辐射被强制从直线轨迹偏离，这是由介质中的局部非均匀性引起的。经历散射的辐射通常被称为漫反射，未经散射的辐射则称为镜面反射。最初，该术语仅限于光散射，随着发现了更多“像光线”一样的现象，散射概念得到了扩展。

通过调节能量源产生的波矢，可以在频率保持恒定的情况下测量吸收能量。在瑞利散射近似下，散射强度与粒径的六次方成正比，而与波长的四次方成反比。当尺度接近波长时需采用 Mie 理论。因此，较大的颗粒会比小颗粒散射更多的光，而短波长的光散射更强。利用这些原理，可以测量所得信号。DLS，也称为光子相关光谱或准弹性光散射，利用数字自相关函数确定颗粒光散射强度的时间依赖性。这些波动由颗粒在溶剂中的随机布朗运动引起，与颗粒的平移扩散速率成反比。通过 Stokes-Einstein 方程，将扩散系数与颗粒的流体动力学半径相联系，这个半径大致对应于溶剂化、运动分子所占据的表观大小。通常使用强度或光子自相关函数来分析时间波动。在时间尺度分析中，自相关函数通常从零延迟时间开始衰减，这是由于较小颗粒的动力学速率更快，进而导致散射强度轨迹更快地失去关联。已经证明强度自相关函数是功率谱的傅里叶变换，因此可以同样有效地在频谱域进行 DLS 测量。DLS 是一种非破坏性程序，用于确定平均流体动力学粒度（MHD），并且需要的样品很少。

散射角、颗粒大小和形状、仪器光学以及测量时间都会影响 DLS 的散射强度。此外，对于尺寸接近或大于激光波长一半的非规则形状颗粒，散射强度受形状因子影响显著。由于颗粒大小与散射强度之间存在非线性关系，因此准确确定颗粒的实际大小分布仍然具有挑战性。当样品中存在非常大的颗粒，如灰尘和纳米材料聚集物时，会出现外部光散射。这些较大的颗粒会扭曲表观大小分布，有时甚至会完全掩盖实际较小颗粒的信号。此外，它们还可能降低测量的可重复性。因此，在进行 DLS 分析之前，必须对高度多分散的样品进行分级或过滤。此外，分析物的浓度也应加以考虑，因为较小的金属纳米粒子（如 50 nm）的散射强度较低，这使得在低浓度下的检测和重复性变得更加困难。

利用米氏光散射理论，通过测量入射光的散射角和光强来计算纳米材料的尺寸的方法称为静态光散射（SLS），也称为激光衍射。尽管瑞利-冈斯-德拜（Rayleigh-Gans-Debye，RGD）光散射近似条件经常用于溶剂和纳米材料折射率相似的稀释溶液体系，然而，研究表明，即使在不完全满足 RGD 条件的情况下，该理论模型仍可扩展用于纳米材料尺寸的精确测量。用于 SLS 的溶液包含悬浮目标分析物的悬浮液，一般使用高度准直、高度相干的偏振光束来测试。SLS 可以确定一系列分子的结构和质量，是为数不多的绝对性技术之一，通过测量散射光的角度依赖性，可以确定分析物的尺寸。均方根半径是一种根据质心周围的质量分布加权的粒子大小度量，用于确定 SLS 的大小。均方根半径取决于颗粒的内部质量分布，如果颗粒的构象（如随机卷曲、球形或棒状）已知，则可以将其与其几何尺寸联系起来。由于颗粒散射的光强与其摩尔质量和溶液中的浓度成正比，因此 SLS 是检测聚集物存在和发展的有效方法。 3

对样品的处理方式与 DLS 相同，其中大颗粒可能妨碍较小颗粒的识别，并且极低的浓度使得重复散射强度变得困难。此外，对于溶液稀释而导致样品颗粒之间、溶剂分子之间或彼此之间几乎没有相互作用的溶液，RGD 近似是有效的。此外，在计算中假设溶剂的折射率和颗粒的折射率几乎相同。

使用 DLS 技术可以表征脂质体的 MHD 和多分散性指数（PDI，表示 DLS 谱分布的绝对宽度与均值之间的比值的平方）。微流动力学聚焦芯片被用于调整实验参数如脂类浓度和流速比（FRR）来形成脂质体。对不同 FRR 和入口几何形态下层厚度的数学模型预测与实验测量值进行了比较，发现与理论完全一致，微米级层厚度随着 FRR 增加而减小，并且取决于芯片入口结构。对两种 45° 和 90° 芯片的直接比较是在 FRR = 5 和最低脂质浓度下进行的。如图 3.5（a）所示，45° 芯片制备的脂质体的 MHD 为 92 nm，PDI 较宽（0.35），而在 90° 芯片的情况下，平均大小明显较大（120 nm），但 PDI 较低（0.27）。图 3.5（b）给出了在不同 FRR 下使用两种芯片生产的脂质体的 MHD[24]。

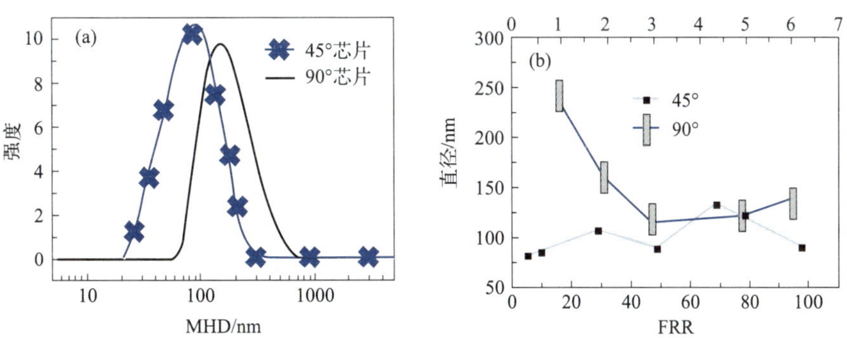

图 3.5 在 FRR = 5 及 45° 和 90° 芯片内制备的脂质体溶液的 DLS 光谱（a）和在 45° 和 90° 芯片内制备的脂质体的 MHD 与 FRR 的关系图（b）

3.2.12 X 射线吸收光谱

X 射线吸收光谱（XAS）技术体系的核心分析方法为 X 射线吸收精细结构（XAFS），其包括两个关键分析区域：X 射线吸收近边结构（XANES）和扩展 X 射线吸收精细结构（EXAFS）两种技术。这些方法通过测量样品中原子对 X 射线的吸收情况来分析材料的组成和结构。在这两种方法中，样品中的原子吸收 X 射线，辐射的能量会发生变化，不同的元素会产生不同的吸收模式。XAS 谱通常以光子能量为横轴，同步辐射通过单色器调谐能量扫描吸收边，以获取 XANES/EXAFS 信息。

XAS 需要强大且可调节的 X 射线束，通常由同步辐射 X 射线源提供。这使得 X 射线束的能量可以针对特定的目标元素进行调整。一个重要应用是确定未知样品中的成分，特别是在结合了 X 射线辐射的高穿透力时，对于发现材料中的微量元素尤为有用。这些 XAS 技术尤其适合检测环境污染，因为它们能够区分化学氧化状态和含有有害元素（如砷、硒或铬）的化合物，其精度可达百万分之一。与 XAFS 技术类似，X 射线使目标原子释放电子，这些电子与周围原子相互作用，提供关于目标原子环境的信息。相比之下，XANES 方法则提供关于被 X 射线击中的原子的信息，且对其氧化状态和局部环境非常敏感，因此在准确识别存在的化学物种方面具有重要价值。

XAS 技术的一个主要优点是，它能够检测固体、液体、气体、混合物和非晶材料，而不需要晶体样品，这与衍射技术不同。这种方法是非破坏性的，因此适用于易损样品（如艺术品或历史文物）以及资源有限的样品。甚至可以使用 PETRA Ⅲ X 射线源检测样品中的微量元素。总的来说，极快的分析速度使其能够实时探测化学事件（如催化反应）中的结构变化。

XAS 广泛应用于材料科学、化学研究和生物化学研究中，尤其用于识别样品中的金属（如金属、纳米粒子或金属蛋白质 / 金属酶中的活性位点）及其氧化状态。除了用于分析静态样品如金属合金和催化剂，由于其速度优势，XAS 也特别适用于研究动态样品。XAFS 方法在研究纳米粒子和催化剂的特定用途方面表现出色。XAFS 的其他应用包括通过 X 射线荧光识别杂质以及测量高温超导体中的化学价态。

XAS 分为两个主要区域：

① XANES：这个区域具有显著的共振峰，并包括最接近吸收边缘的 X 射线能量（约 100 eV）。通常，该区域对局部原子状态如对称性和氧化状态等敏感。

② EXAFS：这个区域位于 XANES 区域之后，延伸到或超过吸收边缘，大约为 1000 eV 或更多。EXAFS 的特征是记录信号中的轻微振荡，这是由周围原子散射的电子造成的。通过 EXAFS 实验可以测量邻近原子的键长和化学配位环境。

5d 过渡金属由于稳定性好及电子特性，被广泛用于高压研究中。特别是，铱（Ir）金属在所有 5d 过渡金属中表现出独特的压力诱导电子跃迁行为，即所谓的核能级交叉转变。有研究报告了对 Ir 进行实验结构表征的结果，该研究基于同步辐射源的 PXRD，结果凸显了低压相大范围（高达 1.4 Mbar）的稳定性。XAS 测量通常在 Ir L_3 吸收边缘（11.215 keV）进行，并且在图 3.6 中显示了三个选定压力下的光谱。这些光谱可以分解为三个主要贡献：①锐利的原子样式“白线”，可以归因于 $2p_{3/2} \rightarrow 5d$ 电子跃迁；②与 $2p_{3/2} \rightarrow 5d$ 连续电子激发相关的阶跃边；③由于光电子被周围原子的反向散射而产生的较小振荡（精细结构）[25]。

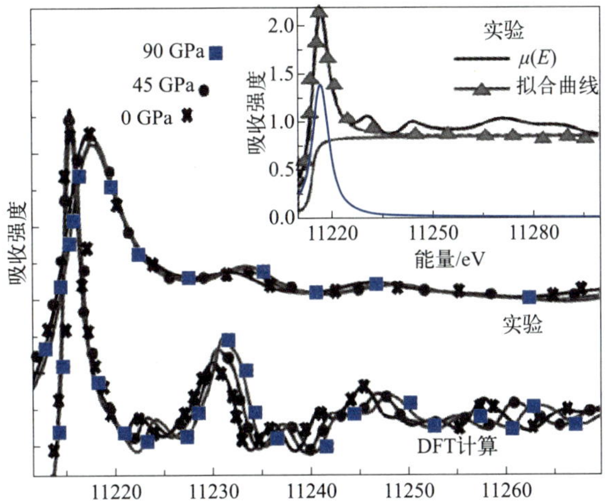

图 3.6 在常压、高压下的实验（模拟）的 XAS 谱

3.2.13 吸附比表面测试

纳米材料的表面包含大部分原子，这些原子通常控制粒子的特性，因此测定纳米材料的比表面积，即单位质量的总表面积，至关重要。在测量比表面积时，通常使用气体吸附技术来确定表面积。这一过程涉及测定物理吸附等温线的数据，即气体吸附的平衡压力和体积之间的关系。布鲁诺（Brunauer）、埃麦特（Emmett）和泰勒（Teller）共同提出的描述多层吸附的吸附等温式，即布鲁诺-埃麦特-泰勒方程理论（BET），旨在解释气体分子在固体表面的物理吸附，并作为测量材料比表面积的重要分析技术的基础。其是推导比表面积最常用的方法，通过从等温线上使用有限范围的相对压力来确定气体在样品上的单分子层容量，并据此计算 BET 比表面积。

在气体吸附测试中，样品的制备至关重要，用以清除可能影响气体吸附的任何吸附气体、水蒸气或其他不需要的表面杂质。尽管BET方法提供了有关纳米材料表征的有用信息，但在某些情况下可能需要表征手段进行验证。此外，可以通过在实际情况下使用校准物质来提高测量的准确性和可信度。尽管存在一些局限性，但 BET 方法仍然是一种快速且经济的技术，能够评估各种纳米材料的比表面积。

该测量方法的主要缺点是仅适用于干燥样品。颗粒的聚集可能导致紧密结合的纳米材料的比表面积值较低，因此在测量之前，需要对干燥后的颗粒进行处理，以确保获得比表面积。

图 3.7 展示了从香根草根（vetiver）和甘蔗渣（bagasse）前驱体制备的活性炭在 77 K 下的 N_2 吸附-脱附等温线。实验结果表明，经过水汽及不同浓度磷酸溶液处理后，这两种来源的活性炭在 N_2 吸附等温线的形状和行为上表现出显著变化[26]。

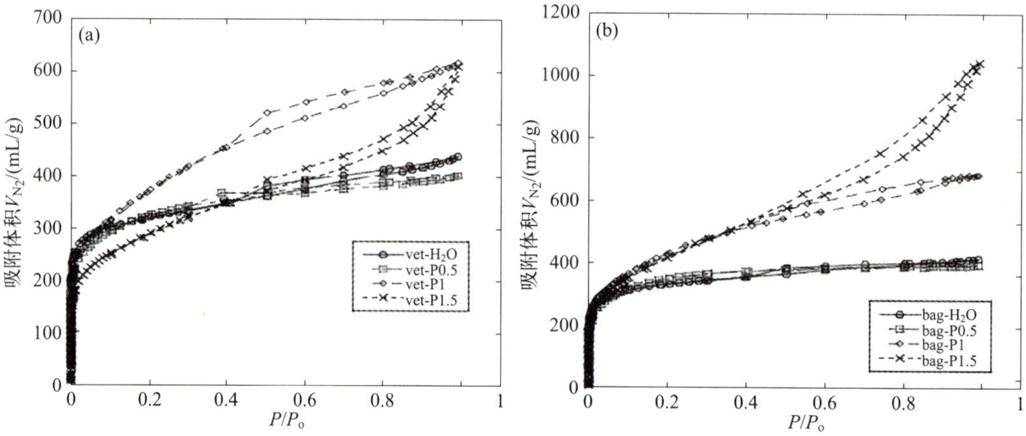

图 3.7 在 77 K 下 N_2 的吸附 / 脱附等温线

香根草根（a）和甘蔗渣（b）制备的碳纳米材料。图中P表示磷酸活化

3.2.14 热重分析

热分析是一种收集物理和化学数据的重要方法，其中热重分析（TGA）是最广泛使用的技术之一。与其他热分析技术［如差示扫描量热法（DSC）］和光谱技术（如 FTIR 和 MS）结合使用时，TGA 可以成为一种更强大的分析工具，可以用于测量热稳定性、氧化稳定性、各种大气效应、湿度和挥发性组分的存在，有时还能测量多成分组成。TGA 可以帮助确定材料不同组分之间的结合情况。当 TGA 与 DSC 或差示热分析（DTA）结合使用时，这种分析模式被称为 DSC-TGA、DTA-TGA。与传统 DSC 不同，DTA-TGA 不仅测量样品的质量变化及其变化速率，还测量样品的热流。DTA-TGA 测量的性质与 TGA 相同，但还包括反应热量、熔点和沸点等数据。在分析样品时，TGA 捕获的三个最重要的信号是质量、质量变化速率和温度。质量与温度或时间的一阶导数给出微商热重（DTG）分析曲线，DTG 曲线可以提供关于样品的定性和定量数据。定性分析方法的一个例子是对材料进行指纹识别和区分重叠的化学反应，而定量模式则通过测量峰值质量损失的高度和温度来实现。测量精度是 TGA 操作的关键，定期保养设备有助于提高数据收集的可靠性，TGA 需要进行质量和温度校准。大多数设备和软件包都配备半自动质量校准程序，温度校准则根据标准金属的居里点进行。

TGA 和 DTG 用于评估白薯块茎皮残渣吸附剂（YTBS）的质量损失和热特性。热重热解（在氮气下）和燃烧（在空气中）分析分别在 20～500 ℃之间和 500～600 ℃之间进行。TGA 曲线［图 3.8（a）］上的三个部分（Ⅰ、Ⅱ和Ⅲ）代表了残渣吸附剂分解的主要阶段。DTG 曲线［图 3.8（b）］呈现出三个最大温度分别为 71 ℃、281 ℃和 509 ℃的放热峰。第一区域（Ⅰ）观察到的热重变化主要对应于 20～100 ℃的温度坡升和随后的 100 ℃恒温，这一过程与残渣表面去除非解离水分子、物理吸附水分子、氢键结合水分子有关，并且在 100 ℃恒温 60 min 的情况下，确保了在这一区域内总湿度蒸发，该湿度蒸发导致了 5% 的质量损失。木质纤维吸附剂的挥发性成分在第二阶段（Ⅱ）中被去除，该阶段的质量损失为 66%。这可以归因于去除三个主要成分：纤维素、半纤维素和木质素。这三种成分还具有不同范围的分解温度（半纤维素，150～350 ℃；纤维素，275～380 ℃；木质素，300～500 ℃），这与它们的热稳定性程度相关联。在这个阶段（Ⅱ）结束时，YTBS 吸附剂的固定碳含量为 21%，显示了其在炭中的固定碳含量。TGA 曲线［图 3.8（a）］中的第三阶段（Ⅲ）显示了在热解阶段（20～500 ℃）中形成的碳化残渣，从而获得 YTBS 吸附剂的残留灰分组成。这个区域以 DTG 曲线［图 3.8（b）］中 503～530 ℃之间的峰值为特征，该峰值对应于空气中的碳分解。

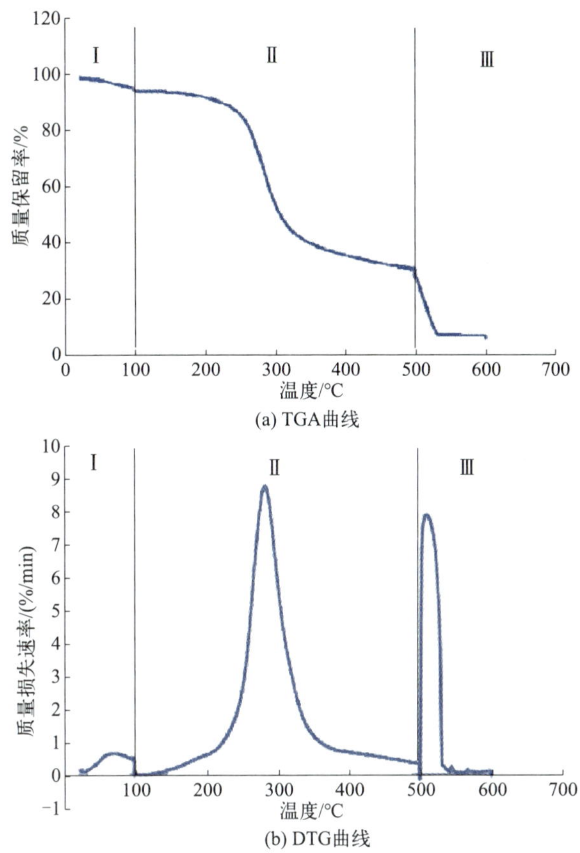

图 3.8 热重分析（a）和微商热重分析（b）在 N_2（Ⅰ～Ⅱ）和空气（Ⅲ）环境中对 YTBS 的分析

3.3 新型表征范式

传统材料的表征方法，如电子显微镜、XRD 和光谱技术，在纳米尺度上表现出了一定的局限性。随着纳米材料的尺寸缩小，其表面效应、量子效应等显现出更为显著的影响，而传统表征方法有时无法对其精细结构进行准确描述。例如，纳米材料中的微小尺寸效应常导致其表现出不同于宏观物质的光学、电学及磁学性质。因此，发展新型纳米表征方法、概念和范式显得尤为必要。

纳米表征方法的发展伴随着多学科技术的融合。基于 AFM、扫描隧道显微镜（STM）等扫描探针技术，现代科学家已经能够以原子级别的精度对纳米材料的形貌和结构进行直接观测。此外，借助光子学技术，如近场光学显微镜和表面增强拉曼散射，可以表征纳米尺度的光学性质，而非接触式的电子显微镜技术则能以极高的分辨率观察纳米材料的晶格和缺陷结构。

新型纳米表征方法的战略意义在于以下几方面。①提升精确性与推动纳米材料研究：新型纳米表征方法显著提升了研究纳米材料的精确性。例如，通过结合 AFM 和 SEM，科学家可以同时获取材料表面及内部结构的高精度图像。这种多尺度、多维度的表征能力，极大推动了对材料性能的理解与优化。特别是在能源领域，如锂离子电池和光伏材料的研发中，精准的材料表征是提升材料转换效率和延长使用寿命的关键。②加速新材料的发现与应用：通过新型表征方法，科研人员能够更快地验证材料的微观结构与其物理化学性能之间的关系。这有助于加速材料筛选过程，缩短从实验室研究到实际应用的时间。例如，在催化剂、储能材料以及纳米药物方面，结构表征技术可以帮助快速优化材料结构，提高其性能。③提升产业竞争力：在纳米科技产业中，材料表征能力的提升直接关系到企业的竞争力。拥有先进表征技术的企业可以更好地开发高性能的纳米材料，从而在市场上占据优势。此外，表征方法的创新还能为知识产权和专利申请提供基础，保护企业在激烈的市场竞争中不被模仿或超越。④推动交叉学科的发展：纳米表征方法的发展不仅对材料科学有深远影响，还推动了物理、化学、生物等多个学科的交叉研究。例如，纳米材料在生物医学领域的应用，如纳米药物和生物传感器，依赖于对材料生物相容性、毒性以及与生物系统相互作用的精确表征。新型表征方法能够帮助研究人员更好地理解这些复杂的相互作用，从而设计出更加安全有效的纳米医疗技术。⑤应对社会和环境挑战：随着全球资源短缺和环境问题的日益严重，纳米材料在可持续能源、环境修复等领域的应用被寄予厚望。新型表征方法能够帮助研究人员更好地评估这些材料在实际应用中的稳定性、耐久性和环保性。例如，在水处理、空气净化和环境污染治理中，纳米材料由于其高比表面积和强吸附能力被广泛应用，而其长期稳定性及对环境的影响则需通过精细的表征手段加以评估。

随着多学科的发展和融合，目前出现了三种先进的表征范式。

3.3.1 非原位与原位表征

未来发展对能源的需求增长刺激了可再生和碳中和能源供应方面的研究大幅增加。如今，许多高效转换技术，包括燃料电池、水分解和电催化 CO_2 还原等，在促进能量转换并提供高价值产品方面发挥关键作用。众所周知，纳米材料通过显著加速反应动力学在实现高效化学反应中扮演着至关重要的角色。因此，开发成本效益高且性能优越的纳米材料对于提高能量转换过程效率至关重要。从本质上讲，用于电化学反应的催化剂应具有高效率、稳定性和经济性。尽管在先进纳米材料的合理设计和制备方面取得了显著进展，但“在工作条件下纳米材料活性位点具体是什么？”这个基本问题仍然没有答案。因此，精确分析演变过程并全面研究机制对于设计和探索预期中的纳米材料至关重要。传统的非原位（ex-situ）研究方法已经无法满足当下的需求，近三十年来发展起来的原位表征（in-situ）技术，能够利用不同的仪器设备针对特定的反应流程进行“在线”分析。具体而言，原位表征能够在反应条件下，对物质进行连续同步分析，最终得到一系列以时间或其它相关条件为参数的结果，实现对物质反应过程变化的分析。相较于传统方法，该技术具有动态性、实时性以及直观性等特点[27]。

3.2.10 小节讨论的液体 TEM 作为一种典型的 in-situ TEM 技术，在揭示化学和物理过程动力学方面，尤其是在原子分辨率下，发挥着重要的表征作用。Ma 等报道了无载体 Pt 和 Pt-Ni 纳米线电催化剂的合成，并通过原位 TEM 研究了其形成机制[28]。根据原位 TEM 图像［图 3.9（a）、（b）］，观察到 Pt 纳米线是通过单个纳米颗粒的定向附着而形成的。从图 3.9（a）可以看出无载体 Pt 纳米线在不同阶段的生长过程，图中箭头指示了各个纳米颗粒之间发生附着的位置，而纳米颗粒被线圈标出。从图 3.9（b）可见 Pt 核的初始生长和合并过程。通过消耗小核，形成了仅有几纳米大小的成熟 Pt 纳米颗粒。每个成熟 Pt 纳米颗粒及其原始核都用线圈标记。

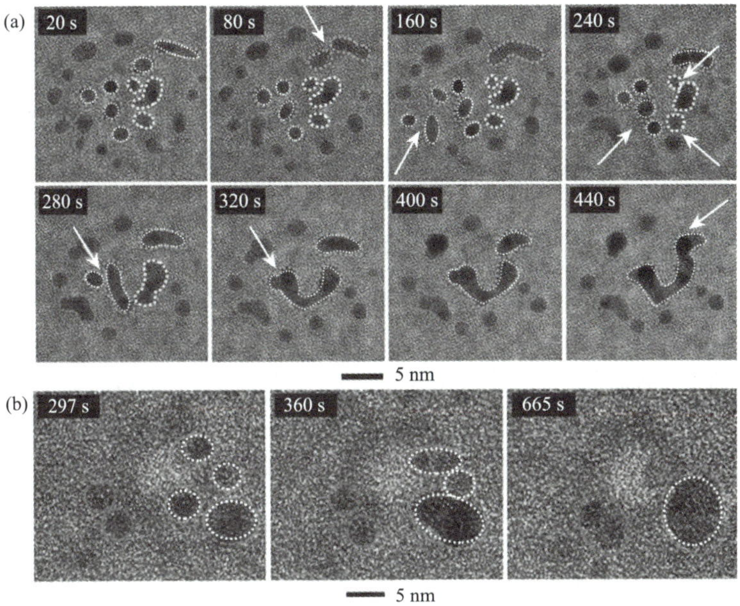

图 3.9　不同阶段 Pt 纳米线生长的原位透射电子显微镜

除了原位 TEM 外，结合其他原位电子显微镜的方法也被证明有助于调查电催化过程中动态结构和形态的演变。

如前所述，XRD 表征的不同晶相的衍射图案可作为分析的指纹信息，用于识别晶相。因此，改变散射矢量并收集 XRD 图谱是研究晶体结构的潜在策略。近年来，原位 XRD 技术得到了开发，并广泛应用于电化学操作过程中，以调查催化剂的晶面和结构变化。这为监测催化剂的结构演变并确定催化活性位点的性质提供了一种便捷的方法[29]。

3.3.2　工况表征

在探讨纳米材料组成的器件时，往往需要深入了解“料-材-器-用”这几个层次，尤其是“器”和“用”的部分。它们不仅关乎材料的选择，更涉及器件在实际使用过程中的性能与表现。那么，如何了解这些器件在真实工作环境下的复杂界面体系呢？这就不得不提到一个至关重要的概念——工况表征（operando characterization）。

原位表征虽然能够提供一些实时数据，但它仍然无法完全还原器件在实际操作中的复杂环境。这时，工况表征应运而生。它不仅要求器件在近乎真实的工作状态下进行检测，还强调对器件长期使用过程中表现出的动态变化进行深入观察。换句话说，工况表征不仅是技术上的突破，也是认知上的升级。

XAS 是研究纳米材料局部电子和原子结构的重要技术。相较于 XRD，XAS 对材料的电子结构具有更高的敏感性，因此被广泛用于测量纳米材料的电子性质，特别是在纳米催化剂和单原子催化剂的电子结构分析中取得了显著成果。例如，Yang 等研究了 I-AgCu 纳米催化剂在电化学 CO_2 还原反应（CO_2RR）过程中的结构和化学变化[30]。研究表明，起始的 I-AgCuXANES 光谱显示出金属铜和氧化亚铜的共存特性。在−1.0 V（相对于 RHE）电位下，XANES 光谱的预边峰（约 8979 eV）逐渐向负方向偏移，特别是在反应进行 40 min 后，氧化亚铜被电还原为金属铜。此外，后边峰（9002.5 eV 和 9024 eV 处）进一步证实了氧化亚铜向金属铜的转变。通过预边峰的定量分析发现，金属铜的含量从初始的约 60% 增加到反应 40 min 后的约 90%，并在 80 min 后接近 100%。相应的 EXAFS 光谱揭示了 Cu—O 键减少以及 Cu—Cu 键增加的现象。这些研究结果表明，金属铜是 I-AgCu 在 CO_2RR 过程中的主要活性状态。

进一步的 Operando X 射线研究显示，在 CO_2RR 条件下，AgCu 纳米颗粒由于铜的高迁移性，会发生结构演变。对于混合型 AgCu 催化剂，铜会从催化剂中溶解并在反应过程中富集于颗粒表面，或通过再结晶形成新的铜颗粒。而对于相分离型 AgCu 催化剂，铜区域在反应过程中受到腐蚀并迁移至银区域表面，形成类似于混合型 AgCu 的结构。尽管在反应过程中银和铜通常倾向于相分离，但在热力学溶解度的限制下，它们仍可能形成局部富含银和铜的混合区域，从而构建具有特定功能的纳米催化剂。

3.3.3 基于人工智能的未来研究范式

随着人工智能（AI）技术的迅猛发展，各领域迎来了前所未有的技术变革，纳米材料领域也深受影响。在这一变革中，工况表征作为关键技术之一，既面临巨大的挑战，也迎来了全新的发展机遇。与传统表征模式相比，复杂工况的研究通常存在显著滞后，而 AI 技术的引入为这一难题提供了革命性的解决方案。

传统的原位表征虽然能够在器件运行时获取实时数据，但在数据采集与解析过程中，常常因时间滞后而影响实验效率。例如，实验结束后，往往需要数小时甚至数天来分析谱学测试数据，分析完成后又常需重新调整实验参数以进行下一轮测试。这样的循环不仅效率低下，还可能错失关键信息。

相比之下，工况表征在实时数据采集与解析方面展现了明显优势。通过在器件运行状态下直接采集数据，研究人员能够根据即时反馈快速调整电化学体系的运行参数，从而优化器件性能。这一过程可以比喻为驾驶时的导航系统，它根据实时路况动态调整路线，帮助驾驶者更快、更高效地抵达目的地。

工况表征的核心亮点在于，其功能不仅限于被动记录数据，还能在实验过程中实现实时分析与反馈，进而指导实验操作的每一步。例如，在电池或燃料电池运行过程中，AI 系统能够即时分析性能表现，识别潜在问题，并自动调节相关参数，以实现效率最大化。要实现这一目标，检测技术需要具备高度的灵敏性与快速响应能力，而这正是 AI 技术的独特优势所在。

那么，AI 如何在如此复杂的环境中介入并推动纳米材料表征的进步呢？事实上，AI 能够快速处理海量数据，并提取有价值的信息。在工况表征中，AI 不仅加快了数据采集与解析的速度，还突破了传统表征方法的技术瓶颈，为纳米材料研究开辟了新途径。

目前，纳米材料表征与人工智能（AI）的深度融合已成为未来发展的重要趋势，主要体现在以下几个方面。①全自动化实验室：设想一个由 AI 驱动的实验室，所有设备实现自动运行，AI 系统能够实时监控并调整实验参数，科学家仅需在屏幕后观察实验结果。这种“无人化”实验室模式不仅显著提升效率，还能有效降低人工操作带来的误差。②智能化材料设计：AI 不仅参与实验过程，还能通过大数据分析预测材料组合的性能，为新型纳米材料的开发提供指导，从而加速材料设计与优化的进程。③精准的能源管理与优化：AI 的应用已逐步延伸至实际能源设备管理，例如新能源汽车的电池管理系统中，AI 通过实时数据动态调控电池运行状态，这不仅延长了寿命，还提高了能源效率。尽管 AI 在工况表征领域的应用尚处于起步阶段，但其潜力已显而易见，实现突破需要从分立模块逐步推进，结合系统性研究开展深入探索。例如，在光谱学工况测试中，构建谱学数据与界面结构的深度模型成为关键。

3

常见方法是基于实验数据生成训练集，但在复杂工况条件下，实验数据的解析往往面临困难。因此，理论计算作为辅助手段逐渐被采用。通过第一性原理的电子结构计算和分子动力学模拟，不仅能还原界面环境，还可预测高精度谱学数据。然而，传统第一性原理计算存在模型规模受限、模拟时间短以及体系处理零散等不足。

AI 技术在图像处理领域的应用已初见成效。例如，Liu 等人开发了一种基于传统光学显微镜的成像平台，通过过焦扫描光学显微镜（TSOM）获取的图像，建立机器学习模型来预测银纳米立方体的大小，预测误差低于 5%[31]。在统计条件下，其平均尺寸误差为 1.6%，标准偏差为 0.4 nm。该平台还以 82% 的准确率识别银纳米线尖端形貌中的锐利尖端和钝头混合物，并可实时监测合成过程中纳米颗粒的尺寸分布。这一技术有望拓展至更加复杂的非各向同性材料以及具有不同介电性质的纳米材料表征。

系统构成与数据采集流程：如图 3.10（a）所示，TSOM 系统由直立光学显微镜、相机及压电定位器组成，使用色温为 3200 K 的白光光源照明，并以单色相机成像。光源的宽带特性平滑了金属颗粒散射谱中的变化，这些变化源于 LSPR。样品通过将纳米颗粒滴涂在 SiO_2/Si 晶片上制备，形成间隔显著的稀疏颗粒层以避免图像重叠。样品置于压电平台上，通过捕获 301 张焦平面间隔为 50 nm 的堆叠图像完成数据采集，每次采集耗时约 30 s，包含 50～100 个颗粒，侧向扫描约需 5 min 完成。

数据预处理与分析：数据预处理包括目标预筛选和自动对焦两个步骤。预筛选中，采用传统计算机视觉方法去除背景噪声，并剔除包含杂质（如聚集体或异形颗粒）的图像，确保样品颗粒分布稀疏且符合分析要求。经过预筛选和自动对焦处理后，裁剪过的图像堆栈与相应标签一起被输入到卷积神经网络中进一步处理和分析［图 3-10（e）］。最终通过统计大量颗粒的预测尺寸，可构建出纳米颗粒的统计分布［图 3-10（f）］。

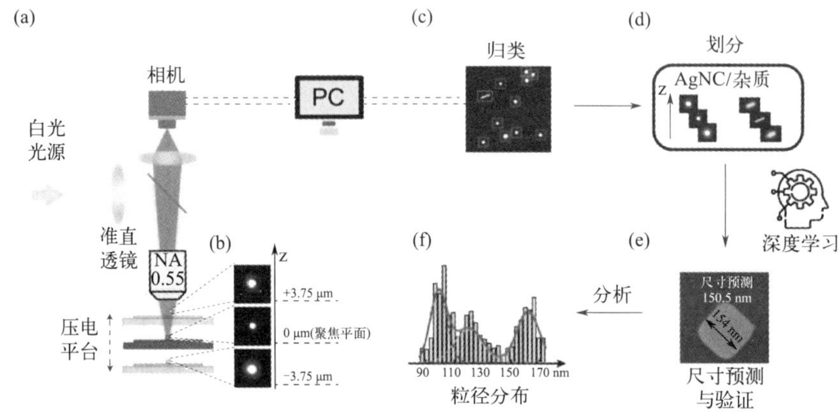

图 3.10　**纳米颗粒尺寸预测方法**

包括通过焦点光学显微镜成像和监督式机器学习

纳米材料的特性通常与其微观结构以及外部环境密切相关，而 AI 通过跨维度的数据融合分析，能够更精确地捕捉这些微小变化，超越人类的感知能力。可以将 AI 比作一位经验丰富的研究员，手持多种工具，从多个角度同时观察同一材料样本，确保不遗漏任何细节。

AI 的核心优势之一在于其强大的多模态数据融合处理能力，这使其能够从多种表征手段中提取信息并进行深度关联分析。传统的纳米材料表征通常依赖单一数据源，例如，通过 XRD 获取晶体结构信息，或通过透射电子显微镜观察材料的形貌。然而，AI 能够突破这些单一表征手段的局限，结合光谱学、力学测试、环境传感器等多种数据，构建一个多维度的感知模式。

通过多模态数据的融合，AI 不仅能够揭示材料在不同条件下的表现，还能将这些表现与背后的微观机理相联系。例如，AI 能够综合分析光谱数据和形貌图像，识别材料中的微小缺陷，并推测这些缺陷可能对材料性能产生的影响。这种跨维度的分析能力为研究人员提供了前所未有的深刻洞察，使其能够更加全面地理解纳米材料的复杂特性。

尽管 AI 驱动的工况研究范式尚面临诸多挑战，但这一方向无疑是值得深入探索和推动的重要课题。它将为纳米材料表征乃至能源科学与工程技术的发展，提供前所未有的高度和系统性支持。

随着技术的发展，新型表征方法在以下几个方面实现了突破。①提升时间分辨率：许多现有的表征技术仍受限于时间分辨率，难以实时监测材料在动态变化过程中的表现。未来的表征技术将朝着更高的时间分辨率方向发展，以便科研人员能够捕捉材料在外部环境变化下的瞬态行为。②多功能集成表征：将不同表征方法有机结合，使得同一设备能够同时获取材料的形貌、化学成分、电子结构等多维度信息，成为未来发展的重要方向。这将显著提高实验效率，并减少由多次测试带来的误差。③环境兼容性表征：目前许多表征技术需要在真空或极端条件下进行，无法真实反映材料在实际应用中的状态。未来的新型表征技术将具备更高的环境兼容性，能够在接近实际工作条件下对材料进行表征，提供更为准确的应用相关数据。

本章介绍了多种不同技术在纳米材料表征中的应用。通过对纳米颗粒表征方法的全面总结，展示了每种技术的应用领域，强调了它们的优势与局限性，并解释了如何有效结合这些技术以实现互补。为了全面了解纳米材料的多种特性，通常需要综合运用多种技术，甚至在评估单一特性时，也可能需要不同技术的配合。同时，本章还展望了新型纳米表征范式的概念，并指出这些新兴方法在未来可能带来的影响。

思考题

1. 纳米材料的表征中，形态特征与结构缺陷的关系是什么？请结合不同表征方法（如 SEM 和 TEM）进行讨论。

2. 光学表征技术在纳米材料研究中的应用有哪些独特优势？请重点分析 UV-vis 和 PL 在纳米材料光学性能研究中的作用。

3. 在传统的纳米材料表征方法中，XPS 和 XAS 的主要区别是什么？它们在元素分析方面如何互补？

4. 非原位与原位表征方法各自的优势与局限性是什么？结合实际应用，如何选择适合的表征技术？

5. 随着人工智能技术的发展，基于 AI 的纳米材料表征方法可能带来哪些突破？讨论 AI 在数据处理与分析中的潜力，并探讨其对传统表征方法的影响。

3

参考文献

[1] Gubicza J. Defect structure and properties of nanomaterials [M]. Sawston, Cambridge: Woodhead Publishing, 2017.

[2] Wu C, Zhou X, Wei J. Localized surface plasmon resonance of silver nanotriangles synthesized by a versatile solution reaction [J]. Nanoscale research letters, 2015, 10: 1-6.

[3] Khan I, Saeed K, Khan I. Nanoparticles: properties, applications and toxicities [J]. Arabian Journal of Chemistry, 2019, 12(7): 908-931.

[4] Mourdikoudis S, Pallares R M, Thanh N T. Characterization techniques for nanoparticles: comparison and complementarity upon studying nanoparticle properties [J]. Nanoscale, 2018, 10(27): 12871-12934.

[5] Langevin D, Lozano O, Salvati A, et al. Inter-laboratory comparison of nanoparticle size measurements using dynamic light scattering and differential centrifugal sedimentation [J]. NanoImpact, 2018, 10: 97-107.

[6] Yang D T, Lu X, Fan Y, et al. Evaluation of nanoparticle tracking for characterization of fibrillar protein aggregates [J]. AIChE Journal, 2014, 60(4): 1236-1244.

[7] Afolalu S, Soetan S B, Ongbali S O, et al. Morphological characterization and physio-chemical properties of nanoparticle-review[J]. IOP Conference Series: Materials Science and Engineering, 2019,640:012065.

[8] Tian Y, Wu J. A comprehensive analysis of the BET area for nanoporous materials [J]. AIChE Journal, 2018, 64(1): 286-293.

[9] Loiseau A, Asila V, Boitel-Aullen G, et al. Silver-based plasmonic nanoparticles for and their use in

biosensing [J]. Biosensors, 2019, 9(2): 78.

[10] Haiss W, Thanh N T, Aveyard J, et al. Determination of size and concentration of gold nanoparticles from UV-vis spectra [J]. Anal Chem, 2007, 79(11): 4215-4221.

[11] Cannas M, Vaccaro L. Time-resolved photoluminescence [M]. Spectroscopy for Materials Characterization, 2021: 35-63.

[12] O' connor D. Time-correlated single photon counting [M]. New York: Academic press, 2012.

[13] Mansur A A, Mansur H S, Caires A J, et al. Composition-tunable optical properties of $Zn_xCd_{(1-x)}S$ quantum dot-carboxymethylcellulose conjugates: towards one-pot green synthesis of multifunctional nanoplatforms for biomedical and environmental applications [J]. Nanoscale Research Letters, 2017, 12: 1-18.

[14] Weigel S, Gehrke M, Recknagel C, et al. Identification and quantification of additives in bituminous binders based on FTIR spectroscopy and multivariate analysis methods [J]. Materials and Structures, 2021, 54(4): 171.

[15] Shipp D W, Sinjab F, Notingher I. Raman spectroscopy: techniques and applications in the life sciences [J]. Advances in Optics and Photonics, 2017, 9(2): 315-428.

[16] Hof M. Basics of optical spectroscopy [J]. Handbook of spectroscopy, 2003, 1: 39-47.

[17] Hofmann S. Auger-and X-ray photoelectron spectroscopy in materials science: a user-oriented guide [M]. Berlin, German: Springer Science & Business Media, 2012.

[18] Li T, Senesi A J, Lee B. Small angle X-ray scattering for nanoparticle research [J]. Chemical reviews, 2016, 116(18): 11128-11180.

[19] Wang W, Chen X, Cai Q, et al. In situ SAXS study on size changes of platinum nanoparticles with temperature [J]. The European Physical Journal B, 2008, 65(1): 57-64.

[20] Bugnet M, Overbury S H, Wu Z L, et al. Direct visualization and control of atomic mobility at {100} surfaces of ceria in the environmental transmission electron microscope [J]. Nano Letters, 2017, 17(12): 7652-7658.

[21] Guehrs E, Schneider M, Günther C M, et al. Quantification of silver nanoparticle uptake and distribution within individual human macrophages by FIB/SEM slice and view [J]. Journal of Nanobiotechnology, 2017, 15: 1-11.

[22] Reimer L. Transmission electron microscopy: physics of image formation and microanalysis [M]. Berlin, German : Springer, 2013.

[23] Thomas J M, Midgley P A, Ducati C, et al. Nanoscale electron tomography and atomic scale high-resolution electron microscopy of nanoparticles and nanoclusters: a short survey [J]. Progress in Natural Science: Materials International, 2013, 23(3): 222-234.

[24] Zizzari A, Bianco M, Carbone L, et al. Continuous-flow production of injectable liposomes via a microfluidic approach [J]. Materials (Basel), 2017, 10(12): 1411.

[25] Monteseguro V, Sans J A, Cuartero V, et al. Phase stability and electronic structure of iridium metal at the megabar range [J]. Sci Rep, 2019, 9(1): 8940.

[26] Passe-Coutrin N, Altenor S, Cossement D, et al. Comparison of parameters calculated from the BET and Freundlich isotherms obtained by nitrogen adsorption on activated carbons: a new method for calculating the specific surface area [J]. Microporous and Mesoporous Materials, 2008, 111(1): 517-522.

[27] Li Z, Yang H, Cheng W, et al. Recent progress of in situ/operando characterization techniques for

electrocatalytic energy conversion reaction [J]. Chinese Chemical Letters, 2024, 35(9):

[28] Ma Y, Gao W, Shan H, et al. Platinum-based nanowires as active catalysts toward oxygen reduction reaction: in situ observation of surface-diffusion-assisted, solid-state oriented attachment [J]. Adv Mater, 2017, 29(46):

[29] Yuan Y, Wang Q, Qiao Y, et al. In situ structural reconstruction to generate the active sites for CO_2 electroreduction on bismuth ultrathin nanosheets [J]. Advanced Energy Materials, 2022, 12(29):

[30] Chen P C, Chen C, Yang Y, et al. Chemical and structural evolution of AgCu catalysts in electrochemical CO_2 reduction [J]. J Am Chem Soc, 2023, 145(18): 10116-10125.

[31] Xu Y, Xu D, Yu N, et al. Machine learning enhanced optical microscopy for the rapid morphology characterization of silver nanoparticles [J]. ACS Appl Mater Interfaces, 2023, 15(14): 18244-18251.

3

第 4 章
半导体量子点基础

4.1 量子点概述

量子点是一种重要的低维度纳米材料，严格意义上的量子点是一类由少量原子组成的半导体纳米粒子，其粒径尺寸小于或者接近于体相半导体材料的激子玻尔半径。由于量子点的三个维度尺寸均在纳米量级，故其内部电子在各方向上的运动都受到限制，其对应的能带结构由连续能级变成分立能级，展现出许多不同于宏观体相材料的物理化学性质和光学特性，如量子限域效应等。

量子点技术的研究始于 20 世纪 80 年代初期，苏联凝聚态物理学家 Ekimov 最初关注传统彩色玻璃中无机化合物着色的问题，并确定玻璃介质中的半导体为纳米晶。他在氯化亚铜纳米晶中观察到了 Wannier 激子的“量子限域效应”，从而开始了半导体纳米晶尺寸控制合成的研究。尽管这一路线的量子点合成难度大且难以应用于不同领域，但 Ekimov 仍坚持在玻璃介质中进行了十多年的控制合成研究。最终，他在 1993 年报道了接近单分散的 CdSe 纳米晶尺寸相关的吸收光谱（动态激子吸收）。

与此同时，美国贝尔实验室的 Louis Brus 在 1982 年末研究 CdS 颗粒表面的有机光化学反应时，发现 CdS 的吸收光谱会随着时间而变化，进一步研究发现吸收峰的变化与 CdS 的尺寸有关，据此提出“量子限域效应”。随后，他将这些研究扩展到 ZnS、PbS、ZnSe、CdSe 和 AgX 等材料。1988 年，Bawendi 加入贝尔实验室，并发现通过提高反应温度和改进反应溶剂可以改善量子点的质量。1990 年 Bawendi 加入 MIT 实验室，并在 1993 年提出了“溶液相高温注入低温生长”的策略，该策略显著改善了量子点的尺寸分布和发光效率，至今仍被广泛应用。通过控制这一过程，可以调控纳米晶体的尺寸，其中最小的仅有几纳米。从此之后，各种类型半导体材料的纳米晶层出不穷。

2023 年度诺贝尔化学奖授予了美国麻省理工学院的 Moungi G. Bawendi、美国纳米晶体科技公司的 Alexei I. Ekimov 和美国哥伦比亚大学的 Louis E. Brus 三位学者，以表彰他们在“发现和合成量子点”方面的突出贡献。经过三十多年的发展，量子点合成化学的逐步完善使得量子点快速进入光电和生物领域。量子点在太阳能转换、发光和显示器件、光电探测、催化、分子和细胞标记以及超灵敏检测等领域的应用中有许多独特的优势。我国和美国、日本、韩国等国家已经把量子点背光源液晶显示终端推向市场，达到年销售数百亿的水平，真正走进了千家万户，初步展现了量子点的巨大应用价值。

4.2 量子点分类

量子点按几何形状，可分为球形量子点、四面体量子点、柱形量子点、立方体量子点、盘形量子点等类型；按不同组成成分，量子点又可分为化合物半导体量子点、元素半导体量子点以及新型量子点。

化合物半导体量子点通常由Ⅱ-Ⅵ族（CdS、CdSe、CdTe）、Ⅳ-Ⅵ族（PbS、PbSe）和Ⅲ-Ⅴ族（InP、InAs、GaAs）半导体制成，这类量子点通常又称为传统量子点。该类量子点具有典型的强吸收、尺寸依赖的光致发光、高量子产率和高稳定性等特征，在太阳能电池、光电子器件和荧光传感器等领域表现出巨大的应用潜力。目前关于量子点物理化学性质的研究都是以传统量子点为典型代表进行展开的，而其中发展时间长、比较成熟的典型代表是Ⅱ-Ⅵ族量子点，目前很多量子点产品使用的都是该类量子点。

三元Ⅰ-Ⅲ-Ⅵ半导体量子点是Ⅱ-Ⅵ二元纳米晶体的衍生物。这类化合物半导体量子点由Ⅰ族（Cu、Ag）、Ⅲ族（Al、Ga、In、Tl）和Ⅵ族（S、Se、Te）元素组成。相对于含Cd的二元Ⅱ-Ⅵ量子点，Ⅰ-Ⅲ-Ⅵ半导体的元素组成具有更低的毒性，对环境更加友好。目前研究的Ⅰ-Ⅲ-Ⅵ族的量子点包括 $CuInS_2$（CIS）、$CuGaS_2$（CGS）、$AgInS_2$（AIS）、$AgInSe_2$（AISe）和 $AgGaS_2$（AGS）等。对于该类多组分半导体，可以通过改变元素组成调节光学性质，使其具有覆盖可见到近红外区域的宽范围可调发射。在这些量子点中，CIS 的研究最为广泛，主要体现在光伏器件的应用领域中。

元素半导体量子点通常包含Ⅳ族碳基和硅基量子点等。碳基量子点包括碳量子点和石墨烯量子点两种类型。碳量子点是平均尺寸<10 nm 的准球形纳米颗粒，根据结构不同可以分为具有 sp^2 键合团簇的非晶碳和结晶碳。石墨烯量子点具有与碳量子点相似的尺寸，但在结构上它们包含单个和多个石墨烯层。由于独特的光电子特性、磁学和化学特性，碳基量子点已被广泛应用于光电子、催化剂、生物传感器、生物成像和生物医学。特别是其所具备的水溶性、易功能化、生物相容性及较强的化学惰性等特征，使其更容易实现在生物成像、生物传感器、生物分子/药物传递方面的应用。例如，阿霉素的空心碳量子点被用于乳腺癌治疗、细胞成像，并有助于增加 MCF-7 细胞对药物的摄取。

硅是地球上第八丰富的元素，被广泛用于多种商业领域，尤其是在微电子领域。由于量子限制，纳米尺寸的硅量子点显示出高效和可调的光学特性，使其成为潜在有用的纳米材料，用于发光二极管、激光器和基于量子点的太阳能电池。有研究表明，硅量子点（SQDs）具有快速的生物降解特性，生成无毒的硅酸，在生物成像应用中也具有显著的发展潜力。

新型量子点通常指目前广泛研究的钙钛矿类（perovskite）量子点（图 4.1）。钙钛矿材料由于具有优异的光学性能和电子性能以及低成本和溶液可加工性，近年来在光伏和发光器件领域的应用得到了快速发展。钙钛矿已有 180 多年历史，最初是指一种由无机物钛酸钙（$CaTiO_3$）组成的矿物。但在光电领域，“钙钛矿”并非指一种特定材料，而是指具有 ABX_3 结构的化合物家族，其中 A 和 B 分别为单价阳离子和二价阳离子，X 为单价卤素

(Cl、Br、I) 阴离子。

在卤化铅钙钛矿的三维晶体结构中，B 位阳离子与 6 个卤素离子配位形成角共享的八面体，A 位阳离子位于八面体的间隙。根据 A 位阳离子是有机分子甲基铵 ($CH_3NH_3^+$)、甲脒 (FA^+) 还是无机离子 (通常是 Cs^+)，将卤化物钙钛矿分为有机-无机 (杂化) 和全无机钙钛矿。改变卤素离子的组成成分可以调节钙钛矿的光学和电子性质。值得注意的是，钙钛矿材料的带隙与其组分有密切关系。由于不同组分存在离子半径的差异，会引起晶格膨胀或收缩，因此在钙钛矿材料中，除尺寸依赖的量子效应外，改变卤素比例同样可以调控光谱位置。随着金属卤化物钙钛矿的发展，近年来实现了胶体纳米晶的合成。在本章中，我们仅借用“量子点”概念来展开讨论。

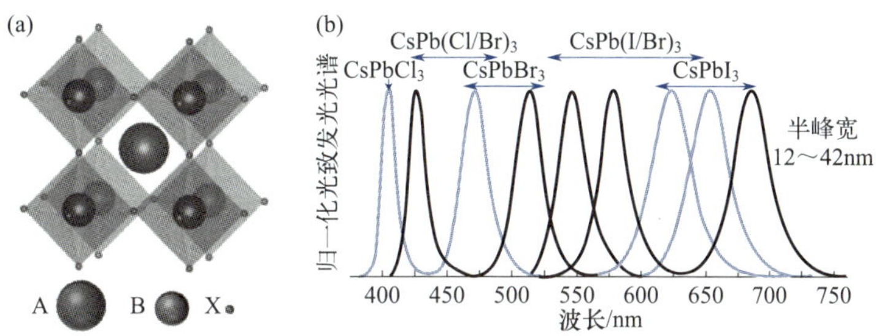

图 4.1 钙钛矿的晶体结构 (a) 和钙钛矿光学性质随卤素组分的变化 (b) [1]

4.3 量子点电子结构与光学性质

4.3.1 量子点的电子结构简介

与体相半导体材料相比，量子点最明显的特征是离散的电子能态结构取代了准连续的能带结构，其电子态可以通过以下方式简要推导。首先采用有效质量近似来描述电子在量子点内的运动，量子点内电子的波函数具有包络函数和布洛赫函数乘积的形式。其中包络函数项描述了电子在量子点限域势阱中的运动；布洛赫函数项描述了载流子在快速变化的晶格振动势场中的运动。理论上布洛赫函数项包括了体相半导体中的多个能带，但如果不同能带间的耦合作用较弱，它们中的每一个都会产生一系列独立的量子化能级，这也是所谓的单能带近似。考虑到电子只在量子点内运动，假设量子点是半径为 R 的圆球，其表面具有无限大的势垒，通过求解薛定谔方程可以得到电子能量的表达式

$$E_{n,L}=\frac{\hbar^2\phi_{n,L}^2}{2mR^2} \tag{4-1}$$

式中，$\hbar$为约化普朗克常数；$\phi_{n,L}$为 L 阶球面贝塞尔函数的 n 次方根；m为电子质量，在导带中要替换为电子有效质量m_e，kg；R 为半径，m。

由于求解的情况具有对称性，且特征函数具有类原子轨道，故可以用主量子数 n (n=1，2，3，…) 和轨道量子数 L (L=1，2，3，…) 的组合来标记量子点中不同的能级 (轨道量子数通常用字母来表示，如 S、P、D 分别对应于 1、2、3)。可以看出，能量$E_{n,L}$与 $1/R^2$ 成正比，量子态能级会随着量子点尺寸的减小而迅速增加，表现出较强的尺寸依赖特

性。除此以外，量子态能级还受到有效质量的影响。在Ⅱ-Ⅵ和Ⅲ-Ⅴ半导体中空穴的有效质量要比电子大得多，因此量子点中导带能级要比价带能级更加离散（图 4.2）。

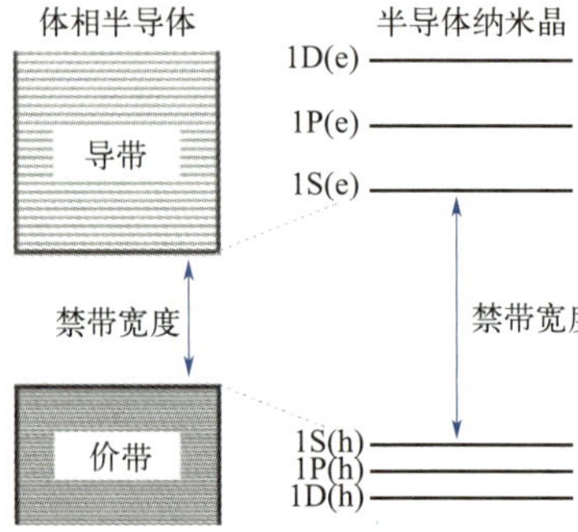

图 4.2 体相半导体准连续的能带和量子点中离散的能级

带隙是半导体材料一个非常重要的特征，具体指导带底能级与价带顶能级之间的能量差值。半导体材料发出光的颜色和吸收光谱开始位置都与这个间隙的宽度直接相关。在体相半导体材料中带隙的宽度由材料的种类所决定。然而，对于尺寸超小的准零维量子点而言，在空间上紧密耦合的电子和空穴会产生额外的贡献，使其带隙 E_g 具有如下的形式：

$$E_g = E_{g,0} + \frac{\hbar^2\pi^2}{2m_e R^2} + \frac{\hbar^2\pi^2}{2m_h R^2} = E_{g,0} + \frac{\hbar^2\pi^2}{2m_{eh} R^2} \tag{4-2}$$

式中，$E_{g,0}$为对应体相材料的带隙；m_e为电子有效质量；m_h为空穴有效质量；$m_{eh} = m_e m_h / (m_e + m_h)$。

可以看出量子点与体相材料带隙之间的差别主要由$\frac{\hbar^2\pi^2}{2m_{eh}R^2}$引起。这个能量差别有时候也被称为限域能$E_c$（$E_c = E_g - E_{g,0}$）。限域能随着量子点尺寸的减小而增大，在一些窄带隙材料体系中可以接近甚至超过体相带隙。

以上的讨论没有考虑到电子和空穴之间库仑作用的影响。在体相材料中，由于库仑作用的存在，电子空穴对被激发后会形成激子。但是在小尺寸的量子点中电子激发态的空间范围被量子点的尺寸所限制而非受到库仑作用的影响，在能量上的表现就是限域能通常远大于激子结合能。当定性地分析量子点的带隙时，库仑相互作用可以看作是电子能量的一个小修正，它可以在一阶微扰理论中计算。修正后的量子点带隙如下：

$$E_g = E_{g,0} + \frac{\hbar^2\pi^2}{2m_{eh}R^2} - \frac{1.765e^2}{\varepsilon_\infty R} \tag{4-3}$$

式中，e 为电子电量，C；ε_∞为介电常数。

4.3.2 量子点的光学性质

半导体量子点材料具有许多新颖的特性，其中最受人们关注的就是其独特的光学性能。这里，我们将新型半导体量子点与传统的无机荧光粉和有机染料进行对比，简要介绍其独特的光学性能。

（1）发射波长随尺寸灵活可调

无机荧光粉的发光特性，主要取决于所掺杂发光离子轨道上的电子跃迁过程。因此，其发光波长由掺杂发光离子和基质的种类所决定。有机染料的发光主要来自有机分子中发色基团内的电子跃迁，因此其发光波长也不能随意调整。而半导体量子点的发光机制与传统的体相半导体材料类似，都是导带内的电子回落到价带释放出光子，发光波长与其带隙宽度直接相关。由前一小节的介绍已经能够发现，量子点的带隙会随着其尺寸的变化而发生改变，因此通过改变量子点的大小就可以实现其发光波长连续可调。此外通过改变量子点的组分，也可以实现带隙的调整，这都是传统的发光材料所不可比拟的。

（2）发射光谱窄，色纯度高

相比于无机荧光粉和有机染料而言，量子点内部具有更多的化学键（10^5～10^6），并且其键长近似相同。当一个光子照射在量子点上时，其能量被吸收并均匀地分散在整个量子点内，并且不会对内部的键长产生显著影响。这就使得量子点具有更小的黄-里斯因子，呈现出更窄并且高度对称的发射光谱。量子点这种高色纯度的特性十分契合显示领域的需求。显示设备的色域主要由红、绿、蓝三原色的色纯度所决定，因此使用高色纯度的量子点材料，能够扩大显示色域，提高显示效果。

（3）宽吸收光谱，大斯托克斯位移

与体相半导体材料类似，当量子点受到光激发时，所有能量大于其带隙的光子都可以被吸收，因此具有宽的吸收光谱。此外其吸收光谱和发光光谱重叠很小，具有较大的斯托克斯位移。这一特性使得量子点在生物荧光标记领域具有独特的优势。传统的有机荧光染料的激发光波长范围较窄，不同荧光染料通常需要多种波长的激发光来激发，这给实际的研究工作带来了很多不便。由于量子点吸收光谱宽，使用同一激发光源就可实现对不同粒径的量子点进行同步检测，因而可用于多色标记。此外，量子点具有窄而对称的荧光发射峰，且无拖尾，因此多色量子点同时使用时不容易出现光谱交叠。

4.3.3　量子点的光谱表征技术

通过前面的介绍我们了解到半导体量子点的电子结构和带隙具有明显的尺寸依赖特性。在材料性能上就表现为其吸收和发射等光学特性会随着尺寸的变化而有所不同。基于这一点，目前发展了一系列的光谱手段来对量子点展开研究。利用光谱研究量子点有很多好处。首先，光谱学方法在 20 世纪得到了很好的发展，并广泛应用于现代实验室。其次，光谱工具是非侵入性的，可以轻松地探索宏观系统。最后，半导体纳米晶的尺寸相关光学性质可以很容易地与样品的尺寸、形状和分布均一性相关联，并且精度很高。目前应用较多的光谱有荧光光谱、激发光谱、稳态吸收光谱和瞬态吸收光谱等，这里对实验室中最常用的荧光光谱和稳态吸收光谱进行介绍。

发光强度按照波长或频率的分布称为荧光光谱（也可以称为发射光谱），其主要反映样品中电子从激发态到去激发态过程中释放光子的信息。当量子点受到外界光照时，若激发光的光子能量大于量子点的带隙，那么价带顶的电子就可以吸收光子的能量跃迁到导带，同时在价带上产生一个空穴。通常被激发的电子不会刚好落在导带底，而是会处于更高的导带能级上。经过快速的弛豫，电子回落到导带底能级，并最终与价带顶的空穴复合发出光子。测量量子点的荧光光谱，对于一些特定的应用十分重要。例如用于显示的量子点材料，我们需要得到具有特定发射波长的量子点以实现高效的显示效果。此外，通过荧光光谱对上述载流子去激发过程进行分析，也可以对量子点的带隙、表面缺陷态等进行研究。如在 $CuInS_2$ 量子点中通常观测到荧光光谱和吸收光谱之间存在着大的斯托克斯位移，呈现出所谓的亚带隙发光。这反映了在 $CuInS_2$ 量子点中，其光子并不是由带边复合产生的，带隙内的缺陷态作为复合中心参与到了发光过程中。

吸收光谱是描述样品的吸光度（或吸收系数）随波长或频率变化情况的光谱，其在量子点研究中扮演着关键角色。吸收光谱可以提供关于量子点的能级结构、光学性质和电子结构的重要信息，因此结合吸收光谱和量子点的尺寸依赖特性，研究人员可以确定溶液中量子点的尺寸以及浓度等重要参数，这对量子点材料的进一步应用具有重要意义（图 4.3）。通过上一小节的内容我们已经得知，量子点的带隙 E_g 随着量子点的半径 R 变化。因此可以先通过吸收光谱中第一激子吸收峰的位置得到带隙 E_g，再通过 E_g-R 之间的关系就可以确定量子点的尺寸。现有的一些报道也证明了这种简便有效的方法对于不同成分的量子点材料具有普适性[2-5]。

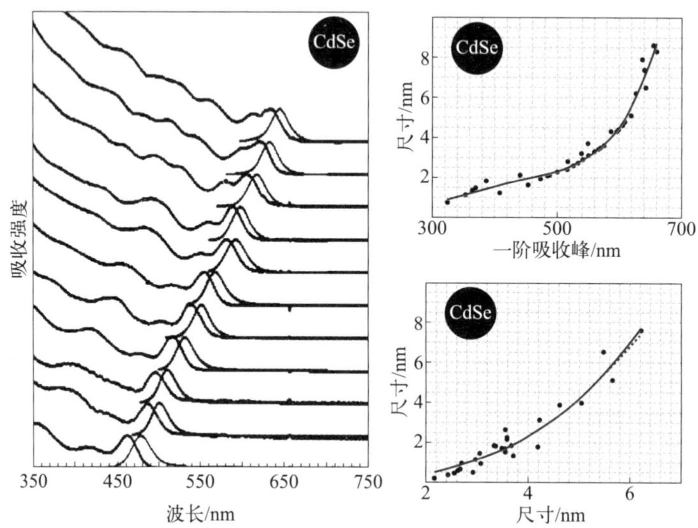

图 4.3　CdSe 量子点随尺寸变化的荧光光谱和吸收光谱[6]

通过吸收光谱可以推算出的另一个参数是量子点溶液的物质的量浓度。考虑到量子点表面的配体数量很难识别，并且在不同的条件下可能会有很大的变化，基于重量测量方法得到的质量浓度并不能准确反映量子点“核”的浓度。因此确定量子点的物质的量浓度对于量子点的精细合成以及后续应用具有重要的意义。量子点溶液浓度的计算主要是依据朗伯比尔定律，即$A=\varepsilon CL$。式中，A 为某波长下的吸光度；ε为在该波长下量子点的摩尔吸光系数；C 为量子点的物质的量浓度；L 为光程。通过吸收光谱测出吸光度后，就可以很容易地算出样品的浓度。

通过吸收光谱来快速确定量子点的尺寸和浓度，对于实现量子点精细合成十分重要，这一点在核壳量子点的合成方法里得到了充分的体现。目前制备核壳结构量子点的通用方法为连续离子层吸附反应法（successive ion layer adsorption and reaction，SILAR），该技术最初是为在固体衬底上沉积薄膜而开发的，是一种生长高质量化合物半导体核/壳纳米晶体的技术，Peng 等人在 2003 年将这一概念应用于溶液中核/壳纳米晶体的生长[7]。简单来说，主要是通过往量子点核的反应溶液中交替注入壳层的阴离子和阳离子前驱体，保持适当的反应温度以实现壳层的外延生长。根据量子点核的浓度，精确调整每一次注入的壳层前驱体的量，可以避免壳层自发成核，最终得到均匀单分散的核-壳量子点。下面以 CdSe/CdS 为例，具体介绍 SILAR 的过程。第一步为 CdSe 量子点核的制备，通过在 280 ℃的高温下将 Se-TBP 注入包含有 CdO、硬脂酸、十八胺（ODA）和三正辛基氧化膦（TOPO）的十八烯（ODE）溶液中实现爆发成核，紧接着将反应温度降到 250 ℃来维持缓慢生长。通过不断监测其吸收光谱中第一激子吸收峰的位置，可以判断 CdSe 纳米晶的具体尺寸。当第一激子吸收峰位置为 570 nm 时，对应的 CdSe 尺寸为 3.5 nm，此时将反应溶液降至室温，并将量子点核提纯、计算浓度以备后续使用。第二步是准备特定浓度的 Cd 和 S 的前驱体溶液。一般将一定量的 CdO 和油酸（OA）加入 ODE 中，在 250 ℃下溶解至澄清后降温到 60 ℃以备注射使用。将 S 加入 ODE 中，在 200 ℃下溶解澄清后降至室温以备使用。第三步是计算每次应注入 Cd 和 S 前驱体的量，并进行注射生长。为了实现均匀的外延生长，需要精确调控每次注入 Cd 和 S 前驱体的量，每层所需的 Cd 或 S 前驱体的数量是由给定尺寸的核-壳纳米晶体表面原子的数量决定的。由于 CdSe 和 CdS 本体晶体之间只有 5%～6% 的晶格不匹配，因此可以这样计算基于 CdSe 纳米晶体的纤锌矿结构：假设单层 CdS 的平均厚度为 0.35 nm，那么每增加一层 CdS，纳米晶体的直径将增加 0.7 nm。例如对于 1×10^{-5} mmol 直径为 3.7 nm 的 CdSe 核来说，生长第一层 CdS 需要 Cd 和 S 前驱体各 2.13×10^{-3} mmol，生长第二层需要 Cd 和 S 前驱体各 2.85×10^{-3} mmol。在每一层 CdS 生长的过程中，通过吸收光谱中第一激子吸收峰的变化来监测其尺寸的变化。当 CdS 生长到指定的尺寸时，将反应降至室温并提纯即可。

以上展示了量子点研究中最常用的两种光谱技术，并就其应用场景做了具体介绍。基于上述两种光谱技术和量子点的光谱学特性，还发展出了一系列衍生技术，例如 TRPL、瞬态吸收光谱等，可以对量子点内更复杂的载流子动力学过程进行分析，在这里就不做具体介绍。

4.3.4 量子点激子动力学简介

发光材料的光学性质取决于激子（即由库仑相互作用束缚的一对电子和空穴）。为了提高量子点的光学性能，研究其激子动力学是至关重要的。激子动力学由它们与周围环境的相互作用决定，包括与内部缺陷、表面缺陷和其他激子的相互作用。根据单个量子点中激子的数量，可以将激发态划分为单激子态和多激子态。这里对两种状态下的激子动力学进行简单介绍。

如图 4.4 所示，当一个价带上的电子被大于带隙能量的光子激发后，电子会吸收光子能量跃迁到导带，同时在价带上产生一个空穴（过程①）。动能过大的电子和空穴分别称为热电子和热空穴。在库仑引力的作用下，热电子和热空穴形成热激子，由于和声子（即晶格振动过程）之间的相互作用而发生带内弛豫。一般在数十至数百飞秒（fs）内，热电子弛豫到导带底部，热空穴弛豫到价带顶部（过程②）。因此，热激子通过带边弛豫过程衰减

4

成为亚稳态的带边激子，通常在几十纳秒（ns）后，带边激子通过发射具有量子点带隙能量的光子进行辐射去激发（过程③）。带边激子也可以通过非辐射过程去激发，该过程通常会产生热量（过程④）。一般来说，量子点的内部或者表面会存在较多的缺陷，这些缺陷会在量子点能级中引入缺陷态。电子或空穴存在一定的概率会被这些缺陷态所捕获，这一过程通常发生在几到几十皮秒（ps）的时间尺度上（过程⑤）。随后，这些被捕获的载流子可以通过获得足够的能量来摆脱缺陷态的束缚重新形成激子（过程⑥），也可以进一步被捕获（从较浅的缺陷态到较深的缺陷态）。载流子的捕获通常比带边激子的辐射复合要快。因此，高密度的缺陷态会导致带边发光强度降低。

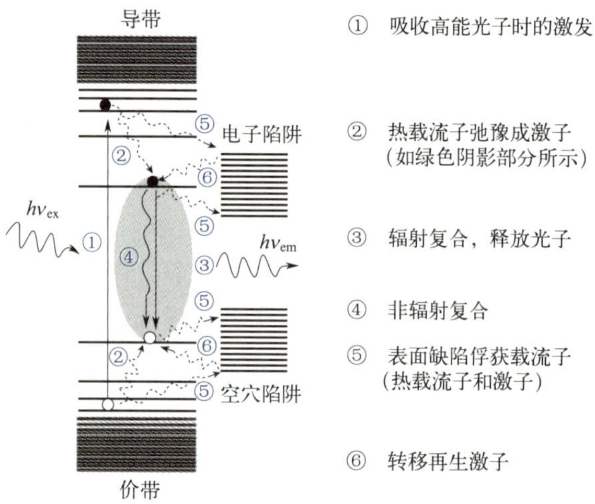

图 4.4 单个量子点中的载流子动力学[8]

上述情况适用于弱激发条件，即每个被激发的量子点平均产生一个激子。在强激发条件下，单个量子点吸收两个或两个以上大于带隙能量的光子后，会产生多个激子，多个激子同样能够以辐射或非辐射的方式去激发。由于涉及了多个激子，那么就必须要考虑俄歇复合过程（即一个激子复合后，释放出的能量并没有转化为光子，而是激发其他的激子到高能态）。考虑库仑相互作用，量子点中的俄歇复合要比体相中活跃得多。也就是说，导致非辐射复合的俄歇效应在量子点的多载流子弛豫中起着至关重要的作用。然而，对用于单分子成像和光电子器件的量子点来说，多激子态是不可避免的。多激子动力学在这些应用中扮演着比单激子动力学更重要的角色。因此，研究量子点的多激子动力学至关重要。

4.4 量子点的合成技术与化学机理

量子点的合成技术在量子点研究发展中起着决定性的作用，只有获得稳定可靠的量子点材料才能做好进一步的量子点性能研究和产业应用。这里我们简要地介绍和总结了两种最经典的合成方法：有机相高温热注入合成技术与水相合成技术。还进一步介绍了量子点合成的化学反应机理。

4.4.1 有机相高温热注入合成技术

有机相高温热注入合成技术是一种经典的量子点合成方法，也是目前被广泛采用的合成策略之一（图 4.5）。该方法主要通过金属前驱体在配体和特定的溶剂中分解成单体而成核，成核后通过配体的吸附作用进一步阻止其长大，并使其稳定在溶剂中。利用这种方法可合成尺寸分布均匀、荧光效率高和稳定性良好的量子点。该方法经过不断地改进和发展，至今仍然保持着其在材料科学和纳米技术中的重要地位。

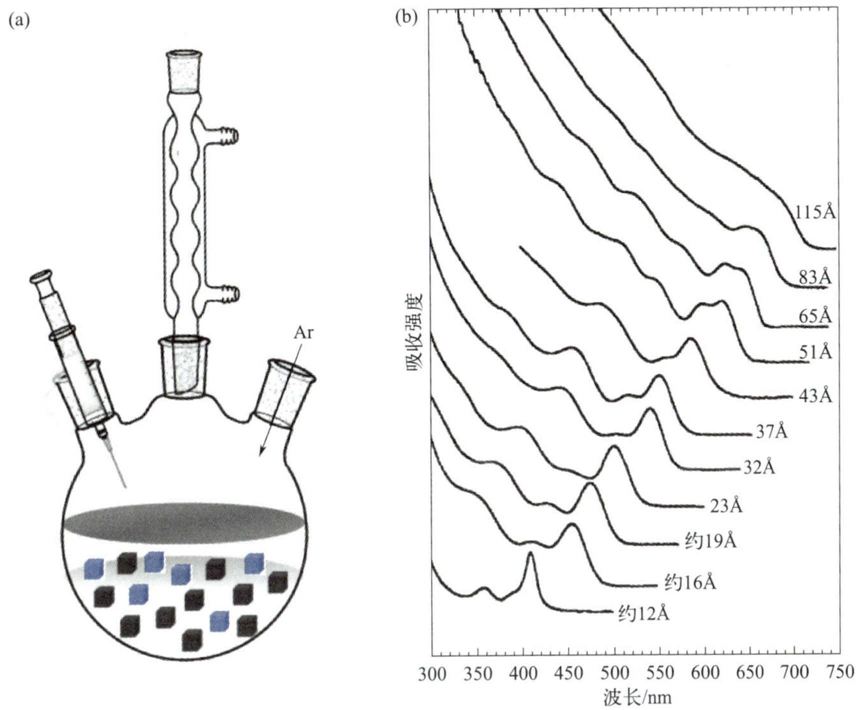

图 4.5 经典热注入合成量子点示意图（a）和热注入法合成尺寸为 1.2～11.5 nm 的 CdSe 量子点的吸收光谱（b）[2]

1993 年 Bawendi 等人[2] 首次提出了热注入合成技术，用于制备具有良好荧光性能的 CdSe 量子点。在一个典型的合成中，$Cd(CH_3)_2$、Se-TOP 作为反应前驱体，三辛基氧化膦（TOPO）作为配位溶剂，将前驱体的混合溶液快速注入剧烈搅拌的 350 ℃的 TOPO 中，由于 $Cd(CH_3)_2$ 的反应活性较高，在很短的时间内形成大量的 CdSe 晶核。前驱体混合溶液的注入使其快速产生橙色溶液，在 440～460 nm 处观察到了 CdSe 量子点的尖锐吸收特性和强带边发射。此外，可以通过控制反应温度和反应时间调控 CdSe 量子点的大小，进一步调控其光学特性（图 4.6）。由于 CdSe 纳米颗粒不溶于甲醇，反应完成后可以加入过量甲醇，通过离心分离得到 CdSe 纳米颗粒。采用类似的合成策略，通过引入 S 和 Te 前驱体溶液，可制备出高质量的 CdS 和 CdTe 量子点。这一合成方法奠定了现今广泛采用的“有机金属热注入法”的基本思想，随后基于这一合成方法进行了不断的优化。

由于 $Cd(CH_3)_2$ 成本高、毒性大且具有爆炸性，其制备过程必须严格地在无水无氧的条件下进行，而且将有机镉注入高温的 TOPO 中时，会产生金属沉淀。这些问题限制了热注入合成量子点技术的应用和发展。因此，研究者开始寻找其他 Cd 化合物来代替有机镉。2001 年，Peng 等人用廉价且毒性更小的 CdO（氧化镉）代替 $Cd(CH_3)_2$ 作为 Cd 前驱体，选择 HPA（己基膦酸）和 TDPA（十四烷基膦酸）作为强配体，在纯度为 90% 的 TOPO 中一步合成出了高质量的 CdS、CdSe、CdTe 量子点以及量子棒[9]。这些量子点具有尖锐的吸收峰，表明它们接近单分散，且不需要尺寸分离。由于不采用有机镉作为原料，故反应不需要在严格的无水、无氧条件下进行，而且反应温度较低（250～300 ℃），反应温和且成核速率慢（几十秒）。这种一锅合成方案使量子点合成朝着绿色化学方法合成高质量半导体纳米晶迈出了关键的一步。

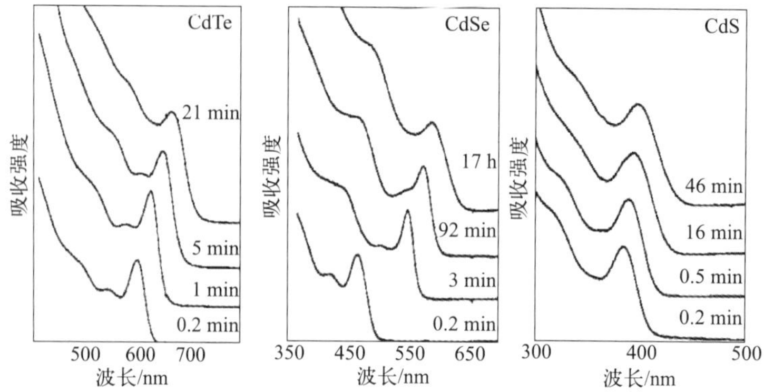

图 4.6 紫外可见吸收光谱研究 CdTe、CdSe 和 CdS 纳米晶尺寸和尺寸分布的时间演化[9]

随后，研究者为开发“绿色”热注入法进一步做出了很多努力。TOPO 具有较高的沸点和较好的稳定性，并且能通过配位作用阻止晶粒发生聚集，因此在过去的十几年中一直被用作量子点制备体系的溶剂，而 TOP 也常在制备体系中用来溶解 S、Se、Te。但是这些有机磷化合物的价格昂贵，且在高温下不稳定，使量子点的制备被局限在很小的规模内。因此，有机磷化合物逐渐被其他价格低廉、“绿色”的试剂所代替，如脂肪酸和胺。研究者们用油酸作为配体，非配位溶剂十八烯（ODE）代替 TOPO 作为高温反应溶剂，制备出高质量的Ⅱ-Ⅵ族量子点，并且在优化合成参数后，最终的量子点质量保持一致。另外，邓等人选择石蜡液和油酸代替 TOP/TOPO 作为反应介质，极大地简化了 CdSe 量子点的绿色合成反应，量子产率可达 60%，且在 12～55 ℃之间具有良好的热稳定性[10]。

除了 CdSe、CdTe 和 CdS 外，绿色化学合成方法已成功应用于其他Ⅱ-Ⅵ量子点如 ZnSe 和 ZnS，以及Ⅲ-Ⅴ族量子点如 InP 和 InAs 的合成中。不同于通常含有重金属 Cd、Pb 和 Hg 离子的Ⅱ-Ⅵ族量子点，Ⅲ-Ⅴ族量子点一般使用 In 或 Ga 作为阳离子。其中，最典型的代表是 InP 和 InAs 量子点，其具有良好的光学性能，在生物学领域有着重要的应用价值。然而，与Ⅱ-Ⅵ族量子点相比，Ⅲ-Ⅴ族量子点合成更为困难，因为它们的前驱体具有更强的共价键，通常需要更高的反应温度和更长的反应时间，这很容易导致“奥斯特瓦尔德熟化”（Ostwald ripening）现象，进而产生更宽的尺寸分布。

Kovalenko 等人将油酸铯前驱液注入含有 PbX_2（X=Cl、Br、I）的前驱体溶液中，首先在 ODE 溶剂中合成了所有全无机 $CsPbX_3$（X=Cl、Br、I）钙钛矿纳米晶体[3]。Wang 等人制备了形状可控、稳定的无铅单晶钙钛矿衍生物 Cs_2SnI_6 量子点[11]，为合成新型钙钛矿量子点的形状控制开辟了新的道路。

到目前为止，热注射合成技术的不断改进旨在提高量子点的荧光效率和稳定性，同时也朝着低成本、绿色合成的方向发展。这一进展主要涉及工艺条件、前驱体选择、溶剂优化、配体设计以及反应温度等多个方面的调控。

4.4.2 水相合成技术

在油相中合成的量子点表面含有亲油的有机配体，通常无法在水体系中分散，这就限制了其在生物领域的应用。如果采用配体置换的方法将量子点表面的亲油配体置换为亲水的配体，会大大降低量子点的发光量子产率。因此，在水相中直接合成高量子产率的量子点一直是本领域的研究热点之一。

在量子点研究的早期阶段，也就是 20 世纪 80 年代，多通过共沉淀等传统胶体化学的方法来制备半导体量子点。1982 年德国化学家 Henglein 通过将 $Cd(ClO_4)_2$ 溶液滴入氧化硅胶体和 Na_2S 的共混溶液中，首次制备出了稳定的 CdS 量子点溶液，并可以观测到 620～660 nm 的发光峰。值得注意的是，通过这种方法得到的吸附在氧化硅胶体颗粒表面的量子点，其本身分散并不均匀。他们还发现向量子点溶液中引入的外源离子，会与量子点表面的电子空穴对相互作用，进而使荧光猝灭。此外，通过在 $Cd(ClO_4)_2$ 溶液中混入 $Cu(ClO_4)_2$ 和 $AgClO_4$，还可以实现 CdS 量子点的掺杂，进而大幅提升荧光强度。这一工作奠定了半导体量子点水相合成的基础，并且在 90 年代成为主流的合成方法。

早期水相合成的研究，多针对 CdS 量子点展开，并对其光学和物理特性展开研究。然而水相合成的条件较为温和，所制备的量子点晶格中的原子排列不完美，而在高沸点有机溶剂中合成更容易得到结晶质量高的量子点。1993 年 Rajh T 等首次报道了在水溶液中制备硫代甘油包覆 CdTe 量子点，之后人们用巯基小分子作保护剂制备水溶性量子点的技术水平逐步完善，所得量子点的光学稳定性有了很大提高 [12]。该方法通常的步骤如下：首先将金属盐（Zn^{2+}、Cd^{2+} 或 Hg^{2+}）与巯基小分子（如巯基乙醇、巯基乙酸等）络合作为阳离子前驱体，再与阴离子前驱体 S^{2-}、Se^{2-} 或 Te^{2-} 加热回流使得量子点成核并生长，通过调整回流时间控制量子点（QDs）的尺寸。巯基水相合成有很多优点，以水为介质、以普通盐为反应前驱体、实验操作过程简单、无需进一步的表面修饰即可应用于生物研究、QDs 表面的多官能团配体也有利于进一步的复合与组装等。但该方法也有明显缺点，如荧光量子产率一般较低（只有 10%～20%）、荧光半峰宽较宽、制备红色荧光量子点的回流时间很长（一般可达几十小时甚至几天）等。

1998 年，高明远等人 [13] 在 Henglein 早期工作的基础上，利用巯基乙酸（TGA）作为稳定剂，NaHTe 作为碲源，利用水相法制备出了荧光性能很好的水溶性 CdTe 量子点。反应过程中利用 TGA 分子中的巯基与 CdTe 表面的 Cd^{2+} 共价配位，在量子点表面形成 CdS 钝化层，与之前的研究相比，CdTe 量子点的荧光量子产率提高 5 倍，而且提高了 CdTe 量子点在水溶液中的稳定性。这种对量子点进行表面修饰的方法很大程度提高了量子产率，是量子点发展的一项非常重大的突破。此外，他们还发现 CdTe 量子点的荧光量子产率极易受到溶液 pH 值的影响，通过降低母液的 pH，制备的 CdTe 量子点的荧光强度可以大大增强，在 pH 为 4.5 时荧光效率最高达到 18%。

4

Rogach 等 [14] 利用一系列巯基试剂 (如巯基乙醇、硫代甘油、TGA、2-巯基乙胺等) 作稳定剂，H_2Te 作为碲源，利用水相法制备出了荧光量子效率较高的水溶性 CdTe 量子点，反应装置如图 4.7 所示。这种方法制备 CdTe 量子点的产量较高，一次可以合成出几克产品。实验发现，不同巯基分子制备出的 CdTe 量子点具有不同的表面结构，量子产率也有很大区别。利用尺寸选择沉淀对 TGA 包覆的 CdTe 量子点进行后处理，可使其量子产率提高到 40% 以上。将 CdTe 量子点析出烘干后可以保存两年以上仍然不变质，且可以重新分散于水中。这种方法同样适用于水相法制备稳定的 CdSe[15] 和 CdS[16] 量子点。

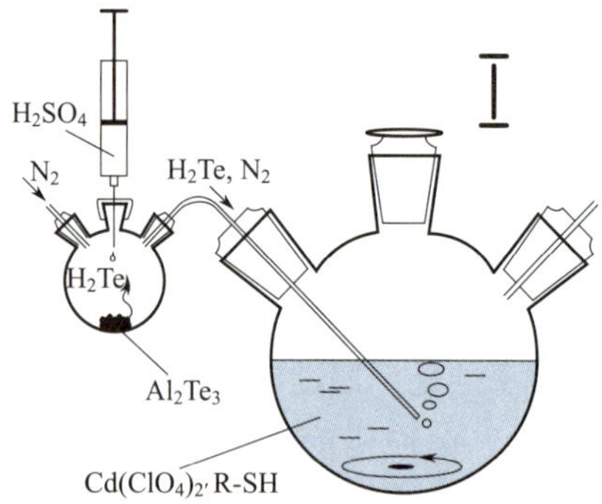

图 4.7　水溶液中制备 CdTe 量子点的实验装置示意图 [14]

但是由于 H_2Te 气体的制备需要无水无氧的条件，上述反应需要在氮气保护下分步进行。2010 年，武素丽等人 [17] 在上述工作基础上开发了一锅法，即一种在水相中制备高发光量子产率的 CdTe@CdS 量子点的方法。在水溶液中不需要氮气保护的条件下，利用常规配体巯基乙酸作稳定剂，使用 $NaBH_4$ 还原稳定的碲源 K_2TeO_3，制备出量子产率高达 83% 的 CdTe 量子点，远高于传统的水溶液回流法制备的量子点的量子产率。通过紫外吸收光谱以及荧光发射光谱表征发现，通过反应回流的时间可以控制 CdTe 纳米晶体的生长尺寸。XRD 谱图表明，在 CdTe 量子点的生长过程中会形成 CdS 壳，CdS 壳对 CdTe 量子点的包覆可以有效地钝化 CdTe 量子点的表面，减少表面缺陷并提高量子产率，也增加了 CdTe 量子点的稳定性。这正是该方法制备的 CdTe 量子点量子产率高的原因。该方法操作简便，在反应过程中不需要氮气保护、缓冲溶液、特殊配体以及任何后处理（微波或者超声）。

上述利用水溶性巯基试剂作稳定剂直接在水相合成 QDs 的方法，操作简单，所用材料价格低、毒性小，可直接用于标记生物分子 , 对 QDs 粒子表面性质影响小，为 QDs 的广泛应用提供了很好的制备基础。

4.4.3　量子点合成的化学机理

4.4.3.1　量子点的成核与生长

量子点合成所涉及的化学机理主要是纳米晶粒的成核与生长机理。在高温下，前驱体分解及反应，在溶液中形成过饱和的单体，触发快速的成核过程，然后单体浓度迅速降低，当低于成核的极限浓度时，不再形成新的核心，而是在已有核心上生长。高温溶液中晶粒的生长过程会发生奥斯特瓦尔德熟化现象，即尺寸较小的晶粒由于较高表面能的物质易溶解在高温溶剂中，溶解后的单体重新生长在尺寸较大的晶粒表面，导致晶粒平均尺寸增大，溶液中晶粒浓度逐渐减少，系统趋于稳定。

图 4.8 为 CdSe 量子点的典型成核方案示意图，旨在展示金属硫族化物的形成过程。其中，M 代表金属，R 代表官能化配体，E 代表硫族化物，R′ 代表磷上的官能团。(ME) 表示 ME 的溶剂化形式，$(ME)_n$ 表示成核阶段，$(ME)_m$ 表示量子点生长阶段。当两种前驱体在高温下结合时，会形成金属硫化物单体 $(ME)_i$。这些单体会聚集形成 $(ME)_n$，然后进一步从更多的单体中生长以产生最终的胶体量子点 $(ME)_m$。量子点的尺寸分布很大程度上取决于成核过程中产生的核的均匀性。虽然这为胶体量子点的形成奠定了基础，但对核的最初形成和随后的生长过程的机理解释已被证明是一项非常具有挑战性的工作。

$$
\begin{aligned}
MR_2+R'_3P{=}E &\longrightarrow (ME)_i \\
(ME)_i &\longrightarrow (ME)_n \\
(ME)_i+(ME)_n &\rightleftharpoons (ME)_m
\end{aligned}
$$

图 4.8 量子点形成

量子点的生长通常采用基于热力学原理的 Lamer 模型来解释。金属和硫族化物前驱体反应形成单体，这些单体聚集成较大的核，然后通过单体加成使核生长成量子点。通过尺寸聚焦可以实现对尺寸分布的控制，这一过程中，加成的生长速率与量子点的半径 R 成反比，即速率为 $1/R$。因此小颗粒比大颗粒生长得更快，随着单体的消耗，它们无法继续加成到较大的量子点上，因此导致平均量子点直径由于“奥斯特瓦尔德熟化”而增加。较小的量子点溶解，较大的量子点生长，导致在临界单体浓度以下，量子点的尺寸分布随之增大。

另一种模型讨论了扩散-生长方法，其中详细模拟了单个纳米颗粒的生长或溶解，解释了通过生长溶液的质量传递动力学控制量子点生长。利用蒙特卡罗（Monte Carlo）法模拟观察了整体尺寸分布和奥斯特瓦尔德熟化的“聚焦”和“散焦”现象。量子点晶体生长方面的最新进展主要集中在简单的速率方程模型上，该模型用于描述不同初始浓度化学前驱体的尺寸和尺寸分布的演变[18-20]。与早期的理论模型预测相反，尺寸聚焦并非由与量子点半径成反比的反应速率（扩散限制速率）所主导，而是在速率与可用的反应性量子点表面积（反应控制速率）成比例的状态下可以观察到。实验光谱与模型预测的结果之间有良好的一致性。

4.4.3.2 前驱体的反应活性

合成高质量Ⅱ-Ⅵ和Ⅳ-Ⅵ量子点的前驱体通常使用叔膦硫族化物和金属盐。其中，最常用的叔膦是三辛基膦，其所形成的量子点前驱体表示为 TOP=E（或 TOPE）（E=S、Se、Te），通常在室温条件下，在惰性气体氛围中将硫族元素溶解在纯膦中，也可以使用其他的叔膦，如三丁基膦和芳基膦等。为了避免二甲基镉的毒性以及易燃性问题，使用金属羧酸盐前驱体，这些前驱体由羧酸和氧化镉或醋酸镉制备，代替了金属-烷基试剂。另外，高反应活性的二甲基镉替换为低反应活性的金属前驱体，降低了成核和生长速率，进一步实现了对最终量子点尺寸、组成和形貌的控制，前驱体的反应性已被证明对量子点的合成过程起着至关重要的作用。

配体的键合强度和空间效应对单体的反应性有显著影响，被认为是单体活性系数的贡献者。单体在非配位溶剂中的反应性可以通过改变配体浓度和链长进行微调，进而使平衡成核和生长成为可能，这是合成近单分散量子点过程中控制尺寸和尺寸分布的关键。彭笑刚等人研究了使用膦酸（如十八烷基膦酸 ODPA 或十四烷基膦酸 TDPA）与脂肪羧酸［如硬脂酸（SA）或油酸］的镉前体反应性对量子点合成的影响[21]。与脂肪酸相比，当使用膦酸时，镉前体的反应性更低，因此在成核阶段消耗少量单体并形成少量的核，导致较大尺寸的量子点数量减少，而脂肪酸前驱体反应更快，产生更高浓度的核和更多直径更小的量子点，如图 4.9 所示。相反，Krauss 等人研究了“成熟剂”油酸和“成核剂”双-（2,2,4-三甲基戊基）次膦酸（TMPPA）对非配位溶剂 ODE 中 CdSe 纳米晶成核速率和生长的影响，发现反应性更强的 TMPPA 促进快速成核并减小纳米晶直径，而油酸抑制成核并导致“早期成熟”急剧增加，反应最初几分钟内颗粒数量迅速减少。通过用 TMPPA 控制成核数量以及用油酸调节“早期成熟”速率，获得了尺寸为 3～7 nm 的纳米晶，而在没有油酸的情况下，有利于合成直径为 2 nm 的纳米晶。

4.4.3.3　配体的作用机制

对量子点形成与表面封端配体相关的动力学的研究也为量子点成核和生长过程提供了帮助。在成核阶段，配体对成核的数量和前驱体的裂解过程产生影响；在长大阶段，配体结合在量子点的表面，阻碍其生长，并与单体形成络合物，从而影响量子点的生长速率。

配体的数量越多，在成核阶段形成的核数量越少，溶液中剩余的单体数量越多，最终可以获得较大尺寸的量子点。使用 Cd（oleate)$_2$ 和 TOP-Se 在 ODE 中合成 CdSe 量子点时，发现 OA 浓度的增加与形成的量子点数量呈线性关系，如图 4.10 所示，随着 OA 浓度的增加，量子点的数量减少[23]。浓度越高的量子点溶液，其颗粒直径越小，因此反应中的总 Cd 或 Se 近似守恒。对这一趋势的解释是，随着 OA 的增加，Cd 和 OA 络合物的形成阻止了核的形成，使核的数量减少。因此，在高浓度下，油酸基团通过抑制单体形成来控制成核，并促进生长。相反，在较低浓度下，油酸基团主要作为较小量子点的封端配体，而不是作为生长促进剂。在通过改变十八烷基磷酸酯（ODPA）与 Cd 的摩尔比来监测前驱体转化率与最终量子点数的实验中，也得到了类似的结果[24]。ODPA 浓度的降低导致形成了更多的量子点，且由于成核速率的增加，量子点形成的速率更快。在合成铅-硫系量子点时，也观察到配体浓度对量子点尺寸和浓度的类似影响[25]。

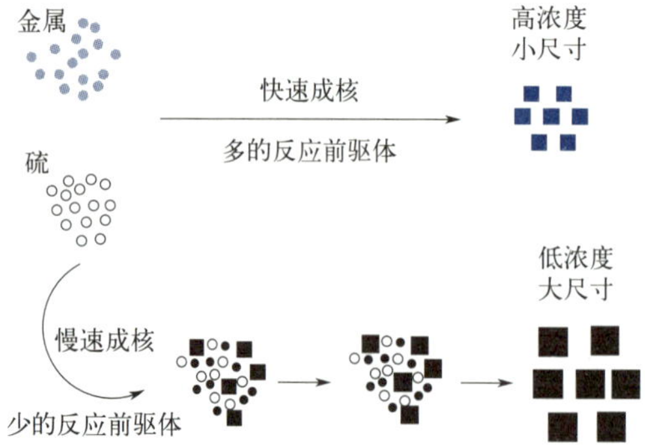

图 4.9　胶体成核和生长过程示意图[22]

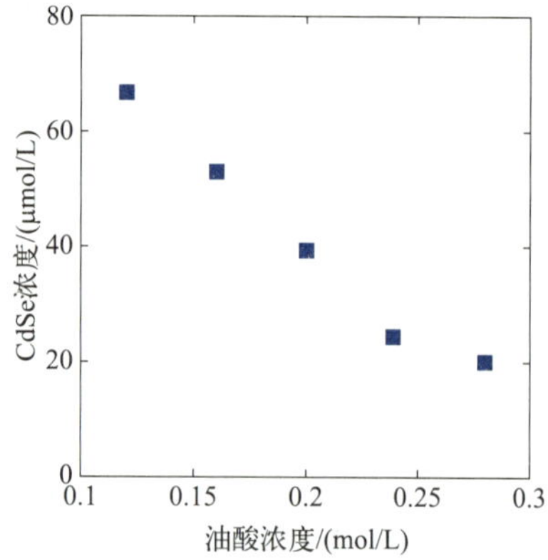

图 4.10　CdSe 量子点的浓度与添加的油酸浓度的关系[23]

此外，配体会对前驱体的裂解产生影响。Liu 等人结合核磁共振（^{1}H、^{13}C 和 ^{31}P）谱和质谱（MS），研究了有机溶剂 TOPO 和 ODE 中Ⅱ - Ⅵ族半导体纳米晶体的合成，跟踪了分子前驱体和产物的消失和出现[26]。他们发现表面活性剂分子是将前驱体分子转化为Ⅱ - Ⅵ半导体材料的反应物。特别是，三烷基膦的硫族化合物使烷基膦酸酯或烷基羧酸盐表面活性剂脱氧，释放硫族原子。其中烷基膦酸和烷基羧酸等亲核试剂攻击路易斯酸活化（TOP═E）-M（E=S，Se，Te；M=Zn，Cd）络合物，破坏了 TOP═E 双键，并形成了最初的 M—E 单键（图 4.11）。

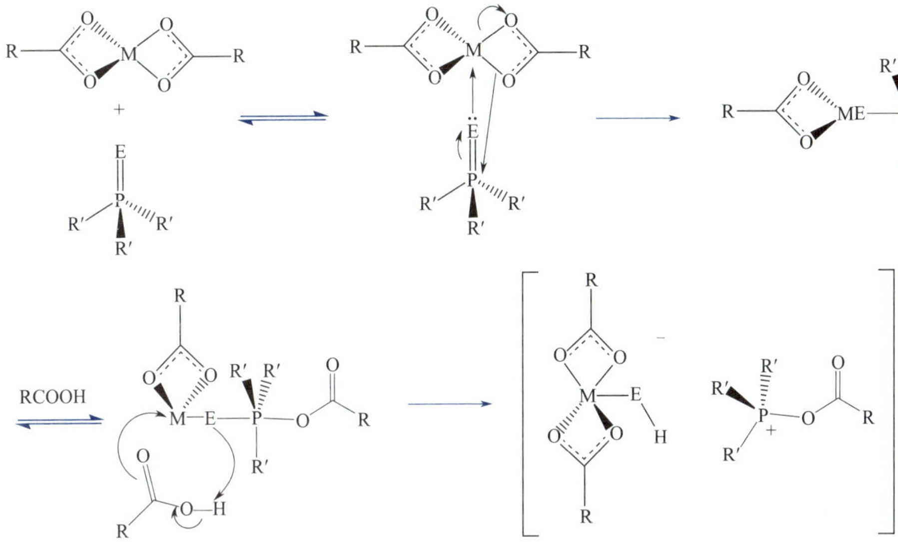

图 4.11　M—E 键的形成以及亲核攻击使 P═E 双键断裂过程[26]

配体的种类、结构和组分决定着单体的活性，从而影响量子点晶粒的生长。单体与配体之间的强配位键、长烷链的配体以及溶液中高浓度的配体均会使单体的活性降低。因此，获得高质量的量子点关键在于选择配位能力合适的配体，精确控制反应温度及调节配体和前驱体的比例，以优化配体在量子点成核和生长过程中的作用，从而实现对量子点形成的有效控制。

4.5　不同类型量子点的表面结构调控

量子点是一类物理尺寸在纳米尺度下的功能材料，除了具有前面提到的尺寸依赖性质（波函数、电子结构、光学性质等），还具有高比表面积和表面原子占比。与宏观半导体材料相比，纳米材料具备更加显著的表面效应。对于只含有少量表面原子的块体材料，外部的化学键断裂对材料性质的贡献不大。但由于比表面积和粒径尺寸成反比关系，随着材料尺寸逐渐减小，材料的表面原子呈指数倍增加，也就是需要打断更多的化学键来让量子点越来越多的原子暴露在表面。然而，粒径越小的纳米颗粒表面能越高，容易吸附杂质或与其他物质的原子结合以维持表面原子的稳定（图 4.12）。同时，量子点表面原子的不稳定性还会造成离子空位或悬挂键（表面终止原子的未饱和键）的形成。因此，纳米尺度的界面及性质，如纳米材料表面的缺陷、化学配位以及电子结构等对量子点的物理和化学性质起着主导作用。

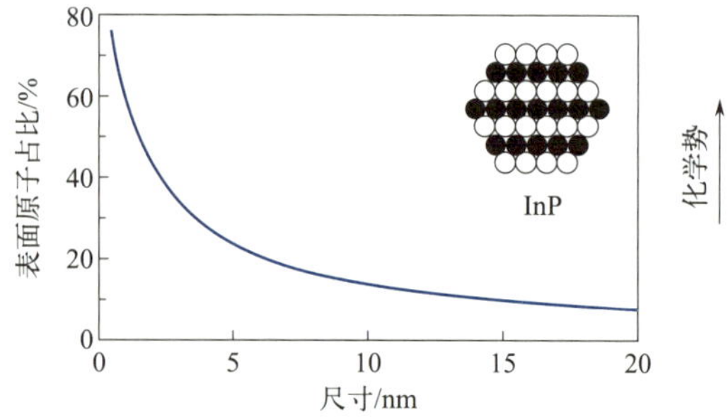

图 4.12 InP 量子点的表面原子占比和化学势计算 [6]

在 4.4 节详述的量子点制备方法中，与量子点表面结合的分子被称为“表面配体”，是纳米材料合成、加工和应用的重要组成部分。有机配体一般作为“封端层”附着在量子点的表面，使悬挂键饱和，阻止纳米颗粒的聚集，同时将其与溶液环境隔离，从而在合成过程中控制纳米材料的成核-生长动力学过程，这些经表面配体包覆的量子点能够以胶体的形式在溶液中稳定分散。表面配体还决定胶体量子点的光电性质，通过改变有机分子的化学结构加强其与表面原子的键合强度，“钝化”量子点表面缺陷在半导体带隙内形成的电子态，可以有效消除激子的非辐射路径，提高量子产率。另外，设计具有不同官能团的封端分子对量子点表面进行改性，使这些与表面化学性质相关的多功能胶体量子点在催化、生物医学（成像、诊断和治疗）以及固态光电器件（显示、晶体管和光伏）领域都展现出巨大的潜力和市场前景。

除了用配体钝化表面悬键以外，通过在量子点表面外延生长一层均匀的壳材料来形成核 / 壳结构，是另一种调控量子点表面结构的有效手段。通过合理选用具有不同电学特性的壳层材料，能够对量子点内电子和空穴的波函数离域范围进行调控，进而改变发光波长、载流子寿命以及电学特性。但是实现外延生长的条件较为苛刻，对核与壳层材料都有较高要求。既要保证核与壳材料之间的晶格失配较小，还要确保核在较高的生长温度下能保持稳定不分解。目前在Ⅱ - Ⅵ族和Ⅲ - Ⅴ族等结构较为稳定的化合物量子点中，多通过高温生长核 / 壳结构来对表面结构进行调控；而在新型的钙钛矿量子点中，由于其本身不稳定的离子结构特性，构筑核 / 壳结构十分具有挑战性，所以大多通过选用合适的表面配体对表面结构进行调控。下面的小节中将会对这两种方法进行简单介绍。

4.5.1 传统量子点的表面结构调控

通常，用有机配体封端的量子点对环境变化和表面化学非常敏感，容易形成与表面相关的陷阱态，这些陷阱态作为光生载流子的非辐射复合中心，严重削弱了材料的荧光量子产率和稳定性。核 / 壳结构的构筑是一种对量子点表面进行钝化的有效策略，这种形态可以通过在胶体量子点表面外延生长一层均匀的壳材料来获取，这样可以有效减少表面悬挂键的数量，并将核心的纳米晶与周围介质隔离开，显著提升胶体量子点的光、热和化学稳定性。图 4.13 展示了常见半导体材料的带隙和电子能级的相对位置，核和壳材料的选择允许电子和空穴波函数的限制，从而改变量子点异质结的光学和电子性质。在选择外壳材料时，除了保证核 / 壳材料具有合适的能带排列，还需要考虑它们的晶格失配程度，如果核与壳材料的晶格参数差异大于几个百分点，则需要加入中间层缓解核/壳界面处引起应变，防止界面结构处缺陷的积累。另外，随着壳层厚度增加，量子点的表面钝化效果越好，其化学稳定性越容易得到改善。但厚的壳层会阻碍空穴的转移，空穴逐渐积累使量子点的表面发生氧化，最终造成量子点的光降解稳定性下降。根据核/壳半导体材料的价带和导带边缘的相对排列，传统量子点的核/壳可以分为Ⅰ型结构、Ⅱ型结构和准Ⅱ型结构等类型。

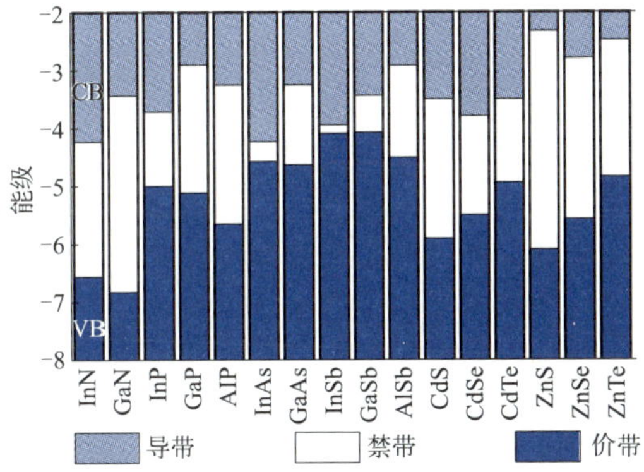

图 4.13　Ⅲ-Ⅴ和Ⅱ-Ⅵ半导体材料的带隙和电子能级的相对位置[27]

（1）Ⅰ型结构

如图 4.14（a）所示的Ⅰ型结构中，窄系半导体被一个具有宽带隙的半导体壳层覆盖，核心材料的价带和导带边缘都位于壳层的带隙中，这种类型的带位置被定义为"嵌套"排列，电子和空穴波函数都被强烈地局域在核心，如 CdSe/ZnS、InAs/ZnSe 和 InP/ZnS 等。外壳作为物理屏障将光学活性的核心从周围的化学环境中分离，抑制了载流子与表面陷阱的相互作用，并降低光学性质对量子点表面局部环境变化的敏感性，这种用高带隙材料封装的量子点有效改善了材料的发光性能和环境稳定性。然而，由于激子在核心纳米晶体的局域化，Ⅰ型量子点的荧光发射主要由核心区的能带结构决定，这样表现出的小斯托克（Stokes）位移会限制它们在大面积太阳能聚光器领域的应用。而反向Ⅰ型结构与Ⅰ型结构完全相反，在核心量子点上生长出带隙相对更窄的壳层，属于"倒置"排列。常见的反Ⅰ型核/壳量子点是 CdS/HgS、CdS/CdSe 和 ZnSe/CdSe。核与壳材料之间的能带偏移会造成电子和空穴均在壳层中发生部分离域，这种反Ⅰ型异质结构的发射波长可以通过改变壳层厚度进行调整，如发射位置随壳层厚度增加而逐渐发生红移。

（2）Ⅱ型结构

在图 4.15 展示的Ⅱ型结构中，壳体材料只有价带边缘或导带边缘位于核心纳米晶体的带隙中，形成一种交错的能带排列，使该结构中的电子和空穴波函数被分离，造成光生载流子在空间上的分布，其中电子被限制在具有更低导带材料的核内或壳层内，而空穴则被限制在具有更高价带材料的核内或壳层内。这种Ⅱ型结构有利于减缓辐射复合速率，可促进光生载流子的分离，所以Ⅱ型纳米颗粒在光伏和激光领域被认为是一种有前途的候选材料。常见的Ⅱ型异质结如：CdTe/CdSe（或 CdSe/CdTe）、CdSe/ZnTe（或 ZnTe/CdSe）、CdS/ZnSe（或 ZnSe/CdS）和 ZnTe/ZnSe。Ⅱ型核/壳量子点的发光性质取决于它们的有效带隙，对应核与壳材料的能带偏移（如 CdS/ZnS 量子点中核的导带和壳的价带或 ZnTe/CdSe 量子点中壳的导带与核的价带之间的能隙）。尽管Ⅱ型纳米颗粒的初始吸收由带隙更窄的材料决定，但发射来自低能量的空间间接跃迁（对应图 4.15 中的虚线），导致荧光光谱中存在大的 Stokes 位移。而且，电子和空穴波函数之间重叠度的减小可以削弱电子-空穴间的库仑相互作用，使该跃迁具有较低的振荡强度，延长单个或多个激子态的寿命。然而，载流子（特别是电子）容易逸出到Ⅱ型量子点的表面，继而被周围的化学环境捕获，导致该结构量子点的发光性能和稳定性的下降。载流子在量子点壳层中的离域程度可以通过改变组成材料、控制壳层厚度和核心量子点尺寸来进行优化。

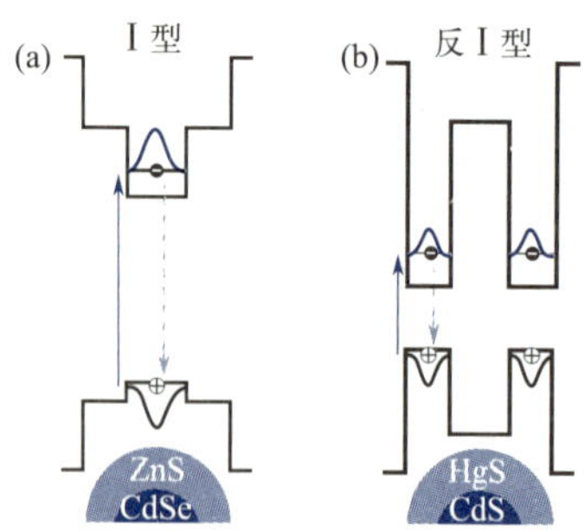

图 4.14 Ⅰ型 CdSe/ZnS 量子点（a）和反Ⅰ型 CdS/HgS 量子点（b）的能级排列以及电子和空穴波函数的示意图

实线和虚线分别代表吸收和发射过程[28]

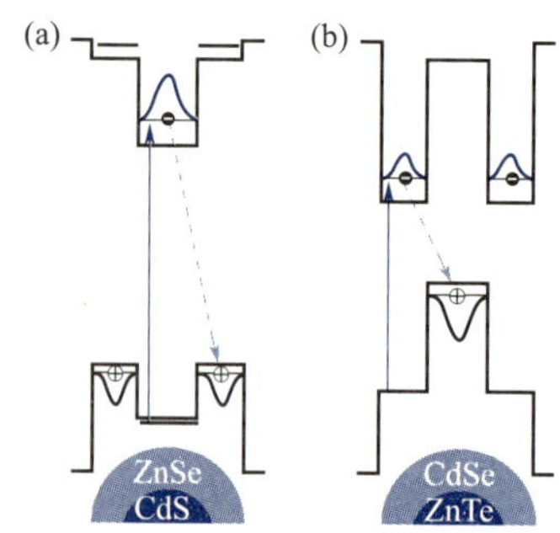

图 4.15 Ⅱ型 CdS/ZnSe 量子点（a）和 ZnTe/CdSe（b）量子点的能级排列以及电子和空穴波函数的示意图

实线和虚线分别代表吸收和发射过程[28]

（3）准Ⅱ型结构

不同于载流子共限域的Ⅰ型或载流子完全分离的Ⅱ型结构，准Ⅱ型核 / 壳纳米结构中具有能量相似的价带或导带，并且能带能量的偏移足够小，可以使电子或空穴在整个核 / 壳结构上发生离域，而另一种载流子被单独限制在核内，如图 4.16 所示。与Ⅱ型量子点相比，准Ⅱ型量子点中的电子和空穴仍然被局限在壳层内部，不会逸出到量子点的表面，所以量子产率相对更高。常见的准Ⅰ型异质结有 CdSe/CdS 和 PbSe/CdSe。其中，CdSe/CdS 核壳纳

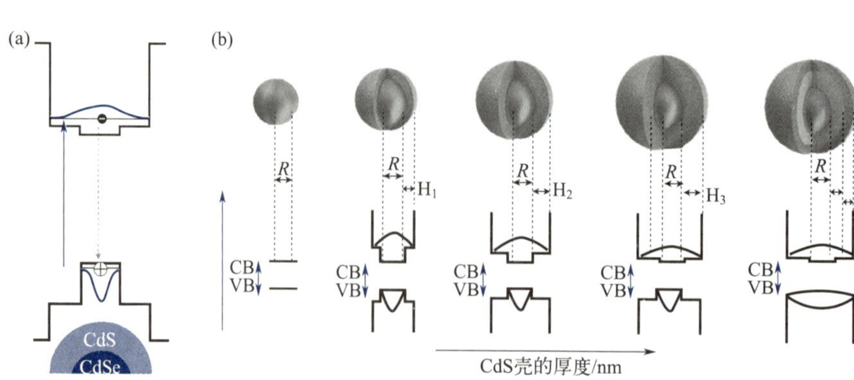

图 4.16 准Ⅱ型 CdSe/CdS 量子点的能级排列以及电子和空穴波函数的示意图（a）；不同壳层厚度时 CdSe/CdS 量子点的能级排列以及电子和空穴波函数的示意图（b）[31]

（a）中实线和虚线分别代表吸收和发射过程[28]

米颗粒可以表现出Ⅰ型和准Ⅱ型的行为，这取决于 CdS 壳层的厚度。一般，核尺寸和壳层厚度决定异质结的电子能带结构，通过量子限域的变化设计核 / 壳量子点的有效带隙和载流子的局域化分布。图 4.16（b）表明 CdSe/CdS 量子点随 CdS 壳层厚度增加从Ⅰ型转变为准Ⅱ型，加速电子的转移。在基于厚壳 CdSe/CdS 量子点敏化 TiO_2 光阳极的光伏系统中，厚壳结构赋予太阳能电池器件更高的光稳定性。在连续照射 2 小时后，器件初始电流密度仍然能保持在 57.5% 左右。然而，在厚壳 CdSe/CdS 量子点中观察到了比 CdSe 量子点慢了 4～5 倍的空穴转移速率，厚壳层中积累的空穴造成量子点的表面氧化并增加表面电荷复合中心，进而降低量子点在光照下的稳定性 [29-33]。

4.5.2　钙钛矿量子点的表面结构调控

钙钛矿材料具有非常优异的光电性质，如吸收系数高、载流子寿命长、载流子迁移率高、缺陷浓度低、缺陷能级浅、荧光量子产率高、激子束缚能低等，非常适合用于活性层材料，是理想的光电器件如太阳能电池、发光二极管、光电探测器等的制备材料。2014 年首次合成了有机阳离子体系（有机无机混合钙钛矿 NCs），并将其应用于发光二极管（LED）中 [34]。然而，其中的有机成分致使稳定性问题突出。2015 年，以 Cs^+ 和 Pb^{2+} 分别作为 A 位和 B 位阳离子，采用热注射法合成了全无机金属卤化物钙钛矿量子点，稳定性得到了明显提升 [3,35]。相对于其他半导体材料而言，钙钛矿特殊的能带结构使缺陷态一般位于价带和导带内部，因而其具有良好的缺陷容忍性，表现出高的发光量子产率。

尽管具有诸多良好性质，但较差的结构稳定性严重制约了钙钛矿量子点在光电转换器件中的发展。不同于早期研究的钙钛矿氧化物，金属卤化物钙钛矿量子点由于其强离子性、高表面能和亚稳态结构导致它们对环境比较敏感。外界环境，如水分、氧气、高温和紫外线都能引起钙钛矿量子点的相转变、团聚甚至降解。因此，为了提高钙钛矿光电器件的运行稳定性，通常选择合适的配体与表面原子进行强配位作用。根据量子点与配体头部基团的键合方式，中性配体对共价键贡献的电子数量（分别为 2、1、0）以及电子供体和受体基团等，将配体分为 L 型、X 型和 Z 型（图 4.17）。

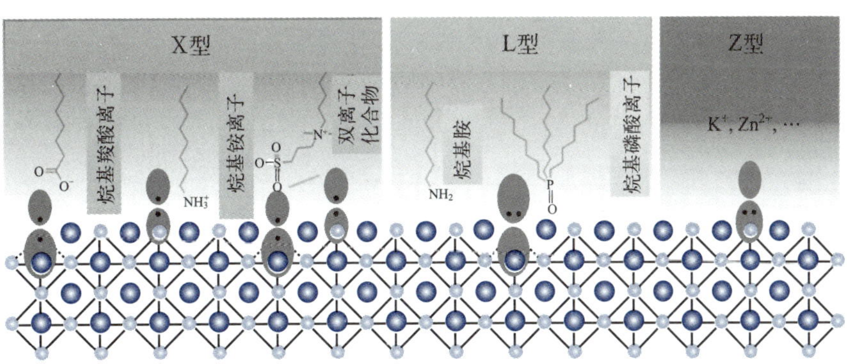

图 4.17　不同类型的配体与表面原子的成键方式 [37]

L 型配体作为自由电子对的中性供体，具有可以与半导体量子点表面金属离子配位的孤对电子，典型的 L 型配体包含烷基磷酸盐（PR_3）、烷基磷酸盐氧化物（POR_3）和烷基胺（NH_2R）等。在纳米晶的表面化学中，X 型配体是具有奇数价壳电子的中性物质，需要与量子点表面的一个电子共同形成双电子共价键，也就是以离子对形式与表面原子结合。常见的 X 型配体是可以与中性表面位点结合的中性自由基或与纳米晶表面带电位点结合的具有相反电荷的单价离子，如羧酸盐（$RCOO^-$）、硫代酸盐（RS^-）和无机 Cl^- 等，富电子的 L 型和 X 型配体结合在具有路易斯酸性（贫电子的）的表面位点，如纳米晶表面未配位的金属离子。而 Z 型配体是自由电子对受体，通常是金属配合物，与纳米晶表面暴露的富电子路易斯碱性位点相互作用。另外，Hens 等人发现羧酸盐和质子（H^+）都能结合在纳米晶的表面，所以阳离子 X 型配体（H^+）和阴离子 X 型配体（$RCOO^-$）的组合被统称为 X_2 型配体 [36]。在过去的几年中，人们对 $CsPbX_3$ 量子点的表面配体进行了系统的研究，旨在钝化表面陷阱，减少缺陷，调整光物理性质，提高器件性能。到目前为止，选择合适的配体来制造具有高稳定性、良好的光物理性质和光电子效率的 $CsPbX_3$ 纳米晶仍然是一个关键的挑战。

在量子点合成过程中原位加入不同的配体，是最简单且高效的表面配体修饰策略。例如在经典的热注入合成 $CsPbBr_3$ 量子点过程中，油酸（OA）和油胺（OLA）作为表面配体被引入合成过程，最后得到的量子点表面被 OA 和 OLA 包覆。但是研究表明，OA、OLA 与钙钛矿表面的结合并不稳定，是处于一种不断游离和吸附的动态过程，这对钙钛矿量子点的稳定性有极大影响。通过将 OA 或 OLA 替换成结合能力更强的酸（如磷酸、磺酸）或胺（如季铵），可以显著提高量子点的光学稳定性和结构稳定性（图 4.18）。此外，具有多个官能团的表面配体通过螯合作用与量子点表面多个位点进行结合。与常规配体相比，这种多点结合配体吸附能力更强，与量子点表面结合更加牢固。例如，在 $CsPbBr_3$ 量子点合成过程中加入 8-溴辛酸，8-溴辛酸与油胺反应形成双官能团配体，即二烷基胺和羧酸基团，二者共同与量子点表面结合，显著提高了钙钛矿量子点的光学稳定性 [38]。

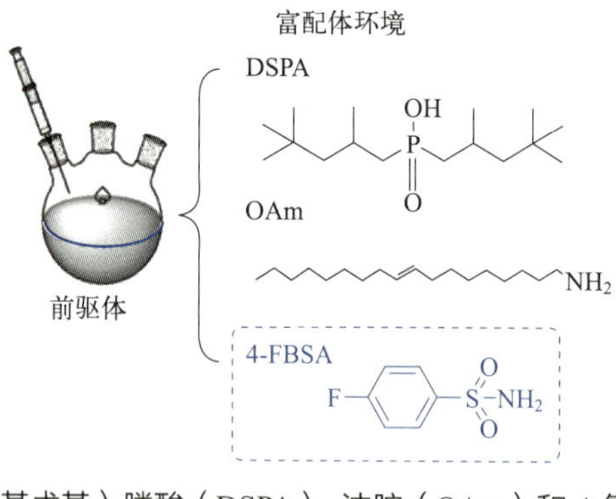

图 4.18 以双（2,4,4-三甲基戊基）膦酸（DSPA）、油胺（OAm）和 4-氟苯磺酰胺（4-FBSA）为表面配体原位合成 $CsPb(Br/I)_3$ 量子点 [37]

4.5.3 Ⅳ族量子点的表面结构调控

对表面结构调控的作用不仅仅在于改善其结构稳定性和提升光学性能，还在于对光学特性有着决定性的影响。这在硅量子点的研究中体现得尤为明显。一般而言，硅量子点是间接禁带半导体，它的辐射复合寿命一般在微秒级，而非辐射复合寿命在纳秒级。当采用不同种类的有机配体对硅量子点进行表面改性之后，有机配体可以在硅量子点的内部引入能级，使得其光致发光的寿命会从微秒级下降到纳秒级，显著提高其发光效率并改变发光波长。例如当硅量子点表面分别连上乙缩醛、二苯胺、三辛基氧磷、部分氧基和十二烷基后，由于表面配体引入了缺陷能级以及配体辅助的载流子迁移，使得发光峰位蓝移，进而硅量子点的发光范围可以覆盖整个可见光区域。

4.6　量子点应用

4.6.1　量子点电致发光器件

电致发光器件主要指电致发光二极管（light emitting diodes，LED），它是一种通过外加电场在半导体材料中注入电子和空穴，并最终复合发光将电能转化成光能的器件。图 4.19（a）为 LED 最典型的器件结构，从上到下依次为阴极、空穴传输层（HTL）、半导体发光层、电子传输层（ETL）和透明阳极。当在器件两端施加正向偏压后，空穴由阳极克服势垒注入空穴传输层的最高占据分子轨道，再进一步注入量子点的价带顶能级。在另一端，电子由阴极注入电子传输层的最低未占分子轨道，之后又从电子传输层注入量子点的导带底能级。空穴和电子在量子点中相遇形成激子后复合发光。

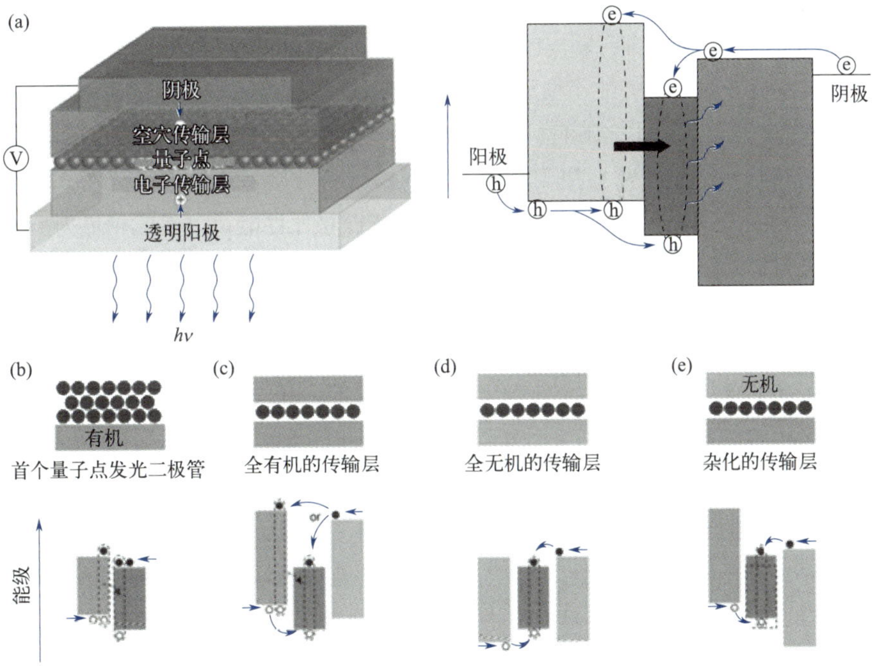

图 4.19　电致发光二极管器件

（a）电致发光二极管的典型器件结构和外加偏压下的工作机理[39]；（b）～（e）器件结构演化进程

电致发光器件由于其低能耗、自发光特性，有望在显示领域取代液晶显示技术。量子点作为电致 LED 的发光层材料，在很多方面都具有独特的优势。①量子点材料有很宽的光谱调节范围：通过控制其成分与粒径大小，可以实现发光波长从红外到可见光甚至紫外光连续可调。②高色纯度：量子点材料可以产生非常纯净的颜色，具有窄带发光特性，可以实现更饱和的颜色表现，提升显示效果。③发光效率高：相较于传统发光材料，量子点材料的发光效率较高，有助于节能减排，并且在相同亮度下消耗更少的能量。④长寿命：量子点材料具有较长的使用寿命，不易受到光致衰减影响，同时具有较好的稳定性和耐用性。⑤易于集成：量子点材料可以在溶液中稳定分散形成“墨水”，可以通过溶液加工方式集成到现有的 LED 器件中，使得量子点 LED 的生产成本相对较低。综合以上优势，量子点材料在电致 LED 领域具有很大的潜力，有望在未来的显示技术领域得到广泛的应用。

1994 年，Alivisatos 等人首次报道了基于 CdSe 量子点的电致 LED。由于器件结构较为简单［图 4.19（b）］，除了两个电极之外，仅包含一层导电聚合物聚对苯乙炔（PPV）和量子点层，器件的外量子效率（EQE）仅为 0.22%。并且在较高的偏压下聚合物 PPV 的发光峰占据了主导[40]。为了将发光过程与电荷传导分离开来，Bulović 等人于 2002 年报道了一种改良的器件结构［图 4.19（c）］，在这种结构中，有机物 3TPD[*N*,*N*-二 (3-甲基苯基)-*N*,*N*-二苯基-4,4′-联苯二胺] 和 8-羟基喹啉铝（Alq_3）分别被用作 HTL 和 ETL，单层的 CdSe 量子点被夹在两个传输层之间。由于传输层的引入，载流子能够有效地注入量子点层中复合发光，因此在电致发光谱中量子点的发光占据主导，器件的亮度和效率也有较为明显的提升[7]。此外，为了增强量子点发光层中载流子的注入和器件的稳定性，无机传输层材料逐渐引起了人们的注意。首个具有全无机传输层的量子点 LED 器件由 Klimov 等人报道［图 4.19（d）］，受到传统 LED 器件的启发，P 掺杂和 N 掺杂的 GaN 被用作空穴和电子传输层。得益于无机传输层良好的传输特性和稳定性，器件可以在相当高的电流密度下工作（最高电流密度可达 4000 mA/cm^2，相比之下有机传输层器件的最高电流密度不超过 1000 mA/cm^2）[41]。但是由于无机传输层的制备需要用到化学气相沉积或者是原子束外延等技术，不可避免地会对下层量子点的光学性能造成损伤，进而影响 LED 器件性能。目前应用最为广泛的器件结构是有机材料作为空穴传输层，无机 ZnO 纳米颗粒作为电子传输层的有机-无机杂化结构［图 4.19（e）］。这种结构在 2011 年由 Holloway 等人率先提出。值得注意的是，无机电子传输层是由预先合成好的 ZnO 纳米颗粒溶液通过旋涂制备而成，避免了传统沉积方法给下层量子点带来的损伤。通过全溶液加工法得到的量子点 LED 展现出了良好的性能，红绿蓝三色的器件效率分别达到了 1.7%、1.8% 和 0.22%。目前基于这种有机-无机杂化器件结构，红绿蓝三色的器件效率都已经超过了 20%。

除了器件结构的不断优化外，性能的提升还离不开对量子点材料光学和电学性能的调控。前一节提到由于量子点大的比表面积，其表面特性对于量子点本身的性能有重要影响，所以表面或界面缺陷是量子点非辐射复合的主要原因之一，量子点会通过缺陷态捕获电子或空穴而带电。为了提高量子点的荧光量子产率（PLQY），需要对表面缺陷进行钝化。例如，通常使用有机配体分子作为表面配体来减少量子点的表面悬键，但由于空间位阻的影响，钝化通常不够充分。另外，可以通过设计核壳结构来消除核的表面悬键。最后，还可以通过增加包覆壳层的厚度，形成“巨壳”量子点，以改变电子波函数在空间上的分布范围，进而抑制俄歇复合（图 4.20）。然而，核壳材料的晶格参数不同，在外延生长时容易导致核壳界面处存在结构缺陷，晶格应变导致 PLQY 降低。有研究者提出在核壳之间插入渐变成分夹层后，晶格应变可以得到缓解，形成无缺陷且均匀的壳层[43-45]。

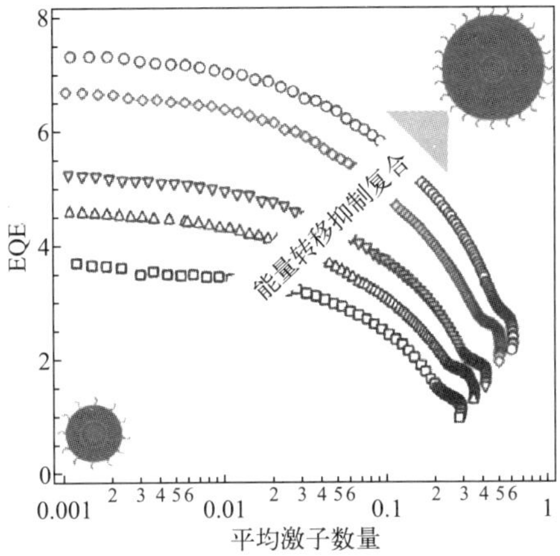

图 4.20　通过“巨壳”量子点抑制能量转移、复合，提升器件性能[42]

在过去 30 多年时间里，如何提升器件的效率是量子点 LED 领域的研究热点。通过量子点光电性能调控和器件结构优化，量子点 LED 的效率已经达到理论极限。基于最终商业化的目的，目前关于量子点 LED 的研究热点还集中在以下几个方向。

① 衰减机理及稳定性研究。尽管 QLED 的效率已经达到甚至超过了理论极限，但其较差的稳定性仍是实现商业化的主要障碍。稳定性不仅指设备的运行稳定性，还包括货架稳定性和效率滚降问题。用无机传输层代替有机层可以显著提高工作寿命，但要获得高寿命和高效率的器件，还需要进行大量的研究。红色量子点 LED 已经实现了优异的工作寿命，因此在连续工作期间发现蓝色和红色器件之间的差异可以加深对蓝色器件退化机制的理解。另外，在高电流密度下，多激子俄歇复合是导致效率滚降的重要原因，因此还需要对多激子状态进行进一步深入研究。

② 量子点的图案化。量子点 LED 因具有溶液加工特性，有望取代有机 LED 技术并且降低高分辨显示设备的制造成本。通过量子点层的图像化实现高分辨率像素阵列发光仍然是一个挑战。一种理想的量子点图形技术应具有以下特点：高分辨率、高均匀性、对量子点损伤低、低成本等。目前，提出了几种图案技术，包括喷墨印刷、转移印刷、直接光刻等。

③ 高效无毒量子点的制备。虽然量子点 LED 在色彩纯度等光学性能方面有着明显优势，但与它们进一步应用相关的一个关键问题是镉系量子点材料的毒性。Cd 属于受到政府法规严格限制的 A 类重金属元素，如欧盟规定在电子电器产品中其含量应小于 100×10^{-6}。目前市售的量子点 LCD 设备中 Cd 元素的含量约为 80×10^{-6}，但是出于对环保的追求，研究人员一直在探索无镉量子点，以期望从源头上避免重金属元素的使用。InP 量子点和金属卤化物钙钛矿量子点的光谱可以覆盖整个可见光区域并且拥有优良的光学特性，因此是研究最为广泛的两种无 Cd 量子点材料。除了开发无镉量子点材料外，还可以在器件层面优化量子点 LED 采用的封装策略，以防止在操作或处置过程中有任何潜在的镉泄漏。通过实施稳健可靠的封装技术，大大降低镉释放的风险。此外还应当建立有效的回收方法，以促进镉系量子点的回收和再利用，最大限度地减少处置不当对健康造成的潜在危害。

4.6.2 量子点光伏器件

太阳能电池是另一种被广泛研究的光电器件，其可以将太阳能转换成电能，因此在能源领域引起了人们广泛的研究。如图 4.21 所示，太阳能电池一般由透明阳极、空穴传输层、吸光层、电子传输层、金属阴极依次堆叠构成。其基本工作原理如下：当太阳光透过基板照射到吸光层时，吸光层中会产生非平衡载流子，即价带的电子被太阳光激发跃迁至导带。非平衡载流子扩散至吸光层和传输层的界面，在界面处被提取至传输层中，进一步被电极所收集。

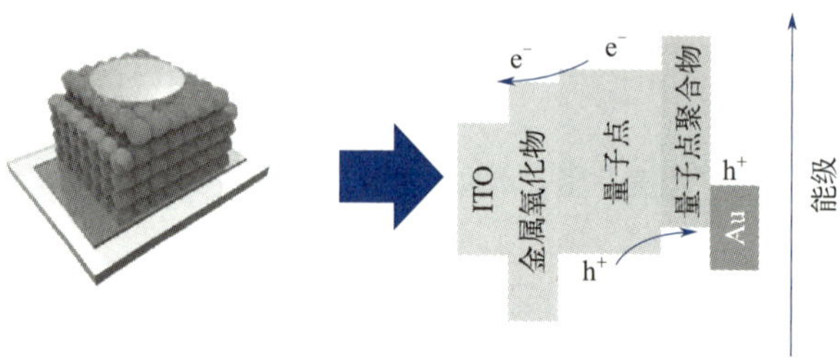

图 4.21 量子点电池的器件结构和能带结构 [46]

一个高效的太阳能电池，其吸光层必须具备以下条件。①吸收光谱要与太阳光谱匹配，且要具有较强的吸光能力，以产生更多的电子空穴对。②应具备较高的载流子迁移率、较低的缺陷密度，以便载流子能快速地传输到界面处而不发生复合损失。仅几百纳米的薄膜就足以在量子点带隙 E_g 范围内吸收太阳光。量子点的带隙可以很容易地通过改变其大小和形状来调整，以达到所需的值，进而最大化吸收太阳光谱内的光子。利用这一优势量子点电池还可以在叠层电池中与其他电池相集成，例如大尺寸的 PbS 量子点可以有效地转换可见光，非常适合作为叠层的底电池。在电学特性方面，量子点薄膜的载流子迁移率可超过 1 $cm^2/(V \cdot s)$，它允许光生载流子以很小的损耗传输到电极。与体相的半导体材料相比，量子点薄膜电池最突出的优势还在于可以通过多激子生成（multiple exciton generation, MEG）来实现热载流子的有效利用，因此量子点电池被认为能够突破传统光伏器件中的理论极限 [47, 48]。

器件结构是影响量子点电池中电荷产生和输运的最重要因素。肖特基量子点电池是最简单的器件结构，在这种结构中量子点薄膜被沉积在两个电极之间［如图 4.22（a）］。量子点与两个电极形成肖特基接触，结区的电位差导致光生载流子从量子点层向电极移动并被电极捕获。然而，量子点和金属电极之间存在较多的缺陷，导致肖特基结处存在费米能级钉扎，使其开路电压受到限制。肖特基势垒高度调谐的限制和肖特基结的弱稳定性削弱了肖特基量子点电池易于制造和器件结构简单的优点。

受到 P-i-N 结构太阳能电池器件的启发，在肖特基量子点电池的基础上引入了宽带隙的金属氧化物电子传输层，就形成了所谓耗尽型异质结量子点电池［depleted heterojunction CQD-SCs，如图 4.22（b）所示］。电子传输层与量子点层接触后形成异质结，当受到光照后在耗尽区内产生的光生载流子就能够被电子传输层高效地提取。此外电子传输层还能够阻挡迁移到阳极的空穴，减少电子和空穴之间的复合，提升器件效率。与肖特基量子点电池相比，耗尽型异质结量子点电池可以在开路电压和填充因子上得到明显提升。

为了进一步拓宽结内耗尽区的宽度，Rath 等人利用 N 型的 Bi_2S_3 量子点和 P 型的 PbS 量子点共同制备了吸光层。两种量子点层之间形成了量子点-量子点异质结［器件结构示意如图 4.22（c）］，光生载流子可以在活性层的耗尽区内被有效地分离，进而大幅度提升载流子的寿命和效率 [49]。Ning 等人采用表面处理的策略，分别得到了 I 修饰的强 N 型 PbS 量子点、Br 修饰的 N 型量子点和 MPA 修饰的 P 型 PbS 量子点。通过沉积这三种不同掺杂的量子点，成功制备了三结器件，并且将耗尽区的宽度拓展到了约 330 nm，并最终达到了 8.0% 的器件效率 [50]。

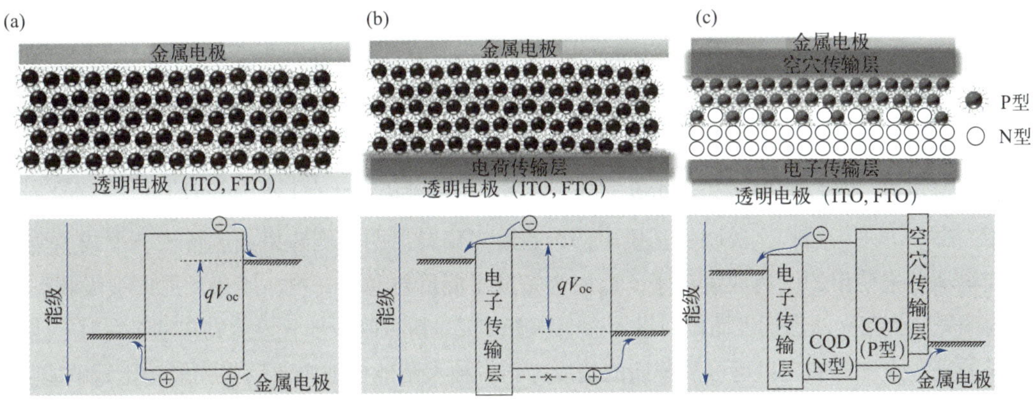

图 4.22　各种量子点电池的器件结构和能级结构

（a）肖特基量子点电池；（b）耗尽型异质结量子点电池；（c）量子点异质结电池。ITO：铟掺杂氧化锡；FTO：氟掺杂氧化锡；qV_{oc}：光生电势

单节太阳能电池理论效率的一个基本假定是一个被吸收的光子最多只能产生一个电子和空穴对。但是在量子点中，被高能激发（超过两倍 E_g）的热电子，当它从高能态弛豫到 1Se 能态时，有可能产生额外的电子-空穴对。热电子的这种逆俄歇复合过程通常被称为多激子生成（MEG）或载流子倍增（CM）效应，如图 4.23（a）、（b）所示 [51]。2011 年 Semonin 等人报道了首个实现载流子倍增效应的量子点电池器件，如图 4.23（c）所示，PbSe 量子点的带隙为 0.72 eV，在 3 倍带隙的光学激发下实现了 114% 的外量子效率（EQE）和 130% 的内量子效率（IQE）[47]。然而，迄今为止，利用 CM 的量子点电池的高功率转换效率尚未被报道。这可能是由于 CM 的阈值仍相对较高，需要通过材料设计方面来进一步控制热电子的弛豫过程，降低 CM 阈值。

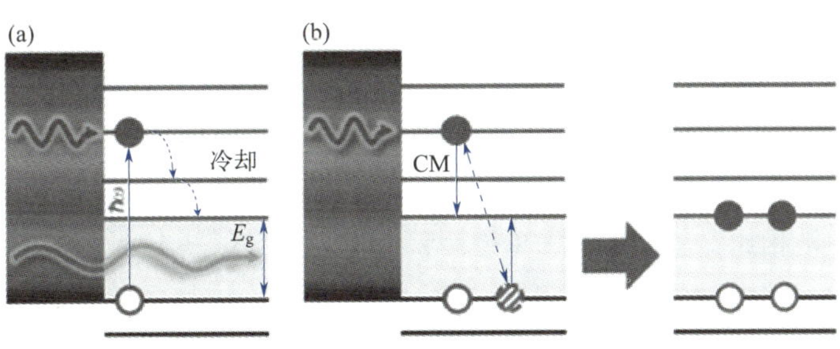

图 4.23

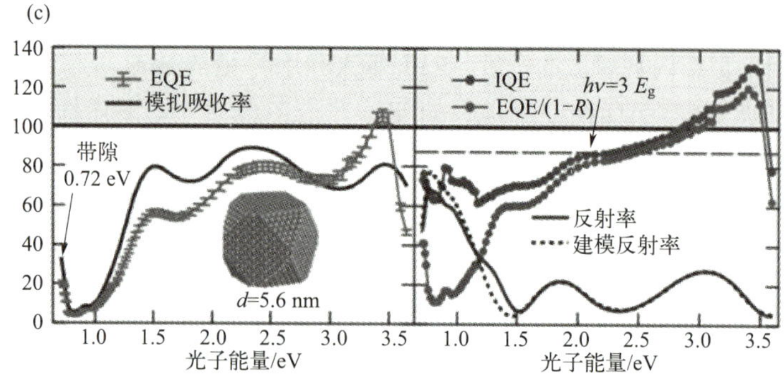

图 4.23 载流子倍增效应示意图（a、b）及实现载流子倍增效应的 PV 器件（c）

4.6.3 量子点聚光器

发光太阳能聚光器（luminescent solar concentrators，LSC）是一种利用荧光材料转换太阳光为可见光，然后使用光学器件将可见光聚焦到太阳能电池上以产生电能的技术。如图 4.24 所示，LSC 为平板结构，透明的基质中掺杂有发光染料，四个侧边集成放置了一个或多个太阳能电池。未使用的侧边放置镜子，底面上集成了漫反射薄膜材料，用来反射未被吸收和再发射的光。太阳光从顶部表面照射进入透明基质，荧光粉吸收大部分入射光并重新发射出波长更长的光，大部分的光只可以从基质的边缘导出，被太阳能电池吸收后将光能转化为电能。

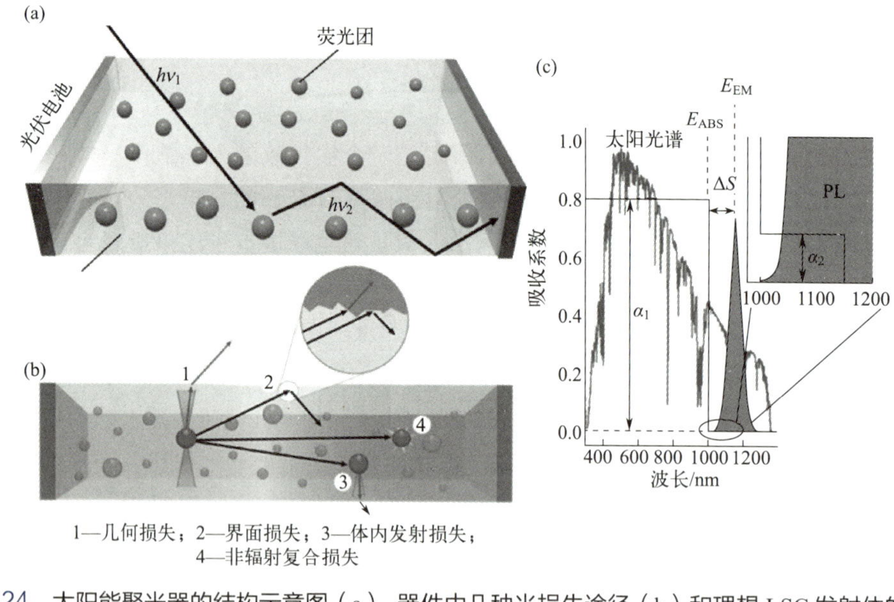

图 4.24 太阳能聚光器的结构示意图（a）、器件中几种光损失途径（b）和理想 LSC 发射体的光学特性示意图（c）[52]

可以看出，发光太阳能聚光器（LSC）实际上是光管理装置和传统太阳能电池的结合。与传统太阳能电池相比，其优势在于单位面积 LSC 的生产成本比太阳能电池要低得多，因此这代表了一种经济有效的方法，可以有效地增加小型太阳能电池的收集面积；此外，对于典型的太阳能电池而言，其在整个太阳光谱范围内的外量子效率（EQE）会随着发光波长而变化，通常在光谱的紫外区域急剧下降。LSC 可以将入射太阳光谱转换为特定发光波长的窄谱，其与太阳能电池设备结合后能将所有吸收的光子都下转换到转换效率最高的波长（给定太阳能电池 EQE 的光谱峰值），可实现功率输出的额外增加。这也最大限度地减少了对太阳能电池材料本身成本的担忧，允许人们使用效率更高的器件。此外由于其能集成于建筑物表面或窗户上，产生电能，使建筑外观更美观，并提升可再生能源的利用率。因此，发光太阳能聚光器具有广泛的应用前景，尤其在建筑一体化和可再生能源领域。

发光太阳能聚光器这一概念早在 20 世纪 70 年代就已经提出，但是由于缺少合适的荧光材料，相关研究始终未能取得进展。量子点材料问世后，其一系列优异特性非常适合 LSC 的要求，因此出现了很多量子点 LSC 的研究工作。使用量子点材料来制造发光太阳能聚光器具有以下优势。①宽的吸收光谱和大的吸收系数。量子点的吸收光谱通常在长波段部分有一个较为明显的激子吸收峰，对应于其带边吸收。在激子吸收峰之后其吸收强度随着波长的减小而快速上升，意味着量子点可以吸收很宽波长范围内的光。此外量子点还具有大的吸收系数，一般为 1×10^5～1×10^6 L/(mol・cm)，其光学吸收上的特性可以保证对太阳光的有效吸收，使更多的入射光子被吸收并利用。②大斯托克斯位移和小的重吸收。理想情况下，LSC 内的自吸收现象应该尽量被避免，这是由于基质中存在着捕获损失以及大多荧光材料的 PLQY 并不为 1，所以每次重吸收和发射的过程中都会造成一部分能量损失[53]。为了避免自吸收现象带来的能量损失，要求 LSC 的吸收和发射光谱不应重叠，也就是具有较大的斯托克斯位移。量子点材料的斯托克斯位移以及发射峰的宽度，可以通过改变量子点的尺寸、表面态和尺寸分布来进行调控。③光学特性灵活可调、PLQY 高，通过改变量子点的成分和尺寸来调整材料的带隙，使吸收光谱与太阳光谱尽可能地匹配。此外，通过往量子点中掺入特定的离子（如 Mn、Cu），利用掺杂效应也可以对量子点的能级和吸收光谱进行调整。通过选用不同的核与壳层，构建具有不同能级排列的核-壳结构，进而对量子点的载流子行为进行调控，也是操控吸收特性的有效手段。

$CuInS_2$ 具有大的斯托克斯位移，是理想的 LSC 发光材料。Fuhr 等人利用计算化学方法，通过改变 $Cu_xIn_{2-x}S_y$ 量子点中缺陷的化学计量比，研究了量子点光学性能的变化。研究发现，铜相对于铟的比例降低会产生空位，从而减少重吸收，此外铜的减少会使得量子点吸收光谱和带尾收窄，进而提高性能[54]。Anand 等人利用 $CuInS_2$ 量子点制作了一个 30 cm×30 cm 的 LSC 原型。$CuInS_2$ 量子点的 PLQY 为 85%，发射波长为 800 nm。半透明 LSC 的透光率达到了 40%，光功率效率可达 6.8%，当与硅基太阳能电池配对时，整体设备效率为 7.4%[55]。也可以通过将两个具有不同光吸收特性的 LSC 结合起来制备叠层器件（图 4.25），以获得更高的效率。Wu 等人采用掺杂 Mn^{2+} 的 $Cd_xZn_{1-x}S$ 量子点制备了顶层 LSC，用于吸收短波长的光，用 $CuInSe_2$ 量子点制备底层 LSC 吸收近红外光（图 4.25）。最终 232 cm^2 大面积叠层 LSC 器件的平均 PLQY 为 75%，光学透明度为 83%。在标准太阳光谱（AM 1.5G）光照下，光效率为 6.4%。通过与 GaAs 太阳能电池结合，得到了 3.1% 的光电转换率[56]。通过改变量子点的分散基质，或者对基质的入光面和出光面进行管理，可以改善光波导效果，提高量子点 LSC 的效率。Bergren 等人先将 $CuInS_2$ 量子点嵌入聚合物中，再将聚合物基质插入两片低铁玻璃中，实现了 35.5% 的太阳光谱吸收率和 43.7% 的光透过率。当 LSC 器件采用镜面背底时，充分透射的光从顶部和底部同时反射到 LSC 器件中，导致整体吸收增加。因此，与只允许光从顶部进入的黑色衬底 LSC 相比，镜面背底 LSC 具有更高的短路

4

电流密度、开路电压和量子效率[57]。金属掺杂能够增强量子点的PLQY并且调整发射光谱。Zhu等人制备了Zn和Al共掺的$CuInS_2$量子点，并通过改变掺杂时间，优化了量子点的光学性能。此外他们还系统地研究了$CuInS_2$层数对光效和开路电压的影响。在AM 1.5G光照下，3层的光效率（边缘发射功率与入射光功率之比）为5.25%，11层的光效率为6.97%。随着量子点掺杂层数的增加，光学效率基本呈线性增加，当掺杂层数达到10层时，增益减小。采用11层量子点的LSC具有最大开路电压为0.45 V，短路电流密度为11.98 mA/cm^2，能量转换效率（power conversion efficiency，PCE）最大为3.18%[58]。

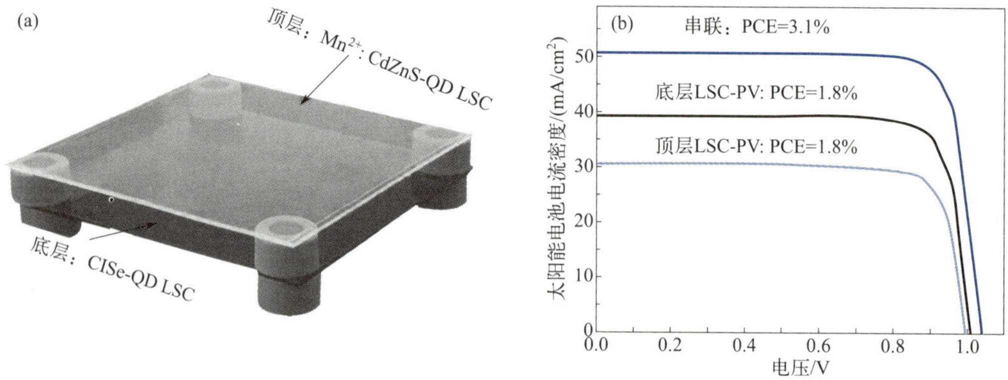

图4.25 叠层太阳能聚光器

4.6.4 量子点光电探测器

光电探测器是当今许多光电子设备的核心元器件。几十年来，包括碳化硅、硅、铟镓砷和锗在内的半导体主导了光电探测器行业。它们表现出优异的光敏性，但受到一个或多个方面的限制，例如高生产成本、高制备温度、柔性衬底不兼容性或要求低温冷却以实现高效性能。近年来，量子点已成为光电探测器制造中最有前途的新材料之一。它们具有几个优点，包括低制造成本、溶液可加工性、可调谐光谱灵敏度和柔性衬底兼容性，并且它们已经取得了优于传统光电探测器的优点。以上特点也为其与现有可见传感器平台（如CMOS读出电子设备）的集成提供了巨大的优势。

光电导探测器一般具有如图4.26（a）所示的平板结构。在两个电极上施加偏压，当器件受到光照时，量子点吸光层内的电阻率发生变化，进而导致通过器件电流的改变。光电导器件的一个优势是具有大的增益系数，但是其响应速率较慢。此外，较大的暗电流也是限制光电导器件性能的一个重要因素。目前已经报道了几种抑制暗电流的策略，例如Sargent等人通过在PbS量子点层之上沉积一层MoO_3，在黑暗中，由于MoO_3与PbS量子点的功函数存在较大差异，PbS薄膜中的载流子被完全耗尽，因此与传统光电导器件相比暗电流得到了有效抑制。在光照下，光生空穴向MoO_3一侧靠拢，电子填充整个通道，从而使光电流大幅增加[60]。

光电二极管探测器是另一种常见的结构，与光电导器件相比，拥有更好的灵敏度和响应速率。光电二极管的器件结构与太阳能电池类似，如图4.26（b）所示，都是基于构建一个内置电场来有效地分离和收集光生载流子。光电流是器件性能的关键参数，较高的光电流通常表明器件中的载流子能够有效、迅速地分离。此外，光电二极管的一个重要优点是不需要偏置电压，因为大多数器件可以在 0 V 时获得稳定的电流，因此可以实现自供能工作。光电二极管通常没有增益，但利用陷阱诱导的电荷隧穿注入，可以实现高增益。Zhou 等人报道了一种基于高增益 PbS 量子点的光电二极管结构。他们在 ZnO 电子传输层中加入一定量的 Ag 纳米颗粒。ZnO 层中的 Ag 纳米颗粒在光照下会捕获电子，导致 ZnO 层能带弯曲。这些空穴可以通过隧穿效应注入 PbS 量子点层中，从而增加增益。结果表明，光电探测器的 EQE 为 8000%，探测率为 6×10^{12} Jones（1 Jones=1 cm・$Hz^{1/2}$・W^{-1}），在 1500 nm 左右的响应时间为毫秒级，与先前报道的同类带隙中最好的基于 PbS 的红外光光电探测器相当[61]。

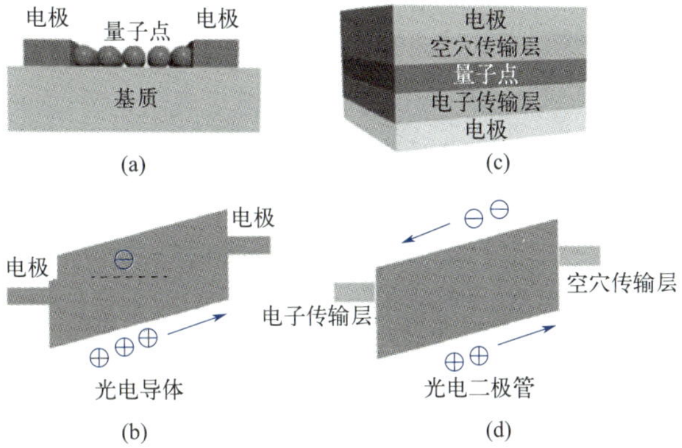

图 4.26 光电导探测器的器件结构示意图和能带结构示意图[59]

根据响应光谱来划分，光电探测器可分为紫外光光电探测器（UV 区波长＜400 nm）、可见光光电探测器（Vis 区波长 400～780 nm）和近红外光光电探测器（NIR 区波长 780～3000 nm）。此外，还有中远红外探测器（波长＞3000 nm）、仅检测特定波长光源的窄带探测器、成像光电探测器和热光电探测器等。紫外光对应于 X 射线光谱的高能区域到可见区域的边缘（10～400 nm）。与可见光和红外光相比，紫外信号的传输避免了周围环境的干扰，因此紫外光光电探测器被广泛应用于导弹预警跟踪、火灾报警、癌细胞检测等领域。ZnO 具有 3.3 eV 的直接带隙，能够吸收波长小于 380 nm 的光并且易于合成，是一种很有应用前景的紫外光光电探测器材料。ZnO 通常与二维材料集成制备光电探测器件，Shao 等人将 ZnO 量子点的紫外吸收特性与石墨烯优异的稳定性、灵活性和高载流子输运性相结合，制备了 ZnO 量子点 / 石墨烯的紫外光光电探测器，并在 325 nm 处获得了 247 A/W 的高响应度[62]。ZnO 量子点 / 石墨烯光电探测器中的氧分子是有效电荷输运的最大贡献者，ZnO 量子点具有较大的比表面积，表面存在大量的空穴缺陷，且当暴露于空气中时，氧分子还会吸附在量子点表面，它们都有利于捕获自由电子。当光子的能量足够高时，空穴可以被表面态捕获，然后将吸附的氧离子释放出来，未成对的电子将转移到石墨烯层。氧分子的辅助电荷转移机制可以大大提高光电导探测器的增益[63]。目前基于 ZnO 量子点的器件主要是紫外光光电探测器，而其他宽带隙量子点如 ZnS 量子点、CdS 量子点等光电探测器也得到了迅速发展和广泛应用。

可见光区域通常被定义为人眼可以感知的范围，可见光光电探测器是数码相机和摄像机的关键部件，用于捕捉可见光并将其转换为数字信号，从而生成照片和视频。Ⅱ-Ⅵ族Cd系（如CdS、CdSe和CdTe）量子点和钙钛矿（如$MAPbX_3$或$CsPbX_3$，X = I、Cl、Br）量子点具有较高的光吸收系数和在可见光区可调的光吸收范围，被认为是有希望用于可见光光电探测器的量子点。1996年，Greenham等人首次尝试将CdSe量子点引入光导体，通过调节器件的电导率模拟电荷转移过程，为CdSe量子点光电探测器的研制奠定了基础[64]。后续的工作多集中在通过对CdSe量子点进行表面配体改性，来提升薄膜的电学耦合性能。Kim等人通过用$Sn_2S_6^{4-}$对CdSe进行修饰，研制了全彩色光电探测器。$Sn_2S_6^{4-}$配体可以填补S空位，进而减少量子点表面的电荷捕获态，将所得到的量子点与铟镓锌氧化物（a-IGZO）集成，光电探测器的响应度可高达8.3×10^3 A/W，探测率达到4.2×10^{17} Jones[65]。

红外探测器是红外夜视探测、侦察、光通信、成像等领域的关键器件。考虑到响应光谱在可见光区的材料的带隙限制，其他能够吸收近红外区光的材料对于制造近红外光光电探测器非常重要。PbS具有宽可调带隙和大的激子玻尔半径（18 nm），目前被广泛应用于制备近红外光光电探测器（图4.27）。PbS量子点通常由高温热注射法制备，表面被油胺、油酸等长链配体包覆。但是由于油酸、油胺中较长的烷基链，初始CQD膜的载流子迁移率通常较低，因此增强量子点之间的电学耦合至关重要。对量子点进行配体交换，将长链配体转化为短链配体，是提高CQD膜迁移率的一种有效方法。例如Sargent团队通过配体交换策略开发了多种配体覆盖的PbS量子点，短链配体的修饰保证了量子点之间的电学耦合[67, 68]。此外他们还发现，不同的封端配体对PbS量子点的导带和价带的位置有不同影响，这有助于选择合适的能带结构来实现二极管光电探测器[69]。提高量子点薄膜电学性能的另一个有效方法是将量子点与导电聚合物混合，制备复合薄膜。目前已经报道了PbS量子点与PCBM、P3HT、PVK、石墨烯和碳纳米管等材料共同制备复合薄膜，用于光电探测器中[70-72]。由于有机半导体的本征载流子浓度小，基于量子点-有机半导体的光电探测器的暗电流极低，有利于提高探测率。此外，基于量子点-有机半导体复合材料的光电探测器具有优异的柔性，在柔性器件中得到了广泛的应用。Gao等人制作了一种基于PbS量子点和碳纳米管光导体的可穿戴灵敏心率检测器，其中PbS量子点通过搅拌混合固定在碳纳米管上。基于该设备的心率检测显示出与商用检测器相当的性能，经过10000次弯曲循环后，性能仍然保持不变[73]。

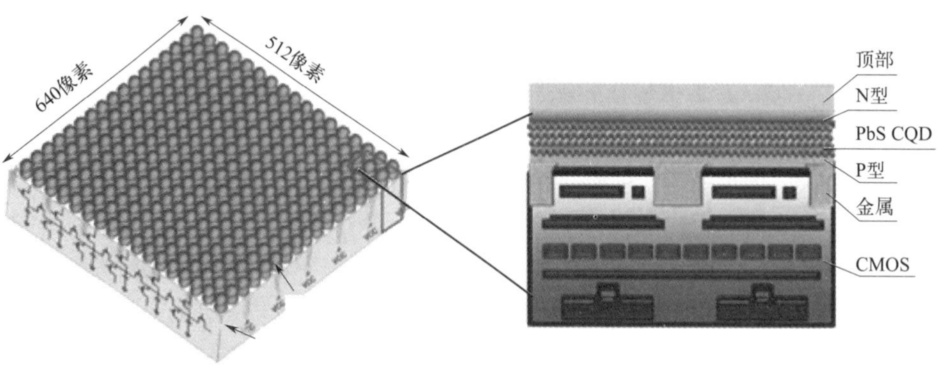

图4.27 集成了PbS光电探测器和CMOS电路的成像仪[66]

4.6.5 量子点的生物医学应用

最初关于量子点的研究主要集中在光电领域。直到 1998 年，Alivisatos 和 Nie 两个研究小组分别在 *Science* 上发表了有关量子点作为生物探针的论文，由此开启了量子点应用于生物医学的大门。在生物医学领域，量子点比传统有机染料和荧光化合物有更多优势。传统有机染料极易发生光漂白，在生物环境中量子产率比较低，而量子点除上文中提到的优异光学性能外，其在生物环境中随着时间的推移几乎不会发生衰减，因而可以增加标记基团的使用寿命。另外，与大多数传统的有机染料相反，量子点可以提供从紫外到近红外的宽发射光谱范围。特别是，在近红外范围内发射的量子点由于其较低的组织吸收和相对较弱的自发荧光，极大地扩展了量子点在生物医学中的应用潜力。此外，纳米尺寸的量子点能够在分子水平上与生物实体发生密切的相互作用，因此可以实现更高的检测特异性和灵敏度，以及细胞内摄取的能力。基于以上优异特性，量子点主要应用在生物成像、诊断与标记、药物输送、免疫学研究和治疗等领域。

4.6.5.1 生物成像

水溶性量子点可以与各种生物分子（如肽、蛋白质、药物和抗体）缀合。基于量子点的生物分子缀合有助于处理多种免疫组织化学、单分子标记和成像，以及在研究中得到清晰的运动轨迹。量子点独特的波长可调谐特性，为实现多色成像的同时识别众多目标物进行分析提供了广阔的应用前景。由于天然吸收体（如脂质、脱氧血红蛋白、水）的高散射性质，可见光范围（低于 700 nm）的光无法穿透深层组织。量子点具有较大的双光子横截面，这意味着可以使用发射 650～900 nm 波长的纳米粒子进行近红外照射。这被称为组织透明窗口，因为水和组织的吸收在此范围内非常弱，故深层组织成像成为可能。此外，量子点是用于实时体内成像的优异探针，因为它们的强度比传统有机荧光团强 100～1000 倍，并且能够通过单一波长激发进行多光子成像。据报道，使用量子点进行的实时成像应用和图像引导手术取得了重大成功 [74]。特别是近红外量子点成像，已成为近年来迅速发展的体内成像方式。

4

4.6.5.2 诊断与标记

目前，全世界都在面临癌症的威胁。因此，迫切需要有效的癌症检测方法用于癌症诊断。量子点被认为是癌症检测的良好候选者之一，人们投入了大量的研究工作来开发一种安全有效的基于量子点的癌症检测器。例如，2020 年，Freitas 等人利用 CdSe/ZnS 量子点开发了电化学免疫传感器，可以识别人表皮生长因子受体 2（HER2-ECD）的细胞外结构域，这是乳腺癌细胞的生物标志物（图 4.28）[75]。类似的方法也被证明可以有效检测人血清中存在的乳腺癌细胞和衍生的外泌体。除了测量量子点中离子的释放来量化血清中的癌细胞外，还可以利用量子点的荧光直接检测癌细胞。最近的研究也集中在功能化量子点的开发上，以创建诊断工具，从而能够更灵敏地识别与疾病相关的生物分子。例如，Zhang 等人报道了多巴胺功能化量子点的开发，用于氧化还原介导的免疫测定，以检测人血清样本中的癌症生物标志物甲胎蛋白（AFP）[76, 77]。

此外，许多研究尝试使用量子点作为细胞标志物。例如研究人员尝试通过将量子点与链霉亲和素（QDs-SA）结合来靶向特定细胞。为了靶向在细胞表面特异性表达 CD33 的细胞，在细胞处理之前将 QDs-SA 与生物素化抗体 CD33 一起孵育。结果表明，QDs-SA 与生物素化抗体 CD33 一起孵育，可以选择性结合表达 CD33（HL-60）的细胞[78]。除了全细胞标记之外，量子点还被用于标记特定细胞器的结构。传统上，有机染料通常用作荧光探针来可视化细胞的不同结构。然而，寿命短和信号强度弱等问题限制了它们在细胞成像中的效率。众所周知，量子点具有抗光漂白荧光，因此它们也可以用作优异的标志物。Wu 等人将链霉亲和素缀合的 CdSe/ZnS 量子点用于标记 SK-BR-3 癌细胞的肌动蛋白细胞骨架。研究表明量子点-链霉亲和素能够清楚地标记癌细胞的生物素化 F-肌动蛋白结构。此外，CdSe/ZnS 量子点-链霉亲和素还能够标记其他细胞结构，例如与核抗原和生物素化抗体 IgG 预孵育的 SK-BR-3 癌细胞的细胞核[79]。在 2023 年的研究中，中性亲和素缀合的 $CuInS_2$/ZnS 和 CdSe/ZnS 量子点被用作超分辨率成像的 F-肌动蛋白标志物[80]。

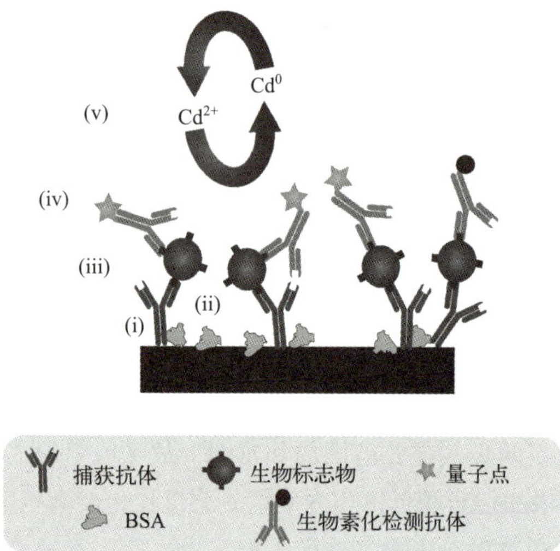

图 4.28 免疫传感器构建和检测策略的示意图[75]

4.6.5.3 药物输送

近年来，越来越多的纳米粒子被应用在药物递送的研究中。在不同类型的纳米粒子中，量子点具备易于制备、可与多种药物结合、物理化学特性可调以及光学特性优异等特点，使它们成为可追踪的药物载体，在给药后可以轻松监测。此外，纳米载体的超小粒径是渗透肿瘤内部微环境所需的基本特征。因此，粒径小于 10 nm 的量子点作为肿瘤穿透递送载体具有广阔的应用前景（图 4.29）。一些体内研究表明，静脉注射后，量子点能够在体内循环，并在肾脏和肝脏等主要器官中保留较长时间。量子点在体内循环时保持完整的能力，对于确保负载的药物，能够准确地到达目标位点至关重要。同时，量子点的荧光很容易被检测到，使研究人员能够清楚地绘制量子点衍生复合物的药物分布过程。此外，量子点很容易被各种哺乳动物细胞系摄取，并靶向不同的细胞器，包括溶酶体。量子点的这一特性确保了量子点衍生的药物递送系统，能够进入靶细胞并利用酸性细胞器中的酸性环境将治疗药物从递送载体上解离。但需要解决毒性和靶点选择性等问题，以最大限度地发挥量子点作为药物输送载体的潜力。

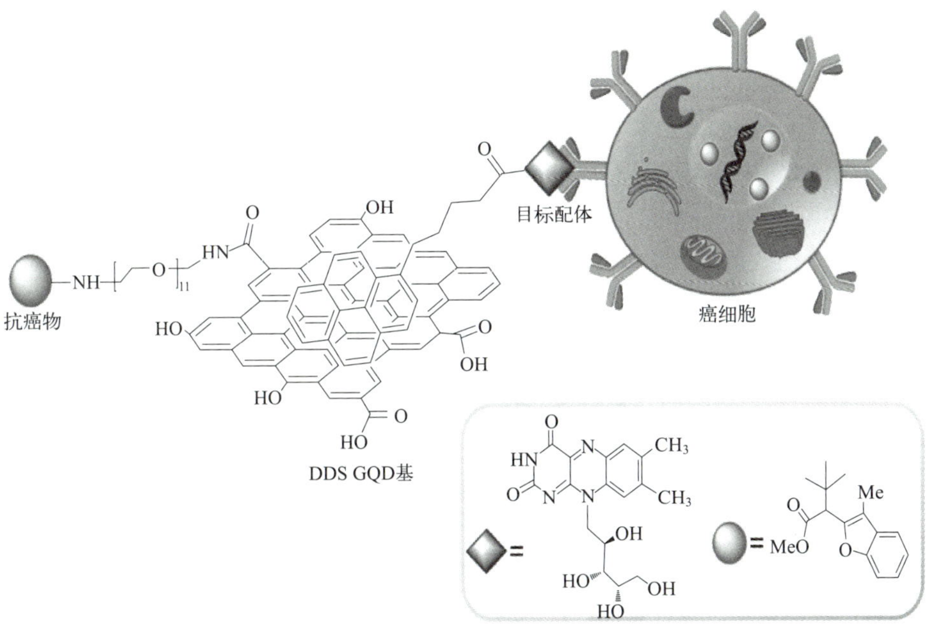

图 4.29 基于石墨烯量子点（GQD）的癌症靶向药物递送系统（DDS）

4.6.5.4 免疫学研究

人体免疫系统对于宿主防御外来病原体至关重要。因此，了解人体免疫系统是预防和治疗疾病的关键。然而，免疫的多级系统相互作用，难以研究。近年来，由于量子点的荧光标记能力，越来越多的研究人员开始使用量子点作为研究免疫系统相互作用的工具。例如，在 2022 年，Jing 等人使用丙烯酰胺修饰的聚丙烯酸覆盖的 CdSe/CdZnS 量子点作为荧光人工抗原（FAA）来研究树突状细胞对抗原的摄取，该研究展示了一种在体外可视化树突状细胞抗原摄取动态的新方法，可以实现高质量的细胞成像[81]。然而，在体内环境的免疫细胞中使用量子点则更加困难。Sen 等人研究了使用量子点来标记和跟踪小鼠树突状细胞的可能性，因为树突状细胞在免疫系统中负责呈递抗原的细胞。量子点被驻留的树突状细胞占据，未捕获的量子点到达淋巴结，也被迁移的非驻留树突状细胞占据。经过分析发现，量子点表现出对 CD11c 阳性树突状细胞的特异性标记倾向，这与体外观察结果一致。

4.6.5.5 治疗应用

在量子点的治疗应用中，光动力疗法（PDT）已得到广泛研究，被作为治疗各种癌症（如皮肤癌、头颈癌等）的一种有前景的策略。在该策略中，光照射激活被称为光敏剂的化合物，将能量转移到细胞内分子氧，导致原位产生活性氧，随后诱导靶向肿瘤细胞凋亡，PDT 原理如图 4.30 所示[82]。在 PDT 领域，量子点可以充当光敏剂或其他光敏剂的能量供体来治疗癌症。与有机光敏剂相比，量子点具有许多优点，包括强光吸收、强发射、高光稳定性、水溶性、可调光学特性和高组织积累。此外，通过控制量子点的大小和组成，可以优化近红外区域的发射，实现强组织穿透力，适合治疗深部肿瘤。在最近的一项研究中，Ahirwar 等人研究了石墨烯量子点和氧化石墨烯量子点作为癌症 PDT 光敏剂的潜力。量子点在 290 μW 功率的紫外灯管照射后，可在短短 5 min 内杀死 90% 的 B16F10 黑色素瘤细胞和 MCF-7 乳腺癌细胞，显示出高效的癌细胞治疗能力[83]。此外，最近的报告表明，碳量子点有望通过 ROS 生成和Ⅰ型干扰素反应刺激的双重机制用于 COVID-19 的光动力治疗。

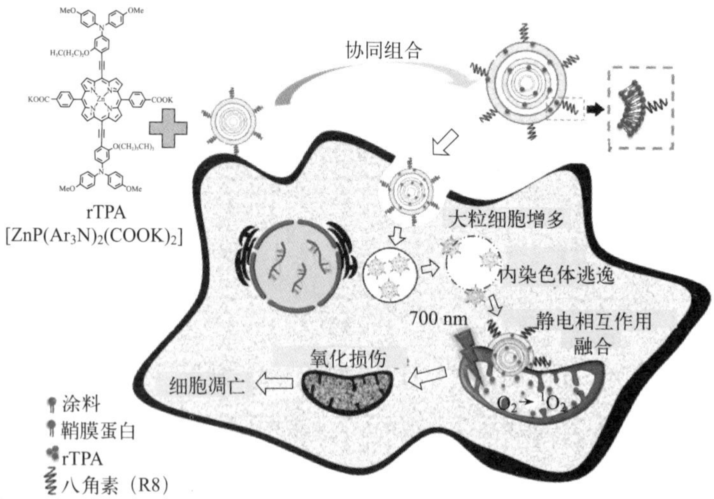

图 4.30　rTPA 与 MITO-Porter 协同组合诱导细胞死亡过程[82]

思考题

1. 什么是量子点？量子点的尺寸效应指的是什么？

2. 量子点有哪些优异的光学性能？作为显示器件的发光材料，请思考量子点应具备怎样的光学特征。

3. 传统量子点的表面结构调控有哪些方式？

4. Ⅰ型结构、Ⅱ型结构以及准Ⅱ型结构的结构特征是怎样的？

5. 量子点在几种应用领域里各面临什么样的挑战？

参考文献

[1] Akkerman Q A, Rainò G, Kovalenko M V, et al. Genesis, challenges and opportunities for colloidal lead halide perovskite nanocrystals[J]. Nature materials, 2018, 17(5): 394-405.

[2] Murray C, Norris D J, Bawendi M G. Synthesis and characterization of nearly monodisperse CdE (E=sulfur, selenium, tellurium) semiconductor nanocrystallites [J]. Journal of the American Chemical Society, 1993, 115(19): 8706-8715.

[3] Protesescu L, Yakunin S, Bodnarchuk M I, et al. Nanocrystals of cesium lead halide perovskites ($CsPbX_3$, X = Cl, Br, and I): novel optoelectronic materials showing bright emission with wide color gamut [J]. Nano Letters, 2015, 15(6): 3692-3696.

[4] Toufanian R, Zhong X, Kays J C, et al. Correlating ZnSe quantum dot absorption with particle size and

concentration [J]. Chemistry of Materials, 2021, 33(18): 7527-7536.

[5] Akkerman Q A. Spheroidal cesium lead chloride-bromide quantum dots and a fast determination of their size and halide content [J]. Nano Letters, 2022, 22(20): 8168-8173.

[6] Peng X. An essay on synthetic chemistry of colloidal nanocrystals [J]. Nano Research, 2010, 2(6): 425-447.

[7] Coe S, Woo W K, Bawendi M, et al. Electroluminescence from single monolayers of nanocrystals in molecular organic devices [J]. Nature, 2002, 420(6917): 800-803.

[8] Pu C, Qin H, Gao Y, et al. Synthetic control of exciton behavior in colloidal quantum dots [J]. Journal of the American Chemical Society, 2017, 139(9): 3302-3311.

[9] Peng Z A, Peng X. Formation of high-quality CdTe, CdSe, and CdS nanocrystals using CdO as precursor [J]. Journal of the American Chemical Society, 2001, 123(1): 183-184.

[10] Deng Z, Cao L, Tang F, et al. A new route to zinc-blende CdSe nanocrystals: mechanism and synthesis [J]. The Journal of Physical Chemistry B, 2005, 109(35): 16671-16675.

[11] Wang A, Yan X, Zhang M, et al. Controlled synthesis of lead-free and stable perovskite derivative Cs_2SnI_6 nanocrystals via a facile hot-injection process [J]. Chemistry of Materials, 2016, 28(22): 8132-8140.

[12] Xi L, Boothroyd C, Lam Y M. Controlled synthesis of CdTe and CdSe multiblock heteronanostructures [J]. Chemistry of Materials, 2009, 21 (8):1465-1470.

[13] Gao M, Kirstein S, Möhwald H, et al. Strongly photoluminescent CdTe nanocrystals by proper surface modification[J]. The Journal of Physical Chemistry B, 1998, 102(43): 8360-8363.

[14] Gaponik N, Talapin D V, Rogach A L, et al. Thiol-capping of CdTe nanocrystals: an alternative to organometallic synthetic routes[J]. The Journal of Physical Chemistry B, 2002, 106(29): 7177-7185.

[15] 刘舒曼 , 徐征 , Wageh, 等 .CdSe/PVK 纳米晶薄膜及其电致发光特性 [J]. 光电子・激光 ,2003,4: 46-49.

[16] 徐海娥 , 闫翠娥 . 水溶性量子点的制备及应用 [J]. 化学进展 ,2005,17(05):800-808.

[17] Wu S, Dou J, Zhang J, et al. A simple and economical one-pot method to synthesize high-quality water soluble CdTe QDs [J]. Journal of Materials Chemistry, 2012, 22 (29):14573-14578.

[18] Mantzaris N V. Liquid-phase synthesis of nanoparticles: particle size distribution dynamics and control [J]. Chemical Engineering Science, 2005, 60(17): 4749-4770.

[19] Robb D T, Privman V. Model of nanocrystal formation in solution by burst nucleation and diffusional growth [J]. Langmuir, 2008, 24(1): 26-35.

[20] Rempel J Y, Bawendi M G, Jensen K F. Insights into the kinetics of semiconductor nanocrystal nucleation and growth [J]. Journal of the American Chemical Society, 2009, 131(12): 4479-4489.

[21] Peng Z X, Peng X. Nearly monodisperse and shape-controlled CdSe nanocrystals via alternative routes: nucleation and growth [J]. Journal of the American Chemical Society, 2002, 124(13): 3343 - 3353.

[22] Sowers K L, Swartz B, Krauss T D. Chemical mechanisms of semiconductor nanocrystal synthesis [J]. Chemistry of Materials, 2013, 25(8): 1351-1362.

[23] Bullen C R, Mulvaney P. Nucleation and growth kinetics of CdSe nanocrystals in octadecene [J]. Nano Letters, 2004, 4(12): 2303-2307.

[24] Owen J S, Chan E M, Liu H, et al. Precursor conversion kinetics and the nucleation of cadmium selenide nanocrystals [J]. Journal of the American Chemical Society, 2010, 132(51): 18206-18213.

[25] Murphy J E, Beard M C, Norman A G, et al. PbTe colloidal nanocrystals: synthesis, characterization, and multiple exciton generation [J]. Journal of the American Chemical Society, 2006, 128(10): 3241-

3247.

[26] Liu H, Owen J S, Alivisatos A P. Mechanistic study of precursor evolution in colloidal group Ⅱ - Ⅵ semiconductor nanocrystal synthesis [J]. Journal of the American Chemical Society, 2007, 129(2): 305-312.

[27] Reiss P, Protiere M, Li L. Core/shell semiconductor nanocrystals [J]. Small, 2009, 5(2): 154-168.

[28] Dorfs D, Hickey S G, Eychmüller A. Type-Ⅰ and type-Ⅱ core–shell quantum dots: synthesis and characterization[J]. Semiconductor Nanomaterials, 2010: 331-366.

[29] Adhikari R, Jin L, Navarro Pardo F, et al. High efficiency, Pt-free photoelectrochemical cells for solar hydrogen generation based on "giant" quantum dots [J]. Nano Energy, 2016, 27: 265-274.

[30] Selopal G S, Zhao H, Tong X, et al. Highly stable colloidal "giant" quantum dots sensitized solar cells [J]. Advanced Functional Materials, 2017, 27(30): 1701468-1701481.

[31] Park Y S, Bae W K, Padilha L A, et al. Effect of the core/shell interface on auger recombination evaluated by single-quantum-dot spectroscopy [J]. Nano letters, 2014, 14(2): 396-402.

[32] Shi L, Benetti D, Li F, et al. Phase-junction design of MOF-derived TiO_2 photoanodes sensitized with quantum dots for efficient hydrogen generation [J]. Applied Catalysis B: Environmental, 2020, 263: 118317-118326.

[33] Kang X, Yang Y, Huang L, et al. Large-scale synthesis of water-soluble $CuInSe_2$/ZnS and $AgInSe_2$/ZnS core/shell quantum dots [J]. Green Chemistry, 2015, 17(8): 4482-4488.

[34] Schmidt L C, Pertegas A, Gonzalez Carrero S, et al. Nontemplate synthesis of $CH_3NH_3PbBr_3$ perovskite nanoparticles [J]. Journal of the American Chemical Society, 2014, 136(3): 850-853.

[35] Song J, Li J, Li X, et al. Quantum Dot Light-Emitting Diodes Based on Inorganic Perovskite Cesium Lead Halides ($CsPbX_3$) [J]. Advanced Materials, 2015, 27(44): 7162-7167.

[36] De Roo J, Justo Y, De Keukeleere K, et al. Carboxylic-acid-passivated metal oxide nanocrystals: ligand exchange characteristics of a new binding motif [J]. Angewandte Chemie International Edition, 2015, 54(22): 6488-6491.

[37] Feng Y F, Zhu M Y, Cao Q L, et al. P-π Conjugated L-type ligand for pure-red perovskite light-emitting diodes [J]. ACS Energy Letters, 2024, 9(3): 1125-1132.

[38] Grisorio R, Fasulo F, Muñoz García A B, et al. In situ formation of zwitterionic ligands: changing the passivation paradigms of $CsPbBr_3$ nanocrystals [J]. Nano Letters, 2022, 22(11): 4437-4444.

[39] Shirasaki Y, Supran G J, Bawendi M G, et al. Emergence of colloidal quantum-dot light-emitting technologies [J]. Nature Photonics, 2012, 7(1): 13-23.

[40] Colvin V L, Schlamp M C, Alivisatos A P. Light-emitting diodes made from cadmium selenide nanocrystals and a semiconducting polymer [J]. Nature, 1994, 370(6488): 354-357.

[41] Mueller A H, Petruska M A, Achermann M, et al. Multicolor light-emitting diodes based on semiconductor nanocrystals encapsulated in GaN charge injection layers [J]. Nano Letters, 2005, 5(6): 1039-1044.

[42] Lim J, Jeong B G, Park M, et al. Influence of shell thickness on the performance of light - emitting devices based on CdSe/$Zn_{1-x}Cd_xS$ core/shell heterostructured quantum dots [J]. Advanced Materials, 2014, 26(47): 8034-8040.

[43] Li Z, Wei J, Wang F, et al. Carrier dynamics in alloyed chalcogenide quantum dots and their light - emitting devices [J]. Advanced Energy Materials, 2021, 11(40): 2101693-2101714.

[44] Lim J, Park Y S, Wu K, et al. Droop-free colloidal quantum dot light-emitting diodes [J]. Nano Letters,

2018, 18(10): 6645-6653.

[45] Jang E P, Han C Y, Lim S W, et al. Synthesis of alloyed ZnSeTe quantum dots as bright, color-pure blue emitters [J]. ACS Applied Materials & Interfaces, 2019, 11(49): 46062-46069.

[46] Kim T, Lim S, Yun S, et al. Design strategy of quantum dot thin - film solar cells [J]. Small, 2020, 16(45): 2002460-2002472.

[47] Semonin O E, Luther J M, Choi S, et al. Peak external photocurrent quantum efficiency exceeding 100% via MEG in a quantum dot solar cell [J]. Science, 2011, 334(6062): 1530-1533.

[48] Klimov V I. Multicarrier interactions in semiconductor nanocrystals in relation to the phenomena of Auger recombination and carrier multiplication [J]. Annual Review of Condensed Matter Physics, 2014, 5(1): 285-316.

[49] Rath A K, Bernechea M, Martinez L, et al. Solution-processed inorganic bulk nano-heterojunctions and their application to solar cells [J]. Nature Photonics, 2012, 6(8): 529-534.

[50] Ning Z, Voznyy O, Pan J, et al. Air-stable n-type colloidal quantum dot solids [J]. Nature Materials, 2014, 13(8): 822-828.

[51] Cirloganu C M, Padilha L A, Lin Q, et al. Enhanced carrier multiplication in engineered quasi-type-Ⅱ quantum dots [J]. Nature Communications, 2014, 5(1): 4148-4155.

[52] Pietryga J M, Park Y S, Lim J, et al. Spectroscopic and device aspects of nanocrystal quantum dots [J]. Chemical Reviews, 2016, 116(18): 10513-10622.

[53] Purcell Milton F, Gun' ko Y K. Quantum dots for luminescent solar concentrators [J]. Journal of Materials Chemistry, 2012, 22(33): 16687-16697.

[54] Fuhr A S, Alexandrova A N, Sautet P J. Stoichiometry-controllable optical defects in $Cu_xIn_{2-x}S_y$ quantum dots for energy harvesting [J]. Journal of Materials Chemistry A, 2020, 8(25): 12556-12565.

[55] Anand A, Zaffalon M L, Gariano G, et al. Evidence for the band - edge exciton of $CuInS_2$ nanocrystals enables record efficient large - area luminescent solar concentrators [J]. Advanced Functional Materials, 2019, 30(4): 1906629-1906641.

[56] Wu K, Li H, Klimov V I. Tandem luminescent solar concentrators based on engineered quantum dots [J]. Nature Photonics, 2018, 12(2): 105-110.

[57] Bergren M R, Makarov N S, Ramasamy K, et al. High-performance $CuInS_2$ quantum dot laminated glass luminescent solar concentrators for windows [J]. ACS Energy Letters, 2018, 3(3): 520-525.

[58] Zhu M, Li Y, Tian S, et al. Deep-red emitting zinc and aluminium co-doped copper indium sulfide quantum dots for luminescent solar concentrators [J]. Journal of Colloid and Interface Science, 2019, 534: 509-517.

[59] Xu K, Zhou W, Ning Z. Integrated structure and device engineering for high performance and scalable quantum dot infrared photodetectors [J]. Small, 2020, 16(47): 2003397-2003416.

[60] Adinolfi V, Kramer I J, Labelle A J, et al. Photojunction field-effect transistor based on a colloidal quantum dot absorber channel layer [J]. ACS Nano, 2015, 9(1): 356-362.

[61] Zhou W, Shang Y, García De Arquer F P, et al. Solution-processed upconversion photodetectors based on quantum dots [J]. Nature Electronics, 2020, 3(5): 251-258.

[62] Shao D, Sun X, Xie M, et al. ZnO quantum dots-graphene composite for efficient ultraviolet sensing [J]. Materials Letters, 2013, 112: 165-168.

[63] Guo W, Xu S, Wu Z, et al. Oxygen - assisted charge transfer between ZnO quantum dots and

4

graphene [J]. Small, 2013, 9(18): 3031-3036.

[64] Greenham N C, Peng X, Alivisatos A P. Charge separation and transport in conjugated-polymer/semiconductor-nanocrystal composites studied by photoluminescence quenching and photoconductivity [J]. Physical review B, 1996, 54(24): 17628-17637.

[65] Kim J, Kwon S M, Kang Y K, et al. A skin-like two-dimensionally pixelized full-color quantum dot photodetector [J]. Science Advances, 2019, 5(11): eaax8801-eaax8812.

[66] Liu J, Liu P, Chen D, et al. A near-infrared colloidal quantum dot imager with monolithically integrated readout circuitry [J]. Nature Electronics, 2022, 5(7): 443-451.

[67] Liu M, Voznyy O, Sabatini R, et al. Hybrid organic-inorganic inks flatten the energy landscape in colloidal quantum dot solids [J]. Nature Materials, 2016, 16(2): 258-263.

[68] Lan X, Voznyy O, Kiani A, et al. Passivation using molecular halides increases quantum dot solar cell performance [J]. Advanced Materials, 2015, 28(2): 299-304.

[69] Lee S, Choi M J, Sharma G, et al. Orthogonal colloidal quantum dot inks enable efficient multilayer optoelectronic devices [J]. Nature Communications, 2020, 11(1): 4814-4821.

[70] Szendrei K, Cordella F, Kovalenko M V, et al. Solution-processable near-IR photodetectors based on electron transfer from PbS nanocrystals to fullerene derivatives [J]. Advanced Materials, 2009, 21(6): 683-687.

[71] Sulaman M, Yang S, Bukhtiar A, et al. High performance solution-processed infrared photodetector based on PbSe quantum dots doped with low carrier mobility polymer poly(N-vinylcarbazole) [J]. RSC Advances, 2016, 6(50): 44514-44521.

[72] Kim B S, Neo D C J, Hou B, et al. High performance PbS quantum dot/graphene hybrid solar cell with efficient charge extraction [J]. ACS Applied Materials & Interfaces, 2016, 8(22): 13902-13908.

[73] Gao L, Dong D, He J, et al. Wearable and sensitive heart-rate detectors based on PbS quantum dot and multiwalled carbon nanotube blend film [J]. Applied Physics Letters, 2014, 105(15): 153702-113705.

[74] Tang J, Kong B, Wu H, et al. Carbon nanodots featuring efficient FRET for real-time monitoring of drug delivery and two-photon imaging [J]. Advanced Materials, 2013, 25(45): 6569-6574.

[75] Freitas M, Neves M, Nouws H P A, et al. Quantum dots as nanolabels for breast cancer biomarker HER2-ECD analysis in human serum [J]. Talanta, 2020, 208: 120430-120437.

[76] Zhang W H, Ma W, Long Y T. Redox-mediated indirect fluorescence immunoassay for the detection of disease biomarkers using dopamine-functionalized quantum dots [J]. Analytical Chemistry, 2016, 88(10): 5131-5136.

[77] Ray S C, Saha A, Jana N R, et al. Fluorescent carbon nanoparticles: synthesis, characterization, and bioimaging application [J]. Journal of Physical Chemistry C, 2009, 113(43): 18546-18551.

[78] Garon E B, Marcu L, Luong Q, et al. Quantum dot labeling and tracking of human leukemic, bone marrow and cord blood cells [J]. Leukemia Research, 2007, 31(5): 643-651.

[79] Wu X, Liu H, Liu J, et al. Immunofluorescent labeling of cancer marker Her2 and other cellular targets with semiconductor quantum dots [J]. Nature Biotechnology, 2003, 21(1): 41-46.

[80] Nguyen A T, Baucom D R, Wang Y, et al. Compact, Fast Blinking Cd-free quantum dots for super-resolution fluorescence imaging [J]. Chemical & Biomedical Imaging, 2023, 1(3): 251-259.

[81] Jing H, Saed B, Palmai M, et al. Fluorescent artificial antigens revealed extended membrane networks utilized by live dendritic cells for antigen uptake [J]. Nano Letters, 2022, 22(10): 4020-4027.

[82] Satrialdi, Munechika R, Biju V, et al. The optimization of cancer photodynamic therapy by utilization of a pi-extended porphyrin-type photosensitizer in combination with MITO-Porter [J]. Chemical Communications, 2020, 56(7): 1145-1148.

[83] Ahirwar S, Mallick S, Bahadur D. Photodynamic therapy using graphene quantum dot derivatives [J]. Journal of Solid State Chemistry, 2020, 282: 121107-121115.

第5章 稀土掺杂上转换发光材料

5.1 上转换发光材料概述

上转换发光（upconversion luminescence）是一种非线性光学过程，上转换发光材料指的是能通过长寿命中间态连续吸收两个或者两个以上的低能量光子（通常是近红外光）来产生高能量上转换发光的辐射发光材料。这一概念是在20世纪60年代由Auzel、Ovsyankin和Feofilov独立提出的。从那时起，科研工作者们就对具有将近红外光（NIR）转化为可见光能力的材料展现出了极大的研究兴趣，该类材料逐渐发展并融入了新的研究领域。

上转换发光材料具有背景荧光低、发光稳定性高、反斯托克斯位移大、发光带宽窄、抗光漂白能力强、穿透深度深和时间分辨率高等优点，因此相比于有机荧光染料和量子点，其在生物检测和发光显示等领域的应用具有得天独厚的优势。尽管上转换发光材料具有各种很好的潜在用途，但在20世纪70～80年代，上转换发光材料的实际应用主要集中在大块玻璃和晶体材料上，想要制备出具有高分散性和强上转换发光能力的纳米晶体（50 nm以下）还十分困难。直到20世纪末，随着纳米科学的不断进步，高质量上转换发光纳米材料的常规制备才成为可能，也使得上转换发光逐渐发展成为一个高度跨学科的领域，特别是在光化学、生命科学、信息技术和能源领域。

稀土掺杂上转换发光纳米颗粒简称为上转换纳米颗粒（upconversion nanoparticles, UCNPs），是上转换发光材料中最具代表性的材料。稀土指的是一组由钪、钇和15种镧系（Ln）元素（从镧到镥）组成的17种元素，它们具有许多相似的物理和化学性质，在地质矿床中储量丰富。稀土元素4f轨道上的价电子被外层电子有效屏蔽，并且其4f电子可以在7个4f轨道之间任意分布，丰富的电子能级赋予UCNPs可调的发光特性。同时由于镧系元素的发光主要来源于4f构型内的电子跃迁，原则上，4f-4f跃迁是奇偶禁止的，但是相反宇称组态的混合会导致选择规则的失效，这种情况中电偶极跃迁是微弱允许的，所以UCNPs通常表现出尖锐而狭窄的跃迁峰，并且寿命相对较长。

在大多数情况下，无机晶体在室温下均不具有上转换发光性能。想要制备出具有良好上转换发光性能的纳米材料，关键是要在主体晶格中掺杂适量浓度的一种或多种稀土离子，其中掺杂剂通常以局域发光中心的形式存在。掺杂离子在受到激发时会跃迁到更高的能量状态。在敏化发光的情况下，这种状态是由一种掺杂离子的非辐射能量转移到另一种掺杂离子获得的，因此，我们一般把发出辐射的离子称为激活剂，而吸收能量再传递给激活剂的供体则被称为敏化剂。虽然原则上可以从大多数稀土离子掺杂的纳米晶体中观察到上转换发光现象，但是发光效率高的UCNPs通常需要精细调控掺杂元素的种类和含量，并且合理设计晶体的纳米结构。

如图5.1所示，UCNP的经典模型包括**基质**材料、**敏化剂**（sensitizer, S）和**激活剂**（activator, A）。

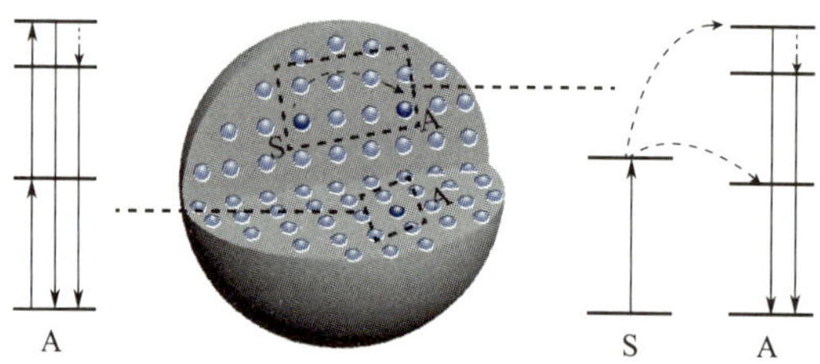

图5.1 UCNP的经典模型
其中S表示敏化剂，A表示激活剂

激活剂是上转换发光的核心部分，可以在近红外光激发下直接产生上转换发光，或者吸收从敏化剂转移的激发能量而发射出高能光子。代表性的激活剂稀土元素有Er、Tm和Ho，激活剂的电子构型决定了UCNPs的发光颜色。上转换辐射跃迁的概率与激活剂离子所处晶体场的对称性、基质的种类以及激发功率密度息息相关。而其他外部刺激，如磁场/电场、温度、应力以及在激活剂和敏化剂之外的第三种金属离子的共掺杂，如碱金属离子Li^{+}，也可能影响激活剂的上转换发光特性。另外，上转换发光的强度与激活剂和敏化剂的掺杂浓度也密切相关。

敏化剂指的是在近红外光激发下吸收截面比激活剂大的元素，其最初是用于将激发能量传递给共掺杂的激活剂离子，代表性的敏化剂稀土元素有Yb和Nd。除此之外，敏化剂也可以是任何能够有效吸收其特征波长激发能量的单元，然后将能量转移到激活剂离子以增强上转换发光。不同敏化剂所具有的独特电子结构或带隙决定了其不同的激发波长。因此，合适的敏化剂与激活剂组合不仅能够丰富上转换发光谱库，而且可以拓展更多波长的激发光用于上转换发光领域。

基质材料为激活剂和敏化剂离子提供合适的晶格场环境，并且需要具备对激发光基本无吸收、声子能量低等特性，以便最大限度降低非辐射损失，有效提高稀土离子上转换过程的效率。代表性的基质材料有$NaYF_4$和$NaGdF_4$。与本质上决定发光特征的激活剂和敏化剂相比，上转换发光过程有时候也会受到基质种类的影响，如不同的晶格振动能量和决定激活剂-敏化剂间距的晶体学参数，以及与掺杂剂晶体场对称性直接相关的能量跃迁概率等。

5.2 稀土掺杂上转换发光材料分类

如前所述，敏化剂与激活剂离子在稀土掺杂上转换发光材料中扮演着重要角色，精准地调控着激发波长与上转换发光峰的位置。然而，要实现这一光转换过程，两者必须共掺杂于基质材料中。基质材料不仅构筑了一个稳固的晶体框架，为稀土离子掺杂提供了晶格位点，更凭借其独特的物理与化学性质，深刻影响着稀土离子的发光效率与光谱特征，赋予了材料独特的发光性能。下面将依据不同基质材料的特性对稀土掺杂上转换发光材料进行分类。

（1）氟化物

氟化物基质具有较低的声子能量，能减少激活剂离子激发态的无辐射弛豫过程，从而提高上转换发光效率。常见的氟化物基质有 CaF_2、LaF_3、$NaGdF_4$、$NaYF_4$ 等。$NaYF_4$ 是目前上转换发光效率最高的基质材料之一，有立方相（α 相）和六方相（β 相）结构。六方相 $NaYF_4$ 由于其较低的晶体对称性和更为丰富的配位环境，为稀土离子提供了更有利的发光条件。

（2）氧化物

氧化物基质材料通常具有制备工艺简单、与掺杂稀土离子的晶格匹配性较好以及化学稳定性高等优势，Gd_2O_3、Y_2O_3 等常被用于上转换发光材料的基质。但是氧化物基质的声子能量相对较高，对上转换发光效率有一定的影响。通过优化材料的组成、结构和掺杂浓度等，可在一定程度上弥补这一不足。

（3）含氧酸根稀土盐

含氧酸根稀土盐基质材料通常具有稳定的晶体结构和化学性质，如稀土磷酸盐（$LaPO_4$、YPO_4）、稀土钒酸盐（YVO_4、$GdVO_4$）、稀土钼酸盐 [$NaGd(MoO_4)_2$] 以及稀土钨酸盐（$La_{14}W_8O_{45}$）等。但是含氧酸根稀土盐的制备通常涉及复杂的化学反应过程，需要精确控制反应条件。部分含氧酸根稀土盐基质材料具有较低的声子能量，这有助于减少稀土离子在发光过程中的能量损失，但其整体能量转换效率仍相对较低。

（4）其他

除了上述 3 类主要的基质材料外，还有一些其他类型的基质材料也被用于稀土掺杂上转换发光材料的制备。如 CaS 和 SrS 等硫化物、La_2O_2S 和 Y_2O_2S 等硫氧化物以及 YOCl、GdOF 等卤氧化物等。这些基质材料能够满足特定领域的需求。然而，由于这些材料的研究相对较少，因此对其种类和性能特点的介绍不够全面和深入。

5.3 上转换发光基本原理

5.3.1 能量传递模型

从敏化剂到激活剂的能量传递可以看作是能量供体到能量受体的传递，其中主要涉及基于非辐射 Förster 和 Dexter 的机理模型。

Förster 能量转移模型是 T. Förster 在 20 世纪 40 年代提出的，并被广泛引入共振能量转移的理论研究中，它通常源于供体和受体之间的库仑偶极-偶极相互作用，因此可以在较远的距离（1～10 nm）发生。如图 5.2（a）所示，能量供体从激发态非辐射弛豫到基态，同时，基于库仑相互作用，能量受体将从基态跃迁到激发态。

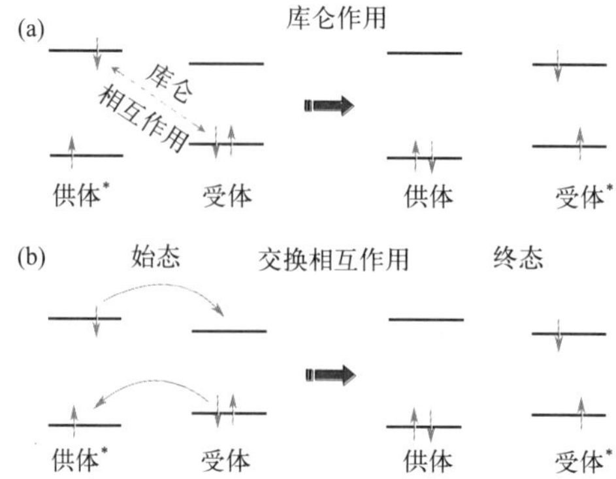

图 5.2 Förster 能量传递（a）和 Dexter 能量传递过程（b）的示意图

*表示激发状态

Förster 能量传递的概率可表示为：

$$w_{DA}=\frac{1}{\tau_D}\left(\frac{R_c}{R}\right)^6 \tag{5-1}$$

式中，τ_D 为供体激发态的寿命；R 为供体-受体距离；R_c 为能量传递概率等于供体的固有衰减率时的临界半径。

R_c 可以表示为：

$$R_c{}^6=\frac{9000(\ln 10)K^2\Phi_D}{128\pi^5 N_A n^4}J \tag{5-2}$$

式中，K 为取向因子；Φ_D 为没有受体时供体的发射量子产率；N_A 为阿伏伽德罗常数；n 为溶剂的折射率；J 为光谱重叠积分。很明显，Förster 能量转移的概率与供体的发射和受体的吸收之间的光谱重叠成正比，与供体-受体距离的六次方成反比。

Förster 能量转移模型后来被扩展到基于量子理论的交换相互作用，是 D. Dexter 在 20 世纪 50 年代提出的，其中从供体到受体的激发态电子交换导致 Dexter 能量转移［图 5.2（b）］。由于需要供体和受体之间的波函数重叠，交换相互作用被限制在更短的距离内（小于 1 nm）。Dexter 能量传递的概率可表示为：

$$w_{DA}=\frac{2\pi}{h}DJe^{(-2r/L)} \tag{5-3}$$

式中，h 为普朗克常数；D 为 Dexter 参数；J 为光谱重叠积分；L 为范德华半径之和。当允许电子偶极-偶极跃迁时，库仑相互作用即使在短距离内也占主导地位，否则交换相互作用将占据主导地位。

5.3.2 稀土掺杂上转换发光机制

目前为止，稀土掺杂上转换发光主要有 5 种机制得到了广泛认可，包括激发态吸收上转换（excited state absorption, ESA）、能量转移上转换（energy transfer upconversion,

ETU）、协同敏化上转换（cooperative sensitization upconversion, CSU）、光子雪崩（photon avalanching, PA）和能量迁移介导的上转换（energy migration-mediated upconversion, EMU）。他们的上转换发光机制示意图如图 5.3 所示。

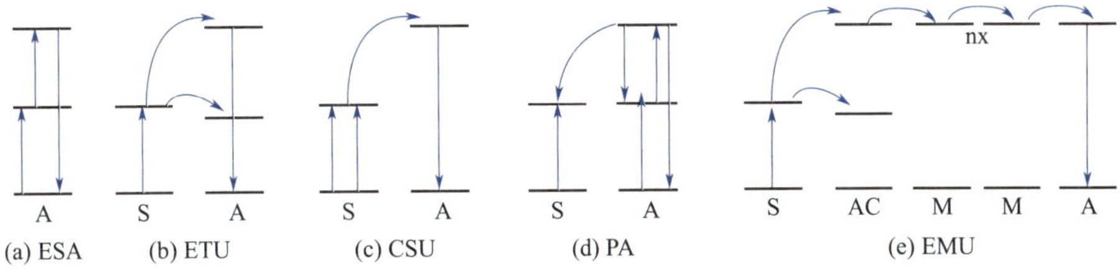

图 5.3 上转换发光机制示意图

其中，S表示敏化剂，A表示激活剂，AC表示蓄能剂，M表示迁移剂

（1）激发态吸收（ESA）机制

在激发态吸收（ESA）机制中，激活剂离子连续吸收两个或多个光子后从基态到达更高的激发态，并在返回基态时产生上转换发光［图 5.3（a）］。这一过程需要满足两个条件：一是激活剂离子的基态与中间激发态之间的能级差以及中间激发态与较高激发态之间的能级差应接近激发光子的能量，从而使连续吸收光子到达较高激发态成为可能；二是激活剂离子中间能级的激发态寿命应足够长，以允许其在衰变回基态之前，可以通过吸收另一个光子进而到达更高的激发态。总而言之，ESA 机制是一种能量上转换过程，主要存在于 Er^{3+}、Tm^{3+}、Ho^{3+}、Nd^{3+} 等单掺杂的上转换纳米晶体中，即掺杂离子应具有阶梯式的能级特征。

（2）能量转移上转换（ETU）机制

能量转移上转换（ETU）机制是上转换发光中应用最广泛的机制。与 ESA 相似的是，这两个机制都是利用多个光子的连续吸收使得激活剂离子跃迁到高能态。而 ETU 与 ESA 机制的本质区别在于 ETU 中激活剂离子的激发是通过相邻离子之间的能量传递实现的，因此上转换过程中所涉及的能级差并不要求与激发光子的能量严格相等，因为声子辅助的能量转移可以弥补能级之间的微小不匹配。具体来说，敏化剂在吸收激发光能量后被激发，并依次将能量传递给激活剂的合适能级，敏化剂自身则返回基态。随后敏化剂通过重复相同的过程，使得激活剂被连续激发到高能态，并在辐射复合回基态时发射出光子［图 5.3（b）］。敏化剂和激活剂通过组成离子对的形式工作，使得 ETU 机制的上转换效率可以比 ESA 机制提高两个数量级。经典的敏化剂和激活剂离子对包含 Yb^{3+}/A^{3+}（A = Er、Tm、Ho、Pr）、Tm^{3+}/Er^{3+}、Er^{3+}/Ho^{3+} 和 Yb^{3+}/Mn^{2+} 等。值得注意的是，通过衰减曲线初始阶段的上升沿，可以很容易地将 ETU 与 ESA 区分开来：对于 ETU 过程，由于涉及两个离子之间的能量传递过程，需要一定时间，因此衰减曲线上升沿比较缓慢；而在 ESA 过程中，由于是单个离子对光子的连续吸收，这个过程相对 ETU 要快，所以其衰减曲线上升沿比较陡峭，发光强度会在短时间内快速上升。

（3）协同敏化上转换（CSU）机制

协同敏化上转换（CSU）机制通常需要三个部分协同工作来共同完成上转换发光过程，

包括两个相同类型的敏化剂离子和一个激活剂离子。由于敏化剂和激活剂的能级不匹配，这就需要相邻的两个敏化剂离子同时吸收激发光子的能量到达激发态，并将能量传递给没有中间长寿命激发态的激活剂离子以实现上转换发光［图 5.3（c）］。这种严苛的发光条件导致 CSU 机制的上转换发光效率较低，并主要发生在 Yb^{3+} 掺杂敏化的发光材料中，如 Yb^{3+}/Tb^{3+}、Yb^{3+}/Eu^{3+} 和 Yb^{3+}/Pr^{3+} 离子对。

（4）光子雪崩（PA）机制

在光子雪崩（PA）机制中，激活剂最初通过非谐振弱基态吸收激发光子的能量，然后通过谐振 ESA 或 ETU 过程达到发光能级。在初始阶段过后，处于激发态的激活剂和处于基态的敏化剂之间发生交叉弛豫型能量转移，导致敏化剂和激活剂离子都占据了中间激发态能级。随后通过 ESA（或 ETU）过程，激活剂在吸收激发光子能量后可以呈指数级地跃迁到特定发光能级，从而产生指数增强的上转换发光，这一过程被称作光子雪崩［图 5.3（d）］。在 PA 机制中敏化剂通常是与激活剂相同的镧系元素。

（5）能量迁移介导的上转换（EMU）机制

能量迁移介导的上转换（EMU）机制通常需要四部分协同工作，即敏化剂、蓄能剂、迁移剂和激活剂［图 5.3（e）］。敏化剂首先吸收激发光子的能量跃迁到激发态，随后敏化剂将激发能量传递给蓄能剂使其达到高能态，接着迁移剂将捕获来自蓄能剂的能量，迁移后的能量最终将传递给激活剂以实现上转换发光。迁移剂在 EMU 机制中起到了至关重要的作用，它保证了激发能量的长距离传递，特别是在多壳层的上转换纳米晶体结构中。常用的迁移剂离子有 Gd^{3+} 和 Yb^{3+}，它们可以将激发能递送到其他金属离子和发光单元。

随着纳米科学与纳米技术的快速发展，研究者已经开发了越来越多的激活剂和纳米级基质材料的组合种类，并且已经可以在上转换纳米颗粒的发光颜色、寿命、相对发光强度甚至量子效率方面进行相当程度的控制。然而，由于缺乏合适的可以在不同激发波长下工作的敏化剂，大多数的研究主要局限于两种类型的敏化剂，即基于 Yb^{3+}、Nd^{3+} 的上转换系统，两者可分别被 980 nm、808 nm 的激光激发。

5.4 稀土掺杂上转换发光材料的制备方法

在过去的几十年，科研工作者提出了各种新的合成方法和策略来优化稀土掺杂上转换发光材料的性能，包括高温热分解法、水热 / 溶剂热法、改进化学共沉淀法、溶胶凝胶法、微波辅助合成法和燃烧合成法等。其中前三种方法得到的产品具有良好的尺寸和形貌，是合成 UCNPs 的常用方法。

5.4.1 高温热分解法

高温热分解法是目前合成高质量 UCNPs 最有效的方法之一。制备氟化物基质 UCNPs 常用的前驱体是三氟乙酸稀土盐，溶解前驱体的有机溶剂通常由油酸（OA）和十八烯（ODE）组成，有时也会添加油胺（OM）。高温热分解法的基本原理和合成过程参考本教材 2.2 节。该方法通常需要较高的反应温度（280～300 ℃）和苛刻的反应环境（无氧 / 无水），且三氟乙酸稀土盐热分解会产生毒性较大的氟化物，因此该合成方法需要在通风或者有尾气处理装置的条件下进行。

2005 年，研究者采用在高温热分解时可以同时提供稀土离子和氟离子的稀土三氟乙酸盐作为前驱体，在 OA 和 ODE 溶剂中，通过热分解法制备了单分散的 LaF_3 纳米板［图 5.4（a）］[1]。此后，这种合成方法被广泛用于合成以 $NaYF_4$、$LiYF_4$、$NaGdF_4$ 和 $NaLuF_4$ 为基质材料的高质量上转换纳米晶体。然而，三氟乙酸盐在高温下的热分解会产生有毒的氟化物，因此反应需要在极其通风的条件下进行。后来（2008 年），研究者开发了一种新的方法来解决这个问题，即采用稀土氯化物和氟化铵分别提供稀土离子和氟离子，可以高效简便地合成具有可控形貌和上转换发光的 $NaYF_4$:Yb/Er（Tm）纳米晶体［图 5.4（b）～（d）］[2]。其中，与以往需要在高温下使用过量氟化物反应物的方法不同，这种方法是基于扩散限制纳米晶体的生长。所有氟化物试剂在室温下都转变为固体，因此高温下大大减少了 HF 气体和氟化物的生成。

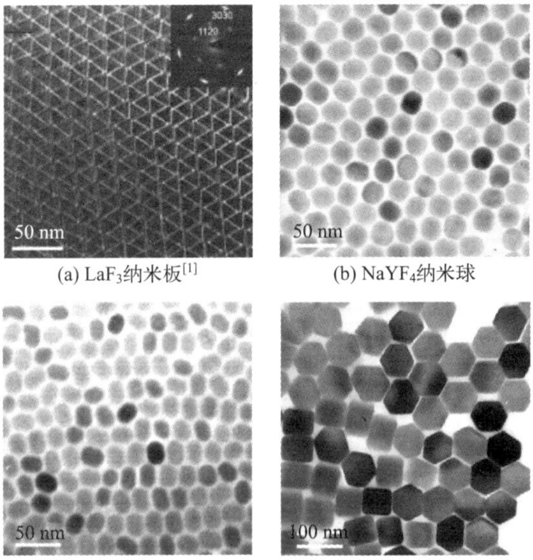

(a) LaF_3纳米板[1]　(b) $NaYF_4$纳米球
(c) $NaYF_4$纳米椭球　(d) $NaYF_4$纳米板[2]

图 5.4 不同形貌 UCNPs 的 TEM 图像

虽然高温热分解法已成为合成高结晶度、尺寸均匀、形貌可调的 UCNPs 的常用方法，但它仍然存在一些缺点：通常需要较高的反应温度（约 300 ℃）和苛刻的（无氧 / 无水）反应环境；热分解法制得的纳米晶体通常被 OA 或 OM 覆盖，需要进一步的表面修饰才能改变其在极性溶剂（如水、乙醇等）中的分散能力。

5.4.2 水热 / 溶剂热法

水热 / 溶剂热法是另一种以溶液为基础的合成方法，通常需要在密闭的反应容器中，通过加入金属盐的水溶液或有机溶剂，并利用原料在高温高压条件下的高溶解度与高反应性来生长纳米晶体。目前，水热 / 溶剂热法也是合成形貌和结构可调的单分散纳米颗粒的一种简单有效的方法。

针对 UCNPs 的组成，在经典的水热 / 溶剂热过程中，一般以氯化稀土盐、硝酸稀土盐或醋酸稀土盐等为原料，并可采用 HF、NH_4F、NaF、NH_4HF_2、$NaBF_4$ 等多种氟化物作为氟前驱体来合成 ReF_3 或 $MReF_4$（Re= 稀土元素，M= 碱金属）等化合物。该方法合成 UCNPs 时，通过改变溶液 Re/F 的摩尔比、pH 值、氟前驱体或添加一些化合物（如柠檬酸、乙二胺四乙酸、十六烷基三甲基溴化铵）来调节纳米颗粒的结构和形貌。

除了本教材在 2.5 节介绍的传统水热 / 溶剂热法依靠体系黏度、pH 或者配体调控的合成策略外，基于液-固-溶液（liquid-solid-solution，LSS）相转移和分离过程 [3] 的溶剂热体系也是制备单分散 UCNPs 的有效方法。水热合成法中采用的基本原理是液-固-溶液相转移分离模型 [3]。以经典的 $NaYF_4$ 纳米晶体为例，固相指的是油酸钠，液相指的是乙醇和油酸，溶液相指的是含有稀土离子的水 / 乙醇溶液。在反应过程中，水和乙醇溶液中的稀土离子通过离子交换迁移到固相中时，稀土离子和氟离子共析出形成 $NaYF_4$ 纳米颗粒。同时，由于 $NaYF_4$ 纳米颗粒的疏水表面，该产物在相分离过程中受到重力作用，主要停留在反应容器的底部。

另外，配体动力学效应的概念被引入水热合成 $NaYF_4$ 晶体的形貌控制中 [4]。不同配体体系对晶体形貌都具有重要的影响，包括油酸体系、十八胺体系以及柠檬酸三钠盐体系。同时，除了不同官能团配体之外，不同碳链长度的饱和脂肪酸对 β-$NaYF_4$ 晶体的形貌、生长以及相转变过程也会产生显著影响。如图 5.5 所示，通过改变配体碳链长度，可以合成多种形貌的 β-$NaYF_4$ 晶体，包括两端为皇冠状的棒状结构、尖端突起的微米棱柱结构、上 / 下表面有很多小突起的六棱柱结构、中心类似塔状的微米盘结构、八面体状结构以及不同尺寸的上 / 下表面类似花瓣状的微米盘结构。

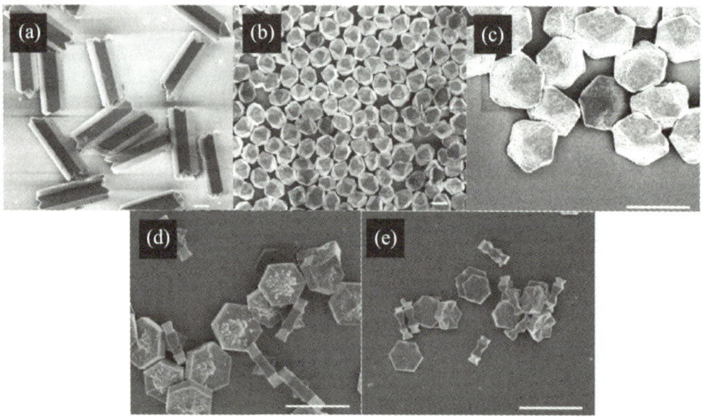

图 5.5 水热法制备 $NaYF_4$ 上转换纳米晶的透射电镜图像

通过调控配体改变纳米晶形貌[4]，标尺：1 μm

5.4.3 改进化学共沉淀法

化学共沉淀法是合成 UCNPs 的另一种友好、便捷的方法，其基本原理在本教材 2.1.2 小节已经介绍。Boutinaud 等人 [5] 首次在低温（80 ℃）下用共沉淀法合成了结晶性良好的 UCNPs，然而该过程需要 24 h 以获得 α 相的纳米颗粒，需要反应 10 天才能获得发光性能更好的β相纳米颗粒。随后，Chow等[6]对该方法进行了扩展和改进，利用二硝基二硫代磷酸铵作为配体分子控制纳米晶体的生长并防止其聚集。通过简单的水溶性无机前驱体合成了粒径更小（约5 nm）、粒径分布更窄的LaF_3纳米晶体。但是该方法后处理繁琐，需要在真空条件下干燥2天才能得到最终产品。

为了加快反应进程，同时获得粒径分布窄、发光效率高的UCNPs，Zhang等改进了化学共沉淀法，利用“低温成核、高温生长”策略实现了UCNPs的高效合成[2]。将氯化稀土盐或醋酸稀土盐溶解在ODE和OA的混合体系中，在50 ℃时将氟化铵和氢氧化钠的甲醇溶液作为沉淀剂加入上述体系，基于扩散过程限制纳米晶体的成核和生长。混合溶液需要在50 ℃反应一段时间以确保所有氟化物完全反应形成“种子”。随后升高温度除去低沸点溶剂，并在惰性气体氛围下加热到280～300 ℃，反应1～1.5 h即可得到发光性能优良的β相纳米晶体。通过改变OA的加入量即可调控纳米晶体的形貌。如图5.4（b）～（d）所示，当OA用量分别为6 mL、10 mL和3 mL时，得到球形、椭球形和六角板状的纳米晶体。改进的共沉淀法在OA/ODE体系中反应，低温下生成均匀纳米晶核，高温下晶体生长。该方法结合了传统的共沉淀法和热分解法的优势，得到的产品具有优异的单分散性和发光性能，已成为合成高质量UCNPs的重要方法，并且针对不同的基质材料和颗粒形貌还在不断发展中[7-9]。

5.4.4 其他合成方法

传统溶胶-凝胶法是通过水解和缩聚金属醇盐(或卤化物)前驱体来制备上转换纳米颗粒的。该方法得到的UCNPs结晶度较低，为了提高发光效率通常需要高温煅烧。Prasad等人[10]对溶胶-凝胶法进行了一定程度的改进，这种方法涉及一种溶胶-乳液-凝胶技术，利用溶液中形成的反向胶束作为纳米晶体生长的反应容器并成功制备出了Er^{3+}掺杂的ZrO_2纳米晶体。目前有关溶胶-凝胶法的研究主要以金属氧化物为基质材料，例如$TiO_2:Er$、$BaTiO_3:Er$、$Lu_3Ga_5O_{12}:Er$和$YVO_4:Yb/Er$等。尽管科研工作者已经在溶胶-凝胶法方面做了大量的研究工作，但是基于该方法制备的UCNPs粒度分布宽、表面缺陷多且难以分散在水溶液中，在实际应用方面受到了诸多限制。

燃烧合成法是利用化学反应自身释放的热量来维持反应的持续进行，可在短时间内合成具有特定组成和结构材料的方法。燃烧合成反应速度极快，通常可以在几秒到几分钟内完成材料的合成，大大缩短了制备周期。利用燃烧合成法可以合成多种以氧化物和硫氧化物为基质材料的UCNPs，包括Y_2O_3、La_2O_2S和Gd_2O_3。但是该方法需要注意控制反应的引发条件和反应过程中的安全问题，以避免发生爆炸等危险情况，而且得到的产物形貌不规整、表面缺陷多。

另外，还有微波辅助合成法和火焰合成法。微波辅助合成法是一种将反应物置于电磁波下，在极短时间内加热的方法。与其他技术相比，微波辅助合成法反应时间短、能耗低，是一种绿色且有前途的纳米晶体合成方法。而火焰合成法是一种用高温火焰提供热量的方法，可使含有稀土离子的前驱体溶液在瞬间经历快速蒸发、分解和反应过程，能一步合成UCNPs。但是该方法制备的颗粒尺寸和形貌难以控制，对设备和操作参数精度要求很高。

5.5 稀土掺杂上转换发光材料的发光调控

5.5.1 表面钝化

通常情况下，UCNPs 表面含有大量的敏化剂和激活剂离子。这些表面掺杂的离子由于缺乏基质晶格的有效保护，其激发能量容易通过配体或溶剂的分子振动等非辐射跃迁途径所消耗。即使是位于基质材料内部的离子，其激发能量也可以通过邻近的掺杂离子转移到颗粒表面，最终以非辐射跃迁的形式耗散，进而影响上转换纳米颗粒的发光性能。

如图 5.6 所示，在上转换纳米颗粒的表面包覆一层惰性晶体壳层是提高上转换发光效率的有效途径，该壳层通常与纳米颗粒的基质材料具有相同的组成。在这种情况下，所有的掺杂离子（敏化剂和激活剂）都被限制在纳米晶体的内部，可有效抑制激发能量向晶体表面的转移，从而产生高效的上转换发光。

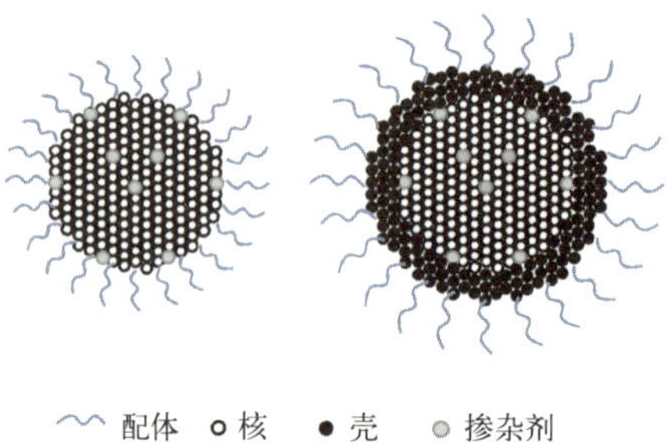

图 5.6 掺杂剂在核以及核壳结构中的分布示意图

一些非晶材质的壳层也可用于包覆上转换纳米颗粒，以减少表面猝灭效应，从而提高上转换发光效率。如二氧化硅或二氧化钛包覆的上转换纳米颗粒（UCNP@SiO_2、UCNP@TiO_2），通过调整这些非晶壳层的厚度，也可以改变上转换发光强度。然而，受到弱配体场和非晶壳层高能振动的作用，上转换纳米颗粒的发光效率仍受到了一定程度的限制[11]。

5.5.2 多色发光调控

目前已经开发了几种用于调控稀土掺杂上转换发光材料发光颜色的方法，具体包括以下几种。

（1）控制基质材料和激活剂离子的种类

利用不同基质材料和激活剂离子的组合是制备多色发光 UCNPs 最直接的方法。由于镧系离子具有丰富的 4f 能级，每一种镧系离子都有其对应能级的特征发光峰。由于激活剂离子在不同基质材料中的晶体对称性不同，其对应的发光峰位置和强度也可能存在较大差异。因此，通过调节基质材料和激活剂离子的组合，可以有效地调控其发光波长和不同发光峰的相对强度，从而调节 UCNPs 的发光颜色。

表 5.1 中列出了用于制备多色发光 UCNPs 的经典基质材料和激活剂离子的组合，以及它们典型的上转换发光峰位置。这些组合中都用 Yb^{3+} 作为敏化剂来吸收激发能量。Yb/

Er 和 Yb/Tm 共掺杂的 $NaYF_4$ 纳米颗粒分别呈现出强黄色和蓝色的发光[12]。其中，Er^{3+} 的黄色发光来源于其位于 540 nm 和 660 nm 左右的两部分发射光的叠加。另外，使用 980 nm 激光为激发光源，以 $NaYbF_4$ 作为基质材料，$NaYbF_4$:Tm、$NaYbF_4$:Ho、$NaYbF_4$:Er 和 $NaYF_4$:Yb 纳米晶体可以分别观察到四种不同的发光颜色[13]。

表 5.1 常见激活剂离子在不同基质材料的主要发光峰位置

激活剂离子	基质材料	发光峰位置		
		蓝色 (400～480 nm)	绿色 (520～550 nm)	红色 (640～670 nm)
Tm^{3+}	α-$NaYF_4$	450 nm，475 nm(强)		647 nm(弱)
	β-$NaYF_4$	450 nm，475 nm(强)		
	LaF_3	475 nm(强)		
	$LuPO_4$	475 nm(强)		649 nm(强)
Er^{3+}	α-$NaYF_4$	411 nm(弱)	540 nm(中)	660 nm(强)
	β-$NaYF_4$		523 nm，542 nm(强)	656 nm(中)
	LaF_3		520 nm，550 nm(强)	659 nm(强)
	$YbPO_4$		526 nm，550 nm(强)	657 nm，667 nm(强)
	Y_2O_3		524 nm，549 nm(弱)	663 nm，673 nm(强)
Ho^{3+}	α-$NaYF_4$		540 nm(强)	
	LaF_3		542 nm(强)	645 nm，658 nm(中)
	Y_2O_3		543 nm(强)	665 nm(中)

注："强"表示发光较强，"中"表示发光中等，"弱"表示发光较弱。

(2) 控制 UCNPs 的尺寸

稀土掺杂上转换发光材料的发光颜色会随着纳米晶体尺寸的改变而发生变化。例如：Y_2O_3:Yb/Er UCNPs 随着颗粒尺寸的减小，红色与绿色发光强度的相对比值逐渐增加[14]。这种具有尺寸依赖性的光学性质是由 UCNPs 的表面效应引起的，即随着颗粒尺寸的减小，其比表面积逐渐增大，导致了位于颗粒表面的掺杂离子（敏化剂和激活剂离子）在总掺杂离子中的比例增加。在纳米晶体尺寸非常小的情况下，其表面效应非常显著，并主导了对发光颜色的调控。由于 UCNPs 的发光是颗粒表面和内部掺杂离子发光的总和，因此通过控制 UCNPs 的尺寸，可以精确调节表面掺杂离子的浓度，从而实现上转换发光颜色的改变。

(3) 控制掺杂离子的浓度

上转换发光的颜色也会随着 UCNPs 中掺杂离子浓度的变化而变化。掺杂离子的浓度决定了纳米晶体内掺杂离子的数量以及相邻掺杂离子之间的平均间距，这对 UCNPs 的光学性能有很大的影响[15]。

5

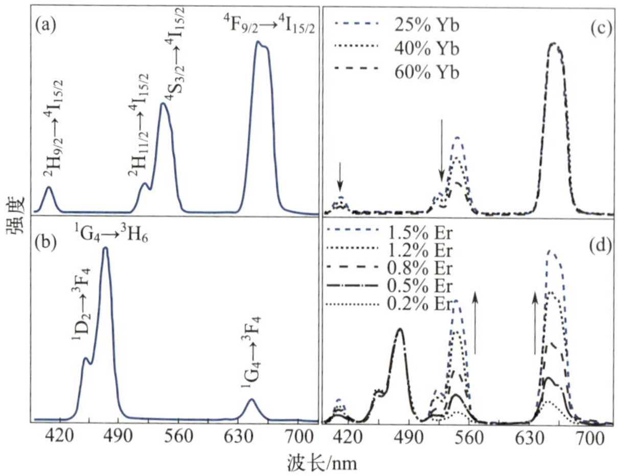

图 5.7 掺杂不同离子及离子浓度对光学性能的影响

(a) $NaYF_4$:Yb/Er（18%/2%）；（b）$NaYF_4$:Yb/Tm（20%/0.2%）；（c）$NaYF_4$:Yb/Er[(25%～60%)/2%]；（d）$NaYF_4$:Yb/Tm/Er[20%/0.2%/(0.2%～1.5%)]颗粒在乙醇溶液（10 mmol/L）中的上转换发光光谱；（c）和（d）分别归一化到Er^{3+} 660 nm和Tm^{3+} 480 nm发光峰的光谱[16]。以上百分数为摩尔分数

利用单一基质（如 $NaYF_4$）掺杂不同量的敏化剂（Yb^{3+}）和激活剂（Tm^{3+} 或 Er^{3+}）离子，在单波长（如 980 nm）激发下，通过对不同上转换发光峰强度的微调可实现多色发光输出[16]。例如，Yb/Er 共掺杂的 $NaYF_4$ 纳米颗粒（18%/2%）在 410 nm（$^2H_{9/2}$ - $^4I_{15/2}$）、523 nm 和 542 nm（$^2H_{11/2}$/$^4S_{3/2}$-$^4I_{15/2}$）以及 656 nm（$^4F_{9/2}$ - $^4I_{15/2}$）处出现明显的发光峰［图 5.7（a)］，分别对应于蓝色、绿色和红色的上转换发光，多色混合导致 UCNPs 整体呈现黄色发光。而在 $NaYF_4$ 主晶格中掺杂高浓度的 Yb^{3+} 后，可以减小 Yb^{3+} 和 Er^{3+} 之间的距离，从而促进 Er^{3+} 向 Yb^{3+} 的反向能量传递。该能量转移过程抑制了 Er^{3+} 位于 $^2H_{9/2}$、$^2H_{11/2}$ 和 $^4S_{3/2}$ 能级的激发态电子数量，导致蓝色（$^2H_{9/2}$ - $^4I_{15/2}$）和绿色（$^2H_{11/2}$、$^4S_{3/2}$ - $^4I_{15/2}$）发光强度降低［图 5.7（c)］。因此，通过精确控制不同 Yb^{3+} 浓度（25%～60%，摩尔分数）下三种颜色发光峰的相对强度，可以实现 UCNPs 发光颜色从黄色到红色的变化。另外，Tm^{3+} 在 480 nm 处具有明显的发光峰［图 5.7（b)］，添加两种具有不同发光性质的激活剂离子（如 Tm^{3+} 和 Er^{3+}）在同一基质材料中，通过改变某一掺杂离子的浓度也可以精确控制不同激活剂的相对发光强度［图 5.7（d)］。

除了可见光区域发光颜色的调控，利用该方法还可以实现上转换发光在近红外区域的微调。例如增加 $NaYF_4$:Yb/Tm 纳米颗粒中 Tm^{3+} 的浓度，可以使 Tm^{3+} 的近红外发光相对于蓝色发光有较大的增强。这是由于 Tm^{3+} 浓度升高时，$^1G_4$-$^3H_4$ 与 $^3F_2$-$^3F_4$ 之间的能量共振使得激发态电子在 $^3H_4$ 能级广泛布居。考虑到可用的掺杂剂-基质组合范围很广，控制掺杂离子的浓度可以在可见光和近红外光谱区域产生广泛可调的上转换发光光谱[17]。

5.6 稀土掺杂上转换发光材料的优化

尽管 UCNPs 具有许多优点，但由于其吸收效率低、表面缺陷多、浓度猝灭阈值低、掺杂离子种类有限等因素，UCNPs 的发光效率仍然很低。近年来人们提出了各种策略，包括染料敏化、最小化浓度猝灭效应、限制能量迁移等来优化上转换发光。长期以来人们都认为交叉弛豫会降低上转换发光效率，但新的研究表明，交叉弛豫也可以用作操纵上转换发光的有力工具。另外，通过合理的结构设计，利用上转换发光的稳态 / 非稳态过程调控，也可以实现多色发光的可控输出。

5.6.1 染料敏化

UCNPs 发光效率低的重要原因之一是它们在 NIR 区域中有极低的吸收截面和窄的吸收带。常见的 β-$NaYF_4$:Yb/Er UCNPs 在 975 nm 处的消光系数仅为 7×10^{-5} L/(g · cm)，比商业染料如菁染料 IR-806 在 806 nm 处的消光系数小约 5×10^6 倍。利用染料分子作为“天线”可以有效吸收激发光的能量，然后通过共振能量转移将激发能量转移给 UCNPs，进而增强 UCNPs 的发光强度[18]。Chen 等[19]首次引入了能量级联上转换（ECU）概念来解释染料敏化 UCNPs 的能量传递过程［图 5.8（a)］。ECU 机制涉及以下步骤：NIR 染料首先收集激发光，经过有机 / 无机界面将能量转移到壳中的敏化剂（离子Ⅰ)，然后再传递给核-壳界面的敏化剂（离子Ⅱ)，并最终转移到核中的激活剂（离子Ⅲ）以实现上转换发光。宽的红外光谱激发范围（超过 150 nm）和单个纳米粒子大吸收截面（1.47×10^{-14} cm^2）实现了 19% 的上转换量子效率，这比典型的稀土掺杂的 UCNPs 在 800nm 的上转换效率高约 100 倍。

除了核壳结构，基于核 / 壳 / 壳（CSS）UCNPs 的有机-无机杂化体系，也可以实现从染料经由不同壳层中的敏化剂到核中的激活剂的定向能量传递［图 5.8（b)］[20]。Garfield 等人[21]首次揭示了染料中的自旋三重态是染料敏化 UCNPs 能量迁移过程中的关键中间体，并且UCNPs表面稀土离子的重原子效应可以进一步增加染料从单线态（S_1）到三重态（T_1）的系间交叉（ISC）过程。ISC 可以通过与UCNP表面稀土离子的自旋轨道耦合而大大增强，这可以富集三重态群体，进而将大量的激发能量转移到 UCNPs 中。

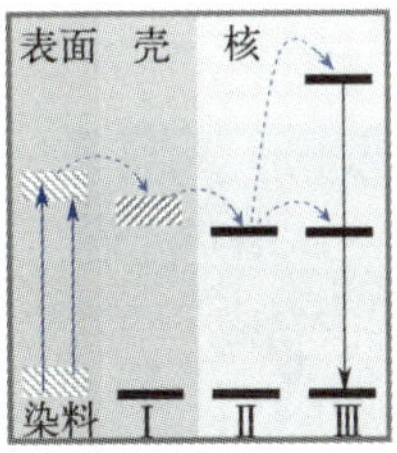

(a) 基于有机染料、三种类型的镧系离子和核壳设计的染料敏化能量级联上转换（ECU）过程示意图[19]

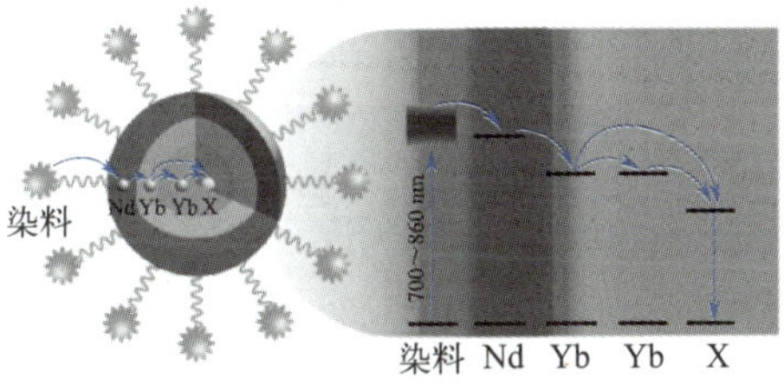

(b) 能量转移途径示意图

图 5.8 染料敏化能量级联上转换过程

图（b）中的能量途径是从UCNPs纳米晶体表面的染料到Nd^{3+}外壳，然后到Yb^{3+}内壳，最后到Yb^{3+}/X^{3+}（X = Er、Ho、Tm或Pr）的核[20]

除了利用有机染料增强近红外激发光的敏化吸收之外，还可以利用荧光染料发射敏化来增强 UCNPs 的发光性能。例如，市售 ATTO 542 染料具有高的荧光辐射速率，并且其最低未占分子轨道（LUMO）与 Er^{3+} 的 $^2H_{11/2}$ 和 $^4S_{3/2}$ 能级可以很好地匹配。将染料 ATTO 542 附着到 UCNPs 表面，可以实现从 UCNPs 到染料的有效能量转移，从而增强上转换发光强度[22]。该方法突出了提高 UCNPs 辐射速率的重要性，为具有全新结构 UCNPs 和复合材料的设计提供了新的思路。

5.6.2　抑制浓度猝灭

从单个 UCNP 的微观结构来看，它通常包含数千个光子敏化剂和数百个光子激活剂。理论上来说，增加敏化剂和激活剂的浓度可以提高单个 UCNP 发光的亮度。然而，在某一阈值以上，敏化剂和激活剂浓度的进一步增加会导致发光猝灭。目前主要有两种理论来解释浓度猝灭的原因：一种是高浓度掺杂增强的激发能量会迁移到 UCNPs 的表面缺陷能级，另一种则是高浓度掺杂离子之间的非辐射交叉弛豫。由于浓度猝灭效应，敏化剂浓度即典型的 Yb^{3+} 通常约为 20%（摩尔分数），激活剂浓度通常限于 0.5%～5 %。因此，发展可以拓宽敏化剂和激活剂离子浓度猝灭阈值的方法对于获得具有更高亮度的 UCNPs 和扩展其实际应用至关重要。

（1）表面相关猝灭的抑制

UCNPs 表面存在许多猝灭中心，例如具有高能振动的缺陷、配体和溶剂分子，它们可以猝灭掺杂剂离子的激发能量并导致发光强度降低。因此，克服浓度猝灭最常见的方法是设计如 5.5.1 小节所述的核-壳结构，用足够厚度的惰性壳钝化发光核的表面，以保护发光核免受表面猝灭中心的影响[23]。另外，表面钝化也可以帮助限制高浓度掺杂 UCNPs 的能量迁移过程，并防止表面激发能量的猝灭。例如，对于具有惰性 $NaLuF_4$ 壳、100%（摩尔分数）Er 掺杂的 $NaYF_4$ 核的 $NaErF_4$@$NaLuF_4$ 结构来说，在近红外光激发下仍然表现出增强的上转换发光强度，这表明在高浓度激活剂掺杂的 UCNPs 中，向表面的能量迁移主导了浓度猝灭过程[24]。

除了通过生长惰性壳的表面钝化策略之外，还可以通过湿化学退火工艺以降低表面缺陷（空位、晶格无序和间隙缺陷等）[25]。如图 5.9 所示，像差校正的高角环形暗场扫描透射电子显微镜图像（HAADF-STEM）显示了退火前 UCNP 的边缘具有无定形相，但退火后的 UCNP 具有高结晶度的明确边缘。由于表面缺陷的降低，上转换发光可以实现一个数量级的增强。

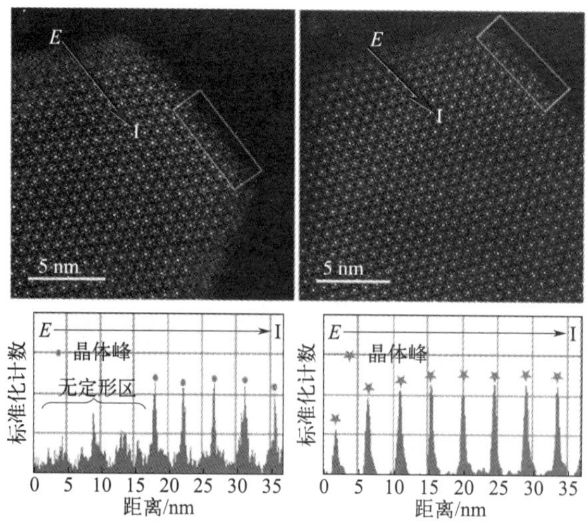

图 5.9　240 ℃退火前（左上）和退火后（右上）KLu_2F_7 纳米晶的高角环形暗场扫描透射电子显微镜图像以及分别沿箭头的方向扫描记录的强度曲线[25]

(2) 减少有害的交叉弛豫

高掺杂剂浓度导致浓度猝灭效应的另一个过程是掺杂剂离子间的有害交叉弛豫，激活剂离子将其能量转移到相邻激活剂离子并导致发光强度的急剧降低。由于大多数稀土离子具有丰富的能级，在 UCNPs 中不同类型的掺杂剂之间很可能发生交叉弛豫。交叉弛豫是两个离子之间的库仑相互作用，这种相互作用在很大程度上取决于离子-离子距离。因此，交叉弛豫在低掺杂剂浓度下可以忽略不计，但是当离子-离子距离为纳米或更小的量级时，即在高掺杂浓度下就必须考虑交叉弛豫对发光的影响。

消除高掺杂浓度下交叉弛豫效应的有效途径是将稀土离子进行空间分离，以增大掺杂剂-掺杂剂距离。可以通过晶体结构设计将敏化层和发光层分开生长[26]，也可以将敏化剂离子和激活剂离子进行空间隔离[27]。掺杂区域的空间分离将极大地降低上转换发光的浓度猝灭阈值，提高上转换发光中心的数量。

5.6.3　限制能量迁移

纳米晶体的尺寸控制已被证明是构建具有电子和光学性能可调纳米材料的有效方法，可以通过控制晶体尺寸来限制晶格中的能量迁移过程[28]。例如，对于 $NaYF_4$@$NaYbF_4$:Tm@$NaYF_4$ 核-壳-壳纳米颗粒［图 5.10（a）］，当活性 $NaYbF_4$ 内壳层的厚度从 17 nm 减小到 1 nm 时，Tm^{3+} 的上转换发光逐步增强［图 5.10（b）］，尤其是波长位于 280～356 nm 范围内经过五光子过程激发的增强，这表明空间限制策略使 $Yb^{3+} \rightarrow Tm^{3+}$ 能量传递效率明显提高。$NaYbF_4$ 壳层中激发能的概率分布函数的模拟结果也表明，随着内壳层厚度的减小，激发能量倾向于被限制在更小的区域中，并且降低了激发能耦合到缺陷的可能性。因此，更小的晶格尺寸提高了能量传递效率。

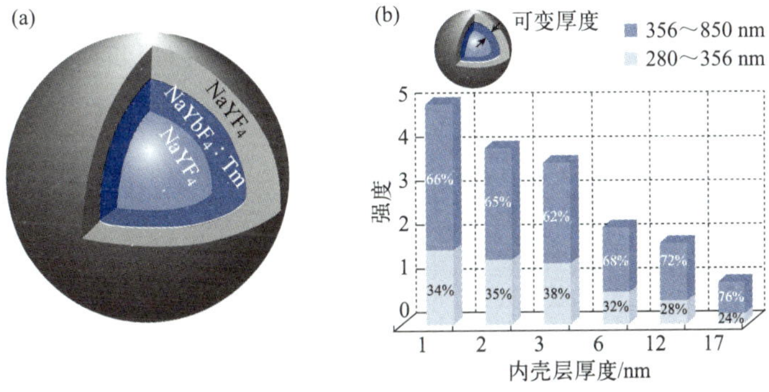

图 5.10　$NaYF_4$@$NaYbF_4$: Tm@$NaYF_4$ 核-壳-壳纳米颗粒的设计示意图（a）和上转换发光强度与内壳层厚度（1～17 nm）的关系柱状图（b）[28]

除了尺寸控制外，还可以通过能级匹配，利用掺杂离子的能量介导过程限制上转换能量迁移。Chen 等[29]报道了 Ce^{3+} 的有效上转换发光可以在 $NaYbF_4$:Gd/Tm@$NaGdF_4$@CaF_2:Ce 异质核-壳-壳纳米结构中经由 Gd^{3+} 介导的能量迁移过程实现（即 $Yb^{3+} \rightarrow Tm^{3+} \rightarrow Gd^{3+} \rightarrow Ce^{3+}$）。在 980 nm 激光激发下，$Ce^{3+}$ 在紫外区产生了宽而强的发光带。Gd^{3+} 的高能级一方面介导了激发能量的迁移路径，另一方面与 Ce^{3+} 的 5d 轨道能级匹配，实现了特定的能量迁移路径。

5.6.4 引入新型交叉弛豫

考虑到稀土离子通常具有丰富的能级和各种能量转移途径，通过引入外来能级产生新的交叉弛豫过程是调控上转换发光的有效方法。Zheng 等 [30] 首次报道了通过 Ho^{3+} 和 Ce^{3+} 之间的交叉弛豫，将高浓度 Ce^{3+}（摩尔分数＞10 %）掺杂到 $NaYF_4$: Yb/Ho UCNP 中，可以将 Ho^{3+} 的上转换发光从绿色调谐到红色。另外，其他过渡金属离子，如 Mn^{2+}[31] 和 Fe^{3+}[32] 的能级产生的特定交叉弛豫过程也可以有效调控上转换发光颜色。

除了发光颜色的调控之外，交叉弛豫也可以用来调控 UCNPs 的发光寿命。例如，Jin 等 [33] 通过在 $NaYF_4$ 纳米晶体中以不同的浓度共掺杂敏化剂 Yb^{3+} 和激活剂 Tm^{3+} 来控制它们不同的交叉弛豫程度。在不同浓度下，从 Yb^{3+} 到 Tm^{3+} 的能量转移将由不同的 Yb^{3+}-Tm^{3+} 距离而改变，从而形成具有可调寿命的数据库以用于光学多路复用。

5.6.5 非稳态上转换发光调控

几乎所有连续激光激发的上转换发光都由稳态过程控制，其中激发态的失活和能量转移过程以相同的速率发生。而非稳态上转换发光的特征是激发态衰变和能量转移过程之间的速率不同，这一过程可以通过非常短的激光脉冲来实现。将镧系离子激发到特定能级通常包含许多步骤：能量转移过程、非辐射弛豫过程和交叉弛豫。因此，通过改变激发光激发脉冲时间调制非稳态上转换发光过程以实现发光颜色操纵是可行的 [34]。

Deng 等 [35] 首次利用多层核壳结构在不同的激发波长和脉冲宽度条件下，得到具有正交红绿蓝（RGB）颜色的上转换发光系统。如图 5.11 所示，在 Nd^{3+}-Yb^{3+}-Tm^{3+} 三重掺杂内壳层系统中，用 808 nm 的连续激光激发时，Nd^{3+} 吸收激发能量后转移给 Tm^{3+}，当 Tm^{3+} 位于 $^1G_4$ 能级的激发态电子回落到基态后产生了 470 nm 的蓝色发光。在 Yb^{3+}-Ho^{3+}-Ce^{3+} 三重掺杂外壳层系统中，用 980 nm 脉冲激光激发的情况下，Yb^{3+} 作为敏化剂吸收 980 nm 光子，通过两步能量转移过程（Yb^{3+}-Ho^{3+}）填充 Ho^{3+} 的 $^5F_4$/$^5S_2$ 能级，进而实现 541 nm 的绿色发光。在短脉冲激发下，由于激发能量从 Ho^{3+} 的 $^5I_6$ 能级到其较低 $^5I_7$ 能级的延迟失活限

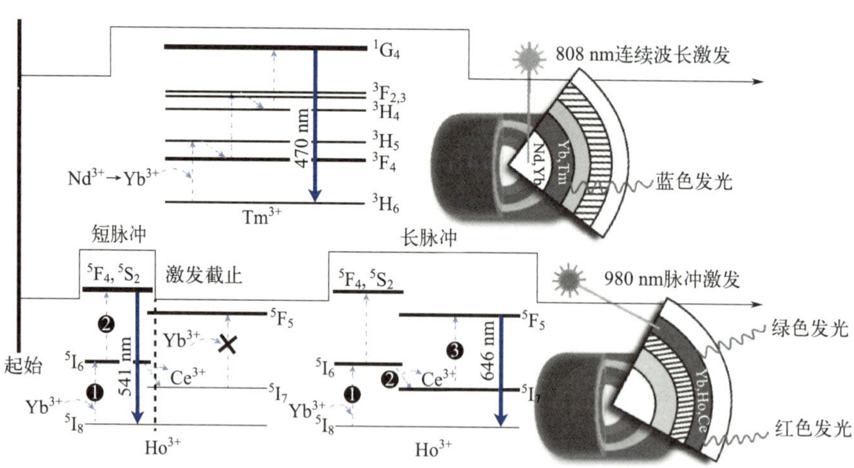

图 5.11 非稳态上转换机制的示意图

Nd^{3+}-Yb^{3+}-Tm^{3+}三重掺杂系统在808nm连续激光激发下产生的蓝色光（上图）和Yb^{3+}-Ho^{3+}-Ce^{3+}三重掺杂系统在980nm脉冲激光激发下产生的绿色/红色发光（下图）的上转换机制[35]

制了能量传递，因此 Ho^{3+} 位于 646 nm 的红色发光不能被 Yb^{3+} 直接激活。当长脉冲激发时，Ce^{3+} 介导的交叉弛豫过程促进了 Ho^{3+} 激发态电子在 $^5I_7$ 能级的布居，同时经过三步能量转移过程，激发态电子在 $^5F_5$ 能级的分布实现了红色发光。因此，非稳态上转换发光调控在信息安全与多尺度防伪等领域具有巨大的应用前景[36]。

5.6.6 增强上转换发光的其他策略

(1) 构建活性核 / 活性壳策略

如 5.5.1 小节所述，增强上转换发光的最常见方法之一是在发光核表面生长惰性壳层，这可以有效地抑制由表面缺陷引起的辐射衰减。在大多数情况下，壳是惰性的，并且主要用作保护核中的激活剂离子免受表面缺陷、溶剂和表面配体的振动失活。近年来，人们提出了一种新的策略，即开发活性核 / 活性壳纳米结构来增强 UCNPs 的上转换发光［图 5.12 (a)］[37]。与传统的活性核 / 惰性壳结构相比，活性壳（通常是掺杂 Yb^{3+} 或 Nd^{3+}）在这里充当敏化剂并将吸收的激发光转移到发光核。此外，在活性核 / 活性壳结构中，由于核和壳中的敏化剂在空间上分离，较高的敏化剂浓度和较低的浓度猝灭效应也提高了 UCNPs 对激发光的吸收能力。

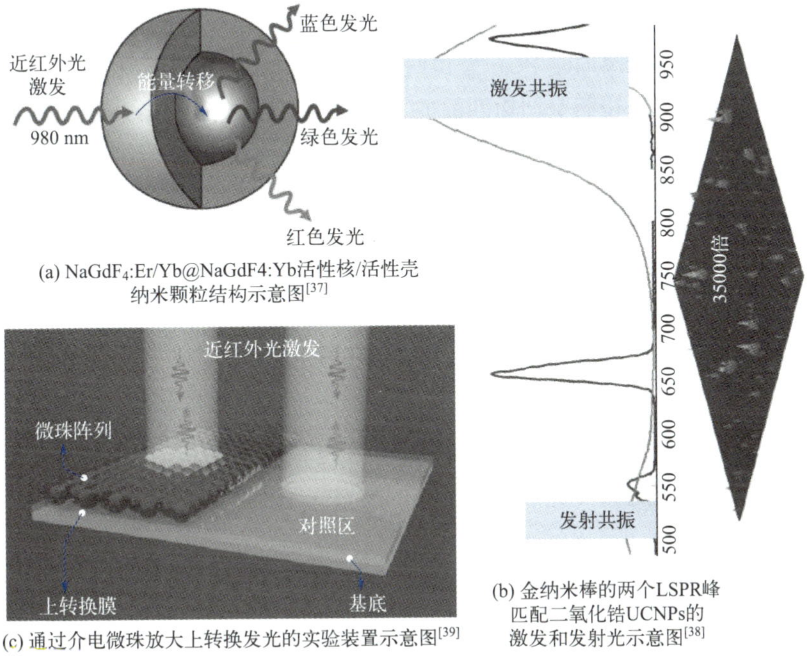

(a) NaGdF$_4$:Er/Yb@NaGdF4:Yb活性核/活性壳纳米颗粒结构示意图[37]

(b) 金纳米棒的两个LSPR峰匹配二氧化锆UCNPs的激发和发射光示意图[38]

(c) 通过介电微珠放大上转换发光的实验装置示意图[39]

图 5.12 构建活性核 / 活性壳策略的示意

实现二氧化锆UCNPs的上转换发光增强因子高达35000

(2) 局域表面等离子体共振

局域表面等离子体共振（localized surface plasmon resonance, LSPR）是由入射光与粒径远小于光波长的贵金属纳米粒子相互作用，产生的等离子体在纳米粒子周围局部振荡而引起的一种光学现象。贵金属纳米颗粒（例如 Au 和 Ag 纳米颗粒）具有优异的 LSPR 性质，已被广泛用于与 UCNPs 结合来优化其上转换发光性能。目前研究者已经提出了一些模型来解释贵金属纳米结构的 LSPR 效应引起的上转换发光增强机制。首先，LSPR 过程中局部电场的放大可以增加入射光的通量，从而促进 UCNPs 的近红外光吸收并增强上转换发光。此外，LSPR 与上转换发光耦合倾向于增加光子的局域密度，这一过程会加快辐射衰减速率并增强发光强度。因此，当 LSPR 共振波长与 UCNPs 的激发和发光波长同时匹配时，可以进一步提高 LSPR 辅助增强效应。例如，Zhan 等提出了一种利用两个不同 LSPR 峰的金纳米棒（GNR）同时匹配 ZrO_2 UCNP 的激发和发射光波长的策略［图 5.12（b）］[38]。研究结果表明，当 ZrO_2 UCNP 的上转换发光峰（522 nm）相对于 GNR 的 LSPR 峰扩展到最佳位置时，其上转换发光可增强 35000 倍。

（3）介电超透镜介导策略

通过介电微珠的调制来放大上转换发光的方法被称为介电超透镜介导策略。该方法主要是利用透明的聚合物微珠阵列作为超透镜，将入射光束限制在具有高激发场强度的亚波长光子热点中，同时将发散的上转换发射光准直到远场进行积累［图 5.12（c）］。通过这种介电超透镜效应，上转换发光的强度可以被放大高达五个数量级，而介电微珠对荧光衰减寿命的影响可以忽略不计[39]。

（4）光子晶体调控

光子晶体（photonic crystal，PC）是由两种或两种以上折射率不同的材料在空间中周期性排列形成的有序结构，按照空间周期数的不同，可分为一维、二维和三维光子晶体。利用单分散的胶体球自下而上组装得到的三维光子晶体被称为蛋白石结构，以蛋白石结构为模板，通过渗入聚合物前驱体或金属盐溶液以及光 / 热固化或者高温烧结后去除模板制备的三维光子晶体被称为反蛋白石结构。

光子晶体最显著的特征是具有光子禁带，波长位于光子禁带内的光被禁止传播。光子禁带的位置可以用布拉格方程描述：

$$\lambda = 2dn_{\text{eff}} \sin\theta \tag{5-4}$$

式中，λ 为光子禁带位置；d 为晶格间距；n_{eff} 为有效折射率；θ 为观察角或者测量角。根据式（5-4）发现，通过改变光子晶体结构的晶格间距、有效折射率或者观察角度，可以改变光子禁带的位置。

光子晶体可以对光子局域态密度（DOS）进行重新分布。在光子晶体内部，光子禁带内的光子局域态密度降低或为零，光子禁带边缘的光子局域态密度升高。根据费米黄金法则：

$$W = 2\pi\hbar|V_{\text{fi}}|^2 \rho(E_{\text{fi}}) \tag{5-5}$$

式中，W 为跃迁速率；$\hbar$ 为约化普朗克常数；V_{fi} 为势能矩阵元；$\rho(E_{\text{fi}})$ 为跃迁能级的 DOS。

从式（5-5）可以看出，发光体对应能级的跃迁速率与其所处位置 DOS 成正比。因此可以利用光子晶体来调控发光体的光学性质[40]。根据调控方式的不同，即发光体与光子晶体结构的位置关系，主要分为两大类：一类是发光体作为构筑单元嵌入光子晶体内部［图 5.13（a）］，当发光体辐射跃迁波长位于光子禁带频率内部时，其发光强度将被抑制，对应发光寿命延长，当辐射跃迁位于禁带边缘时，高的光子态密度将增强自发辐射，并降低对应能级的发光寿命；另一类是发光体沉积在光子晶体表面或者底部［图 5.13（b）］，光子晶体的禁带将对特定波长的光进行反射增强或者抑制，从而进行发光调控[41]。

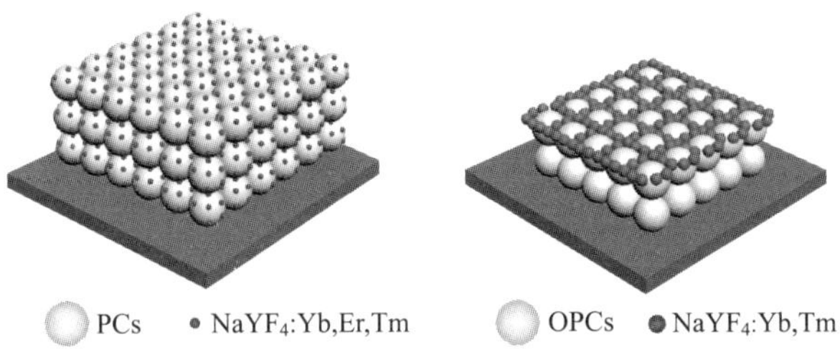

(a) 发光体作为构筑单元嵌入光子晶体内部示意图　(b) 发光体沉积在光子晶体表面或底部示意图

图 5.13　发光体与光子晶体结构的位置关系[40]

稀土掺杂上转换发光材料由于其典型的多峰发射特性，利用光子晶体结构对某一发光峰的调控即可实现整体发光颜色或强度的变化。目前研究者利用不同类型光子晶体对稀土掺杂上转换发光材料的发光调控已取得长足的进展。下面将根据调控方式进行分类介绍：

① 稀土掺杂上转换发光材料作为构筑单元制备光子晶体结构。UCNPs 可以与聚合物共混后作为周期堆叠的一部分，组装一维光子晶体进行发光调控。例如研究者将含有 25%（质量分数）$NaErF_4$ UCNPs 的 PMMA 层和 TiO_2 纳米颗粒层交替堆叠，制备了光子禁带位于 1620.5 nm 的一维光子晶体[42]。$NaErF_4$ 在近红外光（1523 nm）激发下会产生波长为 984 nm（Er^{3+}: $^4I_{9/2} \rightarrow {}^4I_{15/2}$）的上转换发光和波长为 1558 nm（$Er^{3+}$: $^4I_{13/2} \rightarrow {}^4I_{15/2}$）的下转换发光。光子禁带的存在一方面使得激发光在一维光子晶体内部传播，提高了光激发能力，另一方面也会抑制 Er^{3+} 位于 1558 nm 的下转换发光过程，使得更多的激发态电子布居于 $^4I_{9/2}$ 能级，从而提高 984 nm 处的上转换发光强度。

UCNPs 也可以嵌入具有周期孔洞的二维结构制备复合光子晶体。Mao 等采用气相沉积法和激光干涉光刻获得了 Si_3N_4 二维光子晶体光栅，然后使用离子刻蚀制备得到二维光子晶体孔洞模板。将 $NaYF_4$:Yb/Er UCNPs 嵌入孔洞中替代原有结构的空气与 Si_3N_4 形成新的 PC-UCNPs 复合结构[43]。该复合结构的光子禁带位置与 UCNPs 的激发光匹配，同时受到 Si_3N_4 基底等离子体共振耦合的协同作用，UCNPs 的绿色和红色发光分别增强了 130 倍和 350 倍［图 5.14（a）］。

利用 UCNPs 与均匀胶体微球共组装还可一步制备 PC-UCNPs 复合三维光子晶体［图 5.14（b）］。通过调控发光峰与光子禁带的相对位置可以实现上转换发光颜色和寿命的双重调控。另外，以有机微球制备的蛋白石结构为模板，将稀土盐溶液或者粒径非常小的 UCNPs 渗透到蛋白石模板中，高温烧结去除模板后可以得到由稀土掺杂上转换发光材料为骨架的反蛋白石结构。例如，可以将硝酸稀土盐和钛酸四丁酯的混合液渗透到聚苯乙烯蛋白石模板，670 ℃烧结去除模板后得到 $Y_2Ti_2O_7$:Yb/Er/Tm 反蛋白石光子晶体［图 5.14（c）］[45]。

还可以将掺有 UCNPs 的硅溶胶在真空下滴入蛋白石模板的缝隙中，在 500 ℃下煅烧 3 h 除去模板得到三维周期结构[46]。通过改变蛋白石模板构筑单元的粒径来调控光子禁带位置与 UCNPs 的不同发光峰匹配进行发光调控。

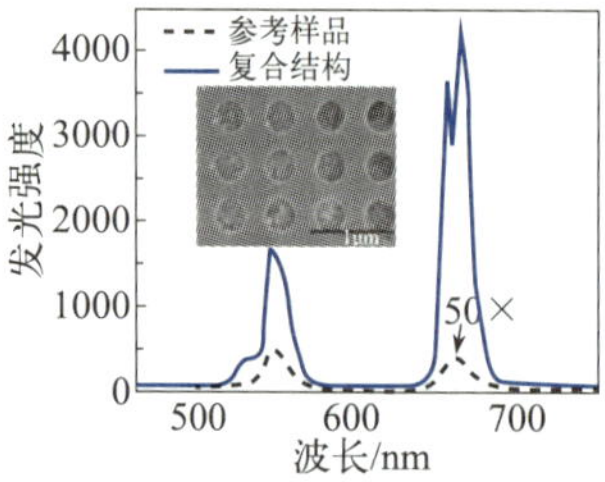

(a) UCNPs($NaYF_4$:Yb/Er)参考样品和Si_3N_4二维PC-UCNPs复合结构的上转换发光光谱，插图为复合结构的扫描电镜照片[43]

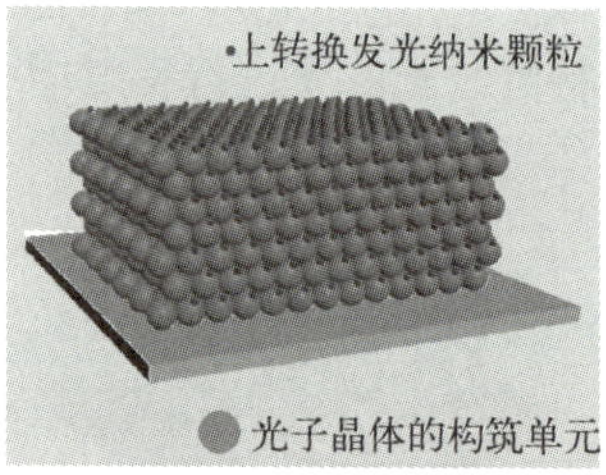

（b）共组装制备PC-UCNPs复合结构示意图[44]

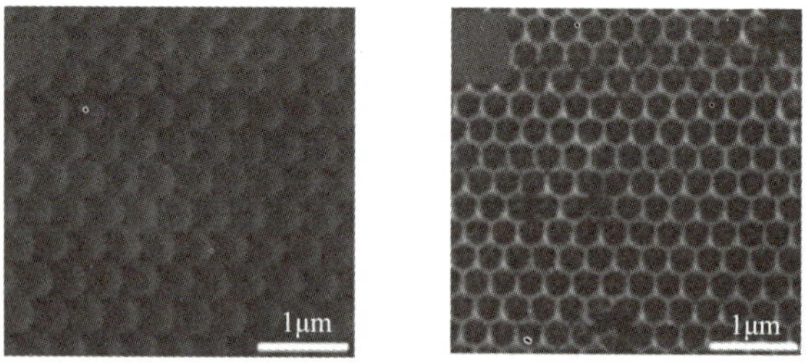

（c）用400 nm聚苯乙烯微球构造的蛋白石模板和对应的$Y_2Ti_2O_7$:Yb/Er/Tm反蛋白石扫描电镜照片[45]

图 5.14 稀土掺杂上转换发光材料作为构筑单元制备光子晶体用于发光调控

② 稀土掺杂上转换发光材料沉积在光子晶体结构的表面或者底部。将 UCNPs 沉积在光子晶体结构表面制备 PC-UCNPs 复合结构，当光子禁带位置与 UCNPs 的发光峰匹配时，光子晶体强的布拉格反射会选择性增强匹配波长的发光（图 5.15）[47]。另外，当光子禁带的位置与 UCNPs 的激发光波长匹配时，光子禁带的“反光”效果将增强激发光，进而增强 UCNPs 的整体发光强度。需要说明的是，由于光子晶体结构对光的随机散射作用，即使光子禁带与上转换发射光波长或激发光波长不匹配，复合结构的上转换发光强度也比单独的 UCNPs 有所提高[48]。

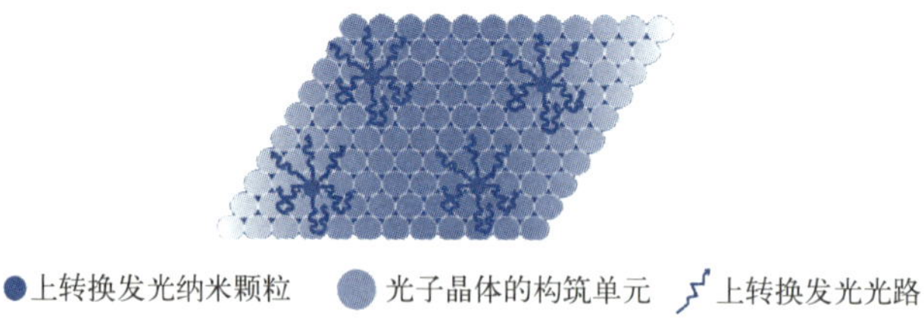

图 5.15 PC-UCNPs 复合结构的上转换发光调控示意图[47]

例如，将聚苯乙烯三维光子晶体组装在 $NaYF_4$:Yb/Er UCNPs 表面，调控光子禁带的位置与上转换绿色发光峰匹配，此时光子晶体会“过滤”绿光从而得到了红色发光。并且随着观察角度增大，光子禁带的位置逐渐蓝移，光子晶体结构对绿光的过滤能力逐渐下降，在不同的观察角度下得到了具有不同红绿比的上转换发光，实现了角度依存发光变色调控[49]。

除了利用光子晶体结构的单一禁带调控，还可以制备具有双光子禁带的光子晶体进行发光调控。一方面可以将 UCNPs 沉积在双禁带光子晶体结构的表面，利用光子禁带与 UCNPs 的激发光和发射光波长同时匹配实现上转换发光的极大增强[50,51]。另外还可以制备“三明治”结构，将 UCNPs 作为“夹心”组装在两层光子晶体之间。此时双禁带可以分别与 UCNPs 的不同发光峰匹配，两层光子晶体将分别作为“反光镜”和“滤光片”，实现两个发光峰的“分离”和“放大”[52]。

目前，光子晶体调控常与表面等离子效应等其他调控手段结合来协同优化稀土掺杂上转换发光材料[53,54]。通过合理的结构设计将不同的发光调控手段进行集成，可以从多个角度对上转换发光进行优化，提高发光效率，拓宽其应用范围。

5.7 稀土掺杂上转换发光材料的应用

5.7.1 生物医学应用

（1）生物成像

相比于可见光，UCNPs 位于生物窗口的近红外激发光具有更深的组织穿透深度，同时可以避免生命组织自身背景荧光的干扰，为生物分子的荧光检测和成像提供了很好的基础。Zhang 等将聚乙烯亚胺（PEI）修饰的 $NaYF_4$:Yb/Er UCNPs 注入大鼠体内，首次实现了稀土掺杂上转换发光材料在细胞和组织成像中的应用[55]。在 980 nm 近红外光照射下，大鼠体表和身体深处显示清晰可见的荧光。但是 UCNPs 本身并不能直接用于生化识别过程，必须与适当的有机探针结合形成纳米荧光探针实现特异性识别。基于荧光共振能量转移（FRET）过程，上转换纳米粒子将能量转移给有机探针，利用有机探针与待测物质特异性结合后产生的新能级与 UCNPs 发光峰的不匹配或者匹配，实现上转换发光的恢复或者猝灭，以用于生物识别成像应用。例如，常见的止痛退热药物扑热息痛通常会因产生过氧亚硝酸盐而导致肝脏毒性，基于特定有机发色团修饰的上转换纳米粒子荧光探针可以用于在体外和体内快速、灵敏地检测过氧亚硝酸盐信号（图 5.16）[56]。纳米荧光探针在肝脏中积累，但是由于激发态能量转移到 UCNPs 表面修饰的发色团，UCNPs 本身的发光受到抑制。而过氧亚硝酸盐可以很容易地漂白发色团并恢复上转换发光，因此肝脏中过氧亚硝酸盐的存在会导致发光信号的快速恢复。

5

水分子对 980 nm 近红外光具有较强的吸收作用（吸收系数为 0.48 cm^{-2}），利用 980 nm 的近红外光照射生物组织很容易产生过热效应造成组织热损伤。本教材在 5.3.2 节中介绍了 Nd^{3+} 作为敏化剂的 UCNPs 可以被 808 nm 的近红外光激发，由于水分子在 808 nm 处的吸收系数（0.02 cm^{-2}）比其在 980 nm 处低了一个数量级，可以大大降低热效应。因此，近年来研究者开始尝试将 Nd^{3+} 掺杂的上转换发光材料应用到生物成像。

尽管光学成像在细胞水平具有较高分辨率和灵敏度，但难以提供三维组织成像。因此，为了提高生物诊断成像的准确性，基于 UCNPs 的多模态生物成像技术逐渐受到关注。例如 Senthilselvan 等在上转换纳米粒子表面包覆 Ag 纳米线，设计了一种兼具上转换发光、

X 射线计算机断层扫描（computed tomography，CT）和磁共振成像（magnetic resonance imaging，MRI）等多重成像功能的 $NaGdF_4$:Yb/Er-Ag 上转换纳米颗粒，成功实现了多通道活体成像[57]。

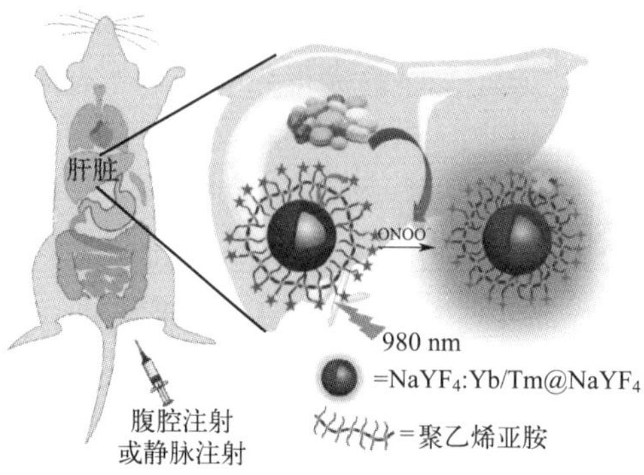

图 5.16 用于体内检测亚硝基肝毒性的发色团组装 UCNPs 结构示意图[56]

利用稀土掺杂上转换发光材料可以突破传统的医疗影像技术如 X 射线、CT 等在某些方面的局限性，为开发新型的高端医疗影像技术，实现对疾病标志物、病原体等的快速、准确检测提供解决方案。

（2）光动力疗法

光动力疗法（photodynamic therapy，PDT）在临床中对部分疾病尤其是在肿瘤的治疗中展现出独特的治疗优势。一般需要一个外部光源来激活光敏剂，将能量传递给敏化剂使其产生活性氧（单线态氧），导致肿瘤细胞凋亡或坏死。该治疗方法可很好地解决常规方式（如手术等）产生的一些治疗局限性，因而受到了人们的广泛关注。然而，传统光动力疗法所采用的光敏剂主要为可见光激活，生物组织穿透能力有限，只能用于浅表面疾病治疗。将稀土掺杂上转换发光材料与光敏剂耦合，可以实现近红外光激活光敏剂产生单线态氧，从而实现深层肿瘤治疗。同时，利用上转换纳米粒子的多模成像功能，可进一步实现肿瘤成像与治疗一体化诊疗剂的开发。例如 Wang 等[58]将原卟啉Ⅸ（Pp Ⅸ）包覆在 $NaYF_4$:Gd/Yb/Er@TRF（转铁蛋白）纳米颗粒表面，在 980 nm 近红外光照射下，UCNP@TRF-Pp Ⅸ纳米粒子不仅可以通过光动力过程杀死癌细胞，而且可以作为成像探针，实现近红外光诱导的光动力治疗和生物成像多功能纳米平台[58]。

（3）光热治疗

光热治疗（photothermal therapy，PTT）是一种基于光热剂，将光能转化为热能从而使肿瘤细胞产生不可逆热损伤而实现热消融治疗的方法，并且对任何肿瘤细胞都有一定的杀伤能力[59]。由于稀土离子的消光系数较低，稀土掺杂上转换发光纳米材料在光照下转化为热能的能力有限，在上转换纳米粒子表面修饰具有强近红外吸收的材料可提高光热治疗的效果。例如，Cha 等[60]将上转换纳米粒子与具有可见和近红外吸收的金（Au）纳米粒子耦合得到 $NaYF_4$:Yb/Er@SiO_2@Au 结构，在 980 nm 激光激发下，利用金纳米粒子对近红外光强烈吸收的特性以及等离子体共振效应有效提高了病灶部位温度，实现光热治疗。另外，还可以将单线态氧光敏剂嵌入 UCNPs 的 SiO_2 壳层中，进一步诱导光动力治疗，增强其对癌细胞的杀伤力。需要注意的是，长时间热处理可能会损伤细胞，构建功能纳米粒子实现对体内肿瘤有效光热消融的同时提供温度反馈，可减少过热效应对正常组织的损伤。

(4) 可控药物递送

可控药物递送是指在上转换纳米粒子优良成像性能的基础上，通过对其表面进行功能化修饰并装载不同种类的抗肿瘤药物，进而实现药物释放并达到精准诊疗肿瘤的目的。构筑可控药物递送系统最简单的方法是在UCNP表面包裹聚合物以及功能化修饰的介孔二氧化硅（m-SiO_2）等。这些表面材料将为药物提供一个贮存库，并有助于保持纳米材料的胶体稳定性。传统的抗肿瘤药物的递送和释放过程由于无法识别患病或健康的细胞，药物分子可能会引起不良副作用，对人体健康有较大的影响。对于表面功能化修饰的UCNPs，可以精准识别病灶并有效释放UCNPs负载的药物分子。聚乙二醇（PEG）是最常用的包覆于稀土纳米材料的聚合物，因其具有高水溶性和良好生物相容性等优点被广泛应用[61-63]。Li等以稀土上转换纳米材料为核心，含铁的金属有机框架结构（MIL）为壳层，并利用PEG对其进行进一步修饰，制备了复合纳米颗粒（UCNPs@MIL-PEG），然后装载抗肿瘤药物阿霉素（DOX）在PEG层中[64]。在pH为7.4时（正常细胞环境），PEG收缩，小的药物分子很难穿透高密度的PEG壳从而被限制在聚合物基体中。而在pH为5.8时（癌细胞环境），PEG壳层保持膨胀状态，小分子化疗药物阿霉素从相对松散的网络中顺利扩散，可促进药物在癌症区域的快速释放（图5.17）。另外，近红外光响应的介孔硅修饰的上转换纳米颗粒（UCNP@m-SiO_2）结构也可用于DOX的输送[65]。DOX分子被装载在与硝基苄基连接体连接的m-SiO_2中，在近红外光激发下，硝基苄基连接体被UCNPs发出的紫外光切割并促进药物释放。另外，通过表面功能化修饰，将UCNPs与靶向分子（如叶酸、抗体等）结合，还可以实现靶向治疗与药物递送系统的优化。

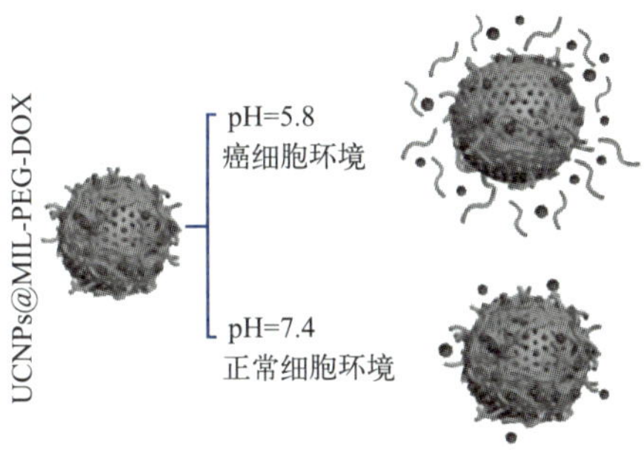

图5.17 UCNPs@MIL-PEG-DOX纳米粒子的DOX可控释放过程示意图[64]

5.7.2 光学传感应用

利用UCNPs某一能级跃迁的光学信号对外界刺激（温度、电场、应力、磁场等）的响应可以实现基于UCNPs的光学传感应用。

(1) 温度传感

稀土掺杂上转换纳米粒子的发光特性受温度的影响较大，环境温度的变化会反映在上转换发光强度和寿命的变化上，因此可利用UCNPs的发光性质变化实现温度传感。传统的接触式温度传感器难以满足严苛的测温环境及测量精度需求。稀土掺杂上转换发光材料作为新型非接触式温度传感器有极大的发展前景，是目前 UCNPs 应用最多的传感领域。根据不同测温原理，目前主要有三类基于 UCNPs 的温度传感器。

① 基于荧光强度的温度传感是根据 UCNPs 发光峰强度随温度变化的关系进行测温，利用该方法测温时主要考虑温度猝灭现象。温度猝灭是一种由于温度升高，电子和声子的作用加强，导致无辐射跃迁变强、辐射跃迁减弱，最终呈现荧光强度随温度升高而大幅降低的现象。

除了温度猝灭外，声子弛豫有时也会增强发光。如 $NaYF_4$:Yb/Tm UCNPs 表面的油酸配体存在多声子弛豫过程。这种多声子弛豫过程可以弥补 Yb^{3+} 与 Tm^{3+} 能级间的微小能量差，促进 Yb^{3+} 与 Tm^{3+} 间的能量转移过程。因此，当温度升高时，多声子弛豫过程增强，Tm 的蓝色发光也随之增强，进而实现随温度变化的光学传感 [66]。

② 基于荧光强度比的温度检测是通过测量稀土离子不同热耦合能级发光强度实现的精确测温方法。根据热力学基本原理，在热平衡状态下，粒子在不同能级上的分布满足玻尔兹曼统计规律 [67]。例如，随着环境温度的升高，Er^{3+} 位于 545 nm（$^4S_{3/2}$-$^4I_{15/2}$）处的发光峰强度逐渐下降，而 525 nm（$^2H_{11/2}$-$^4I_{15/2}$）处发光峰强度略有增加 [68]。利用这两个发光峰的强度比值随温度变化的特性，可制备高灵敏度上转换光学温度传感器 [69]。

③ 基于荧光寿命的测温方法要求发光材料拥有随着温度变化的荧光寿命，发光寿命是指发光强度衰减到最大强度 1/e 所需要的时间 [70]。由于稀土粒子 4f-4f 轨道的禁阻跃迁和外层 5s、5p 轨道的屏蔽效应，稀土离子寿命很长（从微秒到毫秒）。以荧光寿命为机制的测温方式在某些特定情况下具有较大的优势，例如在辐射较强的环境中测量采集寿命数据会更加快速准确，还能够有效抑制激发功率等非温度的影响。此外，在高温环境中，温度猝灭对荧光寿命的影响相对也较少 [64]。

（2）电场传感

基质材料的局部对称性对上转换发光的性能有显著影响。铁电体基质在外部电场下的可切换对称性使其能够通过改变电场强度实现上转换发光的可逆动态调谐。如 $BaTiO_3$（BTO）:Yb/Er 薄膜的发光强度可以用与正弦交流电压相同的频率进行调制 [71]，实现电信号的光学传感。

（3）应力传感

利用不同半径的离子掺杂或晶格失配的核壳结构可以诱发 UCNPs 的局部晶格应力，进而改变晶体场对称性，使得掺杂离子产生不同的能级分裂模式 [72,73]。另外，高的外部压力也可改变激活剂离子的电子排斥状态并增加基态和激发态能级的分裂 [74]，产生新的发光能级或使原有发光的强度变化，实现应力光学传感。

（4）磁场传感

研究表明，含有 Gd^{3+} 的基质材料（如 $NaGdF_4$、Gd_2O_3）含有顺磁性质，在外磁场作用下，激活剂离子的发光性质会受到磁性基质材料的影响 [75]。共掺杂激活剂离子的发光性质和 $NaGdF_4$ 基质的磁性都取决于基质材料 C_{3h} 位点的对称性，通过控制不同掺杂离子的含量

会显著改变 $NaGdF_4$ 晶格中 C_{3h} 位点的对称性，进而调节 $NaGdF_4$ 磁响应变色能力，实现磁场强度的光学传感。

5.7.3　显示与防伪应用

如前所述，通过合理的结构设计和特定能量迁移调控可以实现 UCNPs 的多色输出和可调发光寿命，这为 UCNPs 在显示与防伪领域的应用提供了坚实的基础。在早期的研究中，利用不同发光颜色的 UCNPs，通过合理的图案设计可以实现多色发光显示。近年来，随着正交上转换红绿蓝（RGB）发光系统的开发，单一粒子既可在不同的激发条件下轻松实现多色切换输出，也能够在宽色域和高空间分辨率下生成真正的 3D 全彩图像，在全彩显示中展现出压倒性的优势[35]。虽然通过简单地混合具有不同发光颜色的 UCNPs 也可以实现多色显示，但是显示的图案单一且不可动态调控。因此具有 RGB 正交发光的 UCNPs 在动态全彩显示中具有重要的应用潜力。

对于防伪应用而言，上转换发光材料由于需要近红外光激发，而日常生活环境中近红外光极少，这就为防伪检测提供了一个相对隐蔽且易于控制的激发条件。只有使用专门的近红外光源才能使上转换发光材料发出可识别的光，极大地提高了防伪的隐蔽性与可靠性。上转换发光的颜色和寿命可以作为基本的编码手段，在标签和图案防伪以及信息编码防伪等方面具有广泛应用。

（1）标签和图案防伪

日常生活中我们每天都能接触到各式各样的标签，但大多数标签仅仅作为一个信息的承载体，不具备防伪功能。因此，可以将一种或者几种具有不同发光颜色或者寿命的 UCNPs 混合得到荧光防伪墨水，利用喷涂、丝网印刷、高精度喷墨打印等方法制备各类标签或者图案以实现多色防伪加密[76]。根据不同的打印基质可分别应用于食品、医药、货币、发票、证照等方面。

（2）信息编码防伪

具有多色发光的标签和图案虽然荧光防伪效果好，但不能做到信息的安全存储，通过信息编码则可以解决此问题，编码存储后的信息需借助特定手段进行解码识别，因而能够有效地防止造假[77]。例如 Xu 等[78]制备了一系列 $NaYF_4$@CDs@$mSiO_2$，并按照 Code 93 编码规则制作三维荧光防伪条形码，生成具有不同间隔、不同发光颜色和亮度的条形码，以提供巨大的信息存储能力。另外，基于 UCNPs 的不同发光寿命也可实现特定信息的编码和数据存储[33]，利用时间分辨扫描来分离具有不同发光寿命的图案可以解码隐藏信息，实现高级防伪应用。

5.7.4　在太阳能电池中的应用

传统的太阳能电池只能吸收能量大于半导体能隙的光子，能量小于半导体能隙的光子因为无法被吸收而浪费，稀土掺杂上转换发光材料可将近红外光转化为能被太阳能电池所吸收的波段，将其引入太阳能电池中可弥补光谱不匹配所造成的能量损失，下面将介绍稀土掺杂上转换发光材料在太阳能电池领域中的应用，包括硅基太阳能电池、染料敏化太阳

5

能电池及钙钛矿太阳能电池[79,80]。

晶硅太阳能电池目前在太阳能电池市场上占据主导地位。传统晶硅电池的带隙约为1.15 eV，只能吸收1100 nm以下波段的光子，而上转换发光材料可以吸收能量小于晶硅带隙的低能光子（>1100 nm），并辐射出适合晶硅太阳能电池强吸收范围的高能光子。因此，将上转换发光材料应用于晶硅太阳能电池中，将有望提高电池的光捕获效率和光电转换效率。例如Er^{3+}单掺杂的上转换发光材料可以吸收约1523 nm波段范围的光子，并且在540 nm、650 nm、980 nm处有较强辐射，因而被认为是最适合应用于晶硅太阳能电池的上转换发光材料。但是普通太阳光强度下，单掺杂Er^{3+}的上转换发光材料对电池效率的提升并不明显。只有在强光照射下，上转换发光效率才能得到显著提升，进而提高晶硅电池的性能。

曾经非晶硅太阳能电池以其成本低、易于大规模生产、光吸收系数大以及弱光响应好等优点被认为是晶硅太阳能电池最有希望的替代品。然而非晶硅电池目前的最高效率只有14%，这是由于非晶硅带隙约为1.7 eV，高于700 nm波段的光都不能够被吸收利用。因此，与晶硅太阳能电池类似，在非晶硅电池中引入上转换材料，可有效地将低频光转换为频率适合非晶硅材料吸收的中频光，有助于大大提高非晶硅太阳能电池的光电转换效率。

染料敏化太阳能电池（dye-sensitized solar cell，DSSC）因其成本低、工艺技术简单、性能较稳定等优点具有良好的应用前景。DSSC通常使用N3、N719和N749等染料作为敏化材料，其带隙都高于1.8 eV，这意味着其只能吸收波长短于700 nm的光子，这导致大约52%的红外光波段的太阳能无法被有效利用。利用稀土掺杂上转换发光材料可以使敏化材料的吸收光谱扩展到红外区域，从而提高DSSC的光电转换效率。然而，将上转换发光材料置于电池内部时，上转换发光材料/染料/电解液三者间形成的界面上会发生电荷复合，使得电池的总效率降低[81]。由于上转换发光材料经光转换得到的可见光是用于染料分子吸收的，所以缩短发光材料与染料之间的距离可以进一步减小传输损失。但受到稀土掺杂上转换发光材料本身的导电性能、能级结构、缺陷以及相界面的限制，复合结构的光电性能仍有较大的提升空间。

自Miyasaka等[82]首次将钙钛矿材料引入太阳能电池以来，钙钛矿太阳能电池（perovskite solar cells，PSC）凭借优异的材料性能迅速成为材料领域的研究热点。钙钛矿材料的带隙约为1.55 eV，波长大于800 nm的光很难被钙钛矿材料利用。因此，将稀土掺杂上转换发光材料应用于钙钛矿太阳能电池中，理论上可以扩大电池的光吸收范围，有效提高电池的效率。目前，将稀土掺杂上转换发光材料引入PSC的电子传输层中是最常用的方法。这类材料不仅可以拓宽PSC的吸收光谱，同时其散射效应也可促进光的吸收。此外，直接将稀土掺杂上转换发光材料加入钙钛矿材料中也是提高太阳能电池功率转换效率的有效方式，但是由于制备出的稀土掺杂上转换发光材料表面通常会存在一些疏水的有机配体，这限制了稀土掺杂上转换发光材料同钙钛矿前驱体之间的融合，因此可以尝试将合成的UCNPs进行亲水化改性，以改善材料与钙钛矿层之间的相容性，提高光转化效率。

5.7.5 在半导体光催化剂中的应用

半导体光催化剂因其能够有效利用太阳能驱动催化反应以降解有机污染物而受到广泛

关注。但是常见的半导体材料如 TiO_2 因其带隙宽、无法吸收可见光等因素使光利用效率较低。将半导体与 UCNPs 复合可以制备具有上转换效应的复合光催化剂[83,84]，通过上转换作用，复合光催化剂能够利用丰富的近红外光及可见光以提高太阳能的利用率，实现全光谱响应。目前，上转换作用在光催化剂中的应用可以通过两种方式实现：一种是利用稀土离子掺杂半导体光催化剂，另一种是稀土掺杂上转换发光材料复合半导体光催化剂[85]。

具有上转换性能的稀土离子掺杂半导体光催化剂后可以提升光催化剂对可见光以及近红外光的吸收能力，进而提高其光催化活性。目前报道的具有上转换性能的稀土离子有 Er^{3+}、Yb^{3+}、Tm^{3+}、Ho^{3+}、Tb^{3+} 等，其中 Yb^{3+} 常作为敏化剂，Er^{3+} 则因其高效的绿色发光性能成为研究和应用最为广泛的稀土元素（如 CeO_2: Yb/Er[86]、ZnO:Yb/Er[87]）。光催化剂在可见光及近红外光照射下，通过 Yb^{3+} 将能量转移到 Er^{3+} 以释放紫外、可见和近红外光子，发射的高能光子可以进一步激活光催化剂实现催化效果。另外，通过构建多掺杂体系，利用元素的协同效应可以有效提升光催化性能[88]。

稀土掺杂上转换发光材料复合半导体光催化剂在可见光及红外光照射下，通过稀土离子敏化剂活化后将能量转移到激活剂，激发半导体光催化剂产生光生电子和空穴，生成的光生电子和空穴在反应系统中进一步转化为自由基等活性物种，从而达到氧化降解有机污染物的目的[89]。如本章 5.2 节所述，六方相 $NaYF_4$ 是声子能量最低、荧光效率最高的氟化物基质材料，利用半导体光催化剂与六方相 $NaYF_4$ 复合以获得高效的近红外活性的光催化体系是目前研究最广泛的组合形式[90]。但由于 UCNPs 本身的量子效率较低，且 UCNPs 与半导体光催化剂存在复合界面以及能级匹配性不好等问题，影响了复合催化剂的光催化效果。

需要注意的是，稀土掺杂上转换发光材料无论是在太阳能电池还是半导体光催化剂的应用，都需要更加合理的结构设计和能级匹配，以期扩展太阳能光谱利用范围，提高光电转换和催化效率。这对于降低发电成本、发展清洁能源以及解决我国在传统化学工业中面临的环境污染和资源浪费问题具有重要意义。

思考题

1. 稀土掺杂的上转换发光材料可由近红外光激发得到可见光，根据光子频率和能量的关系，近红外光频率低，光子能量低，而可见光频率比近红外光高，能量相对较高。上转换发光过程是否符合能量守恒定律？请从发光机理的角度思考一下为什么。

2. 稀土离子的掺杂浓度对上转换发光效率有怎样的影响？为什么往往存在一个最佳的掺杂浓度范围？在实际应用中，我们如何确定合适的掺杂浓度？

3. 目前制备稀土掺杂上转换发光材料的方法有哪些？各有什么优缺点？

4. 举例说明稀土掺杂上转换发光材料在显示与防伪技术中的应用原理及优势，以及目前面临的主要技术瓶颈是什么？

5. 未来稀土掺杂上转换发光材料的研究方向和发展趋势是什么？例如新型材料的开发、发光性能的进一步提升、多模态功能的集成等方面的展望。

参考文献

[1] Zhang Y W, Sun X, Si R, et al. Single-crystalline and monodisperse LaF_3 triangular nanoplates from a single-source precursor [J]. Journal of the American Chemical Society, 2005, 127(10): 3260-3261.

[2] Li Z, Zhang Y. An efficient and user-friendly method for the synthesis of hexagonal-phase $NaYF_4$:Yb, Er/Tm nanocrystals with controllable shape and upconversion fluorescence [J]. Nanotechnology, 2008, 19(34): 345606.

[3] Wang X, Zhuang J, Peng Q, et al. A general strategy for nanocrystal synthesis [J]. Nature, 2005, 437(7055): 121-124.

[4] Wu S, Liu Y, Chang J, et al. Ligand dynamic effect on phase and morphology control of hexagonal $NaYF_4$ [J]. CrystEngComm, 2014, 16(21): 4472-4477.

[5] Martin N, Boutinaud P, Mahiou R, et al. Preparation of fluorides at 80℃ in the NaF-(Y, Yb, Pr)F_3 system [J]. Journal of Materials Chemistry, 1999, 9(1): 125-128.

[6] Yi G S, Chow G M. Colloidal LaF_3:Yb,Er, LaF_3:Yb,Ho and LaF_3:Yb,Tm nanocrystals with multicolor upconversion fluorescence [J]. Journal of Materials Chemistry, 2005, 15(41): 4460-4464.

[7] Wang F, Deng R, Liu X. Preparation of core-shell $NaGdF_4$ nanoparticles doped with luminescent lanthanide ions to be used as upconversion-based probes [J]. Nature Protocols, 2014, 9(7): 1634-1644.

[8] Shi R, Ling X, Li X, et al. Tuning hexagonal $NaYbF_4$ nanocrystals down to sub-10 nm for enhanced photon upconversion [J]. Nanoscale, 2017, 9(36): 13739-13746.

[9] Chen B, Kong W, Wang N, et al. Oleylamine-mediated synthesis of small $NaYbF_4$ nanoparticles with tunable size [J]. Chemistry of Materials, 2019, 31(13): 4779-4786.

[10] Patra A, Friend C S, Kapoor R, et al. Upconversion in Er^{3+}:ZrO_2 nanocrystals [J]. The Journal of Physical Chemistry B, 2002, 106(8): 1909-1912.

[11] LüQ, Guo F, Sun L, et al. Silica-/titania-coated Y_2O_3:Tm^{3+}, Yb^{3+} nanoparticles with improvement in upconversion luminescence induced by different thickness shells [J]. Journal of Applied Physics, 2008, 103(12): 123533.

[12] Heer S, Kömpe K, Güdel H U, et al. Highly efficient multicolour upconversion emission in transparent colloids of lanthanide-doped $NaYF_4$ nanocrystals [J]. Advanced Materials, 2004, 16(23-24): 2102-2105.

[13] Ehlert O, Thomann R, Darbandi M, et al. A four-color colloidal multiplexing nanoparticle system [J]. ACS Nano, 2008, 2(1): 120-124.

[14] Bai X, Song H, Pan G, et al. Size-dependent upconversion luminescence in Er^{3+}/Yb^{3+}-codoped nanocrystalline yttria: Saturation and thermal effects [J]. The Journal of Physical Chemistry C, 2007, 111(36): 153-156.

[15] Vetrone F, Boyer J C, Bettinelli S M. Significance of Yb^{3+} concentration on the upconversion mechanisms in codoped Y_2O_3: Er^{3+}, Yb^{3+} nanocrystals [J]. Journal of Applied Physics, 2004, 96(1): 661-667.

[16] Wang F, Liu X. Upconversion multicolor fine-tuning: Visible to near-infrared emission from lanthanide-doped $NaYF_4$ nanoparticles [J]. Journal of the American Chemical Society, 2008, 130(17): 5642-5643.

[17] Chen Q, Xie X, Huang B, et al. Confining excitation energy in Er^{3+}-sensitized upconversion

nanocrystals through Tm^{3+}-mediated transient energy trapping [J]. Angewandte Chemie International Edition, 2017, 56(26): 7605-7609.

[18] Zou W, Visser C, Maduro J A, et al. Broadband dye-sensitized upconversion of near-infrared light [J]. Nature Photonics, 2012, 6(8): 560-564.

[19] Chen G, Damasco J, Qiu H, et al. Energy-cascaded upconversion in an organic dye-sensitized core/shell fluoride nanocrystal [J]. Nano Letters, 2015, 15(11): 7400-7407.

[20] Shao W, Chen G, Kuzmin A, et al. Tunable narrow band emissions from dye-sensitized core/shell/shell nanocrystals in the second near-infrared biological window [J]. Journal of the American Chemical Society, 2016, 138(50): 16192-16195.

[21] Garfield D J, Borys N J, Hamed S M, et al. Enrichment of molecular antenna triplets amplifies upconverting nanoparticle emission [J]. Nature Photonics, 2018, 12(7): 402-407.

[22] Wisser M D, Fischer S, Siefe C, et al. Improving quantum yield of upconverting nanoparticles in aqueous media via emission sensitization [J]. Nano Letters, 2018, 18(4): 2689-2695.

[23] Wang F, Wang J, Liu X. Direct evidence of a surface quenching effect on size-dependent luminescence of upconversion nanoparticles [J]. Angewandte Chemie International Edition, 2010, 49(41): 7456-7460.

[24] Johnson N J J, He S, Diao S, et al. Direct evidence for coupled surface and concentration quenching dynamics in lanthanide-doped nanocrystals [J]. Journal of the American Chemical Society, 2017, 139(8): 3275-3282.

[25] Bian W, Lin Y, Wang T, et al. Direct identification of surface defects and their influence on the optical characteristics of upconversion nanoparticles [J]. ACS Nano, 2018, 12(4): 3623-3628.

[26] Liu X, Kong X, Zhang Y, et al. Breakthrough in concentration quenching threshold of upconversion luminescence via spatial separation of the emitter doping area for bio-applications [J]. Chemical Communications, 2011, 47(43): 11957-11959.

[27] Huang K, Liu H, Kraft M, et al. A protected excitation-energy reservoir for efficient upconversion luminescence [J]. Nanoscale, 2018, 10(1): 250-259.

[28] Chen X, Jin L, Kong W, et al. Confining energy migration in upconversion nanoparticles towards deep ultraviolet lasing [J]. Nature Communications, 2016, 7(1): 10304.

[29] Chen X, Jin L, Sun T, et al. Energy migration upconversion in Ce(Ⅲ)-doped heterogeneous core-shell-shell nanoparticles [J]. Small, 2017, 13(43): 1701479.

[30] Gao W, Zheng H, Han Q, et al. Enhanced red upconversion luminescence by codoping Ce^{3+} inβ-$NaY(Gd_{0.4})F_4$:Yb^{3+}/Ho^{3+} nanocrystals [J]. Journal of Materials Chemistry C, 2014, 2(27): 5327-5334.

[31] Tian G, Gu Z, Zhou L, et al. Mn^{2+} dopant-controlled synthesis of $NaYF_4$: Yb/Er upconversion nanoparticles for in vivo imaging and drug delivery [J]. Advanced Materials, 2012, 24(9): 1226-1231.

[32] Zhang Y, Shen Y, Liu M, et al. Enhanced high-order ultraviolet upconversion luminescence in sub-20 nmβ-$NaYbF_4$:0.5% Tm nanoparticles via Fe^{3+} doping [J]. CrystEngComm, 2017, 19(9): 1304-1310.

[33] Lu Y, Zhao J, Zhang R, et al. Tunable lifetime multiplexing using luminescent nanocrystals [J]. Nature Photonics, 2014, 8(1): 32-36.

[34] Gainer C F, Joshua G S, De Silva C R, et al. Control of green and red upconversion in $NaYF_4$:Yb^{3+}, Er^{3+} nanoparticles by excitation modulation [J]. Journal of Materials Chemistry, 2011, 21(46): 18530-18533.

[35] Deng R, Qin F, Chen R, et al. Temporal full-colour tuning through non-steady-state upconversion [J].

5

Nature Nanotechnology, 2015, 10(3): 237-242.

[36] Huang J, Yan L, Liu S, et al. Dynamic control of orthogonal upconversion in migratory core-shell nanostructure toward information security [J]. Advanced Functional Materials, 31(14): 2009796.

[37] Vetrone F, Naccache R, Mahalingam V, et al. The active-core/active-shell approach: A strategy to enhance the upconversion luminescence in lanthanide-doped nanoparticles [J]. Advanced Functional Materials, 2009, 19(18): 2924-2929.

[38] Zhan Q, Zhang X, Zhao Y, et al. Tens of thousands-fold upconversion luminescence enhancement induced by a single gold nanorod [J]. Laser & Photonics Reviews, 2015, 9(5): 479-487.

[39] Liang L, Teh D B L, Dinh N D, et al. Upconversion amplification through dielectric superlensing modulation [J]. Nature Communications, 2019, 10(1): 1391.

[40] Wu S, Xia H, Xu J, et al. Manipulating luminescence of light emitters by photonic crystals [J]. Advanced Materials, 2018, 30(47): e1803362.

[41] Zhang L, Hu S, Lu Y, et al. Photonic crystal effects on upconversion enhancement of $LiErF_4$:0.5%Tm^{3+}@$LiYF_4$ for noncontact cholesterol detection [J]. ACS Applied Materials & Interfaces, 2022, 14(1): 428-438.

[42] Hofmann C L M, Herter B, Fischer S, et al. Upconversion in a bragg structure: Photonic effects of a modified local density of states and irradiance on luminescence and upconversion quantum yield [J]. Optics Express, 2016, 24(13): 14895-14914.

[43] Mao C, Min K, Bae K, et al. Enhanced upconversion luminescence by two-dimensional photonic crystal structure [J]. ACS Photonics, 2019, 6(8): 1882-1888.

[44] Su X, Sun X, Wu S, et al. Manipulating the emission intensity and lifetime of $NaYF_4$:Yb^{3+}, Er^{3+} simultaneously by embedding it into CdS photonic crystals [J]. Nanoscale, 2017, 9(22): 7666-7673.

[45] Yan D, Zhu J, Wu H, et al. Energy transfer and photoluminescence modification in Yb–Er–Tm triply doped $Y_2Ti_2O_7$ upconversion inverse opal [J]. Journal of Materials Chemistry, 2012, 22(35): 18558-18563.

[46] Li Z X, Li L L, Zhou H P, et al. Colour modification action of an upconversion photonic crystal [J]. Chemical Communications, 2009(43): 6616-6618.

[47] Liao J Y, Yang Z W, Wu H J, et al. Enhancement of the up-conversion luminescence of Yb^{3+}/Er^{3+} or Yb^{3+}/Tm^{3+} co-doped $NaYF_4$ nanoparticles by photonic crystals [J]. Journal of Materials Chemistry C, 2013, 1(40): 6541-6546.

[48] Yin Z, Zhu Y, Xu W, et al. Remarkable enhancement of upconversion fluorescence and confocal imaging of PMMA opal/$NaYF_4$:Yb^{3+}, Tm^{3+}/Er^{3+} nanocrystals [J]. Chemical Communications, 2013, 49(36): 3781-3783.

[49] Meng Z, Xun W, Zhang S, et al. Angle-dependent upconversion luminescence of $NaYF_4$:Yb^{3+},Er^{3+}/Tm^{3+} nanoparticles realized by photonic crystals [J]. ACS Applied Optical Materials, 2023, 1(1): 421-429.

[50] Meng Z, Wu Y, Ren J, et al. Upconversion nanoparticle-integrated bilayer inverse opal photonic crystal film for the triple anticounterfeiting [J]. ACS Applied Materials & Interfaces, 2022, 14(10): 12562-12570.

[51] Hu S, Xu H, Zhou B, et al. Double stopband bilayer photonic crystal based upconversion fluorescence psa sensor [J]. Sensors and Actuators B: Chemical, 2021, 326: 128816.

[52] Liu B, Meng Z, Wu S, et al. Separating and enhancing the green and red emissions of $NaYF_4$:Yb^{3+}/Er^{3+} by sandwiching them into photonic crystals with different bandgaps [J]. Nanoscale Horizons, 2018, 3(6): 616-623.

[53] Zhou D, Liu D, Xu W, et al. Synergistic upconversion enhancement induced by multiple physical effects and an angle-dependent anticounterfeit application [J]. Chemistry of Materials, 2017, 29(16): 6799-6809.

[54] Xu W, Chen X, Song H. Upconversion manipulation by local electromagnetic field [J]. Nano Today, 2017, 17: 54-78.

[55] Chatterjee D K, Rufaihah A J, Zhang Y. Upconversion fluorescence imaging of cells and small animals using lanthanide doped nanocrystals [J]. Biomaterials, 2008, 29(7): 937-943.

[56] Peng J, Samanta A, Zeng X, et al. Real-time in vivo hepatotoxicity monitoring through chromophore-conjugated photon-upconverting nanoprobes [J]. Angewandte Chemie International Edition, 2017, 56(15): 4165-4169.

[57] Yamini S, Gunaseelan M, Kumar G A, et al. $NaGdF_4$:Yb,Er-Ag nanowire hybrid nanocomposite for multifunctional upconversion emission, optical imaging, mri and ct imaging applications [J]. Microchimica Acta, 2020, 187(6): 317.

[58] Wang D, Zhu L, Pu Y, et al. Transferrin-coated magnetic upconversion nanoparticles for efficient photodynamic therapy with near-infrared irradiation and luminescence bioimaging [J]. Nanoscale, 2017, 9(31): 11214-11221.

[59] Hu C, Zhang Z, Liu S, et al. Monodispersed cuse sensitized covalent organic framework photosensitizer with an enhanced photodynamic and photothermal effect for cancer therapy [J]. ACS Applied Materials & Interfaces, 2019, 11(26): 23072-23082.

[60] He L, Dragavon J, Cha S, et al. Self-assembled gold nanostar-$NaYF_4$:Yb/Er clusters for multimodal imaging, photothermal and photodynamic therapy [J]. Journal of Materials Chemistry B, 2016, 4(25): 4455-4461.

[61] Feng L, He F, Dai Y, et al. A versatile near infrared light triggered dual-photosensitizer for synchronous bioimaging and photodynamic therapy [J]. ACS Applied Materials & Interfaces, 2017, 9(15): 12993-13008.

[62] Zhang Y, Ren K, Zhang X, et al. Photo-tearable tape close-wrapped upconversion nanocapsules for near-infrared modulated efficient sirna delivery and therapy [J]. Biomaterials, 2018, 163: 55-66.

[63] Jin Y, Ni D, Gao L, et al. Harness the power of upconversion nanoparticles for spectral computed tomography diagnosis of osteosarcoma [J]. Advanced Functional Materials, 2018, 28(33): 1802656.

[64] Liu Y, Zhang C, Liu H, et al. Controllable synthesis of up-conversion nanoparticles UCNPs@MIL-PEG for pH-responsive drug delivery and potential up-conversion luminescence/magnetic resonance dual-mode imaging [J]. Journal of Alloys and Compounds, 2018, 749: 939-947.

[65] Yang Y, Velmurugan B, Liu X, et al. NIR photoresponsive crosslinked upconverting nanocarriers toward selective intracellular drug release [J]. Small, 2013, 9(17): 2937-2944.

[66] Liu H, Yan L, Huang J, et al. Ultrasensitive thermochromic upconversion in core-shell-shell nanoparticles for nanothermometry and anticounterfeiting [J]. The journal of physical chemistry letters, 2022, 13(10): 2306-2312.

[67] Xu W, Zhao L, Shang F, et al. Modulating the thermally coupled status of energy levels in rare earth ions for sensitive optical temperature sensing [J]. Journal of Luminescence, 2022, 249: 119042.

[68] Lin M, Xie L, Wang Z, et al. Facile synthesis of mono-disperse sub-20 nm $NaY(WO_4)_2$:Er^{3+},Yb^{3+} upconversion nanoparticles: A new choice for nanothermometry [J]. Journal of Materials Chemistry C, 2019, 7(10): 2971-2977.

5

[69] Marciniak L, Prorok K, Bednarkiewicz A. Size dependent sensitivity of Yb^{3+},Er^{3+} up-converting luminescent nano-thermometers [J]. Journal of Materials Chemistry C, 2017, 5(31): 7890-7897.

[70] Bergstrand J, Liu Q, Huang B, et al. On the decay time of upconversion luminescence [J]. Nanoscale, 2019, 11(11): 4959-4969.

[71] Hao J, Zhang Y, Wei X. Electric-induced enhancement and modulation of upconversion photoluminescence in epitaxial $BaTiO_3$:Yb/Er thin films [J]. Angewandte Chemie International Edition, 2011, 50(30): 6876-6880.

[72] Wisser M D, Chea M, Lin Y, et al. Strain-induced modification of optical selection rules in lanthanide-based upconverting nanoparticles [J]. Nano letters, 2015, 15(3): 1891-1897.

[73] Lay A, Siefe C, Fischer S, et al. Bright, mechanosensitive upconversion with cubic-phase heteroepitaxial core–shell nanoparticles [J]. Nano letters, 2018, 18(7): 4454-4459.

[74] Renero-Lecuna C, Martín-Rodríguez R, Valiente R, et al. Origin of the high upconversion green luminescence efficiency in β-$NaYF_4$:2%Er^{3+},20%Yb^{3+} [J]. Chemistry of Materials, 2011, 23(15): 3442-3448.

[75] Liu Y, Wang D, Shi J, et al. Magnetic tuning of upconversion luminescence in lanthanide-doped bifunctional nanocrystals [J]. Angewandte Chemie International Edition, 2013, 52(16): 4366-4369.

[76] Zhou B, Yan L, Huang J, et al. NIR II-responsive photon upconversion through energy migration in an ytterbium sublattice [J]. Nature Photonics, 2020, 14(12): 760-766.

[77] Liu X, Wang Y, Li X, et al. Binary temporal upconversion codes of Mn^{2+}-activated nanoparticles for multilevel anti-counterfeiting [J]. Nature Communications, 2017, 8(1): 899.

[78] Tan H, Gong G, Xie S, et al. Upconversion nanoparticles@carbon dots@meso-SiO_2 sandwiched core-shell nanohybrids with tunable dual-mode luminescence for 3D anti-counterfeiting barcodes [J]. Langmuir, 2019, 35(35): 11503-11511.

[79] de Wild J, Meijerink A, Rath J K, et al. Towards upconversion for amorphous silicon solar cells [J]. Solar Energy Materials and Solar Cells, 2010, 94(11): 1919-1922.

[80] 郝禹齐，梁天宇，马薇．稀土上转换发光材料在太阳能电池中的应用 [J]. 信息记录材料，2020, 21(02): 8-15.

[81] Liang L, Liu Y, Zhao X Z. Double-shell β-$NaYF_4$:Yb^{3+}, Er^{3+}/SiO_2/TiO_2 submicroplates as a scattering and upconverting layer for efficient dye-sensitized solar cells [J]. Chemical Communications, 2013, 49(38): 3958-3960.

[82] Kojima A, Teshima K, Shirai Y, et al. Organometal halide perovskites as visible-light sensitizers for photovoltaic cells [J]. Journal of the American Chemical Society, 2009, 131(17): 6050-6051.

[83] Mazierski P, Roy J K, Mikolajczyk A, et al. Systematic and detailed examination of $NaYF_4$-Er-Yb-TiO_2 photocatalytic activity under vis-NIR irradiation: Experimental and theoretical analyses [J]. Applied Surface Science, 2021, 536: 147805.

[84] Chen Z, Fu M L. Recyclable magnetic Fe_3O_4@SiO_2/β-$NaYF_4$:Yb^{3+},Tm^{3+}/TiO_2 composites with NIR enhanced photocatalytic activity [J]. Materials Research Bulletin, 2018, 107: 194-203.

[85] 孙诗书，张妍，刘金瑞，等．上转换稀土复合材料在光催化中的应用研究进展 [J]. 中国稀土学报，2024, 42(06): 1041-1055.

[86] Huang J, Ye X, Li W, et al. Infrared-to-visible upconversion enhanced photothermal catalytic degradation of toluene over Yb^{3+}, Er^{3+}: CeO_2/attapulgite nanocomposite: Effect of rare earth doping [J]. Journal of Industrial and Engineering Chemistry, 2022, 116: 504-514.

[87] Ahmad I. Inexpensive and quick photocatalytic activity of rare earth (Er, Yb) co-doped ZnO

nanoparticles for degradation of methyl orange dye [J]. Separation and Purification Technology, 2019, 227: 115726.

[88] Li X, Li W, Liu X, et al. The construction of Yb/Er/Pr triple-doped Bi_2WO_6 superior photocatalyst and the regulation of superoxide and hydroxyl radicals [J]. Applied Surface Science, 2022, 592: 153311.

[89] Anwer H, Park J W. Near-infrared to visible photon transition by upconverting $NaYF_4$: Yb^{3+}, Gd^{3+}, Tm^{3+}@Bi_2WO_6 core@shell composite for bisphenol a degradation in solar light [J]. Applied Catalysis B: Environmental, 2019, 243: 438-447.

[90] Tian Q, Yao W, Wu W, et al. NIR light-activated upconversion semiconductor photocatalysts [J]. Nanoscale Horizons, 2019, 4(1): 10-25.

第6章

纳米诊疗材料

纳米诊疗学（nanotheranostics）是纳米医学领域的一个重要科学突破。传统诊断和治疗方法通常存在侵入性强、耗时长以及伴随严重毒副作用的局限性。而纳米诊疗学利用纳米技术和纳米材料的独特优势，展现出将诊断与治疗有机结合的潜力，从而显著提高疾病治疗的效果。然而，纳米材料在纳米诊疗学中的应用仍处于起步阶段。其主要挑战在于，不同疾病具有各自独特的微环境和特定特征，因此亟需制定合理的纳米材料选择标准，以满足特定疾病的需求。

本章概述了用于癌症及其他疾病的纳米诊疗材料的设计与制备方法。这些疾病涵盖神经退行性疾病、自身免疫性疾病和心血管疾病等多种类型。具体讨论了纳米材料在生物系统中的穿透性与滞留性、相关治疗策略以及成像模式的选择。此外，还深入探讨了纳米材料的关键特性，包括其可行性、面临的物理化学挑战、临床试验进展、潜在毒性及其在转化医学中的应用前景。

6.1 纳米诊疗材料概述

6.1.1 纳米诊疗材料的定义与内涵

纳米诊疗材料是将诊断与治疗功能集成于单一纳米平台的新型材料，是纳米技术与精准医学交叉融合的产物。其核心理念是通过纳米材料的独特物理、化学和生物特性，实现疾病的精准诊断、实时治疗效果监测以及高效治疗。与传统的诊断和治疗手段相比，纳米诊疗材料具有显著优势，包括靶向性更强、侵入性更低以及多功能化的潜力。

纳米诊疗材料的研究兴起于纳米医学领域的发展，其理论基础可以追溯至诊疗学（theranostics）的概念。诊疗学结合了影像技术和靶向疗法，通过引入新型放射性示踪剂与造影剂，为个性化治疗和实时疗效评估提供了广阔的应用前景。类似于诊疗学的逻辑，纳米诊疗材料通过整合诊断和治疗功能，突破了传统单一功能材料的限制，赋予了临床医学新的发展方向。

在早期的核医学中，放射性碘（^{131}I）治疗甲状腺功能亢进的实践为现代诊疗技术奠定了基础。这一原理在纳米诊疗材料的设计中得到借鉴和延伸。例如，通过将功能化纳米颗粒与特定疾病微环境相结合，可以实现药物的精准递送，同时通过纳米材料的影像特性实时监测治疗效果。正如早期的 ^{131}I 治疗，通过其代谢特性实现了靶向治疗，纳米诊疗材料也可通过精准调控，实现诊断与治疗的协同作用。

纳米诊疗材料的核心理念在于融合诊断与治疗，以实现精准医疗。这一领域的兴起与诊断技术和治疗技术的持续创新密切相关。精准的诊断是有效治疗的前提，而先进的治疗手段则为疾病的控制和康复提供了重要保障。随着医学技术的不断进步，诊断与治疗之间形成了相辅相成的动态关系，共同推动了现代医学的发展与变革。

纳米诊疗材料的研究以多学科交叉为基础，是跨领域创新的典范。在分子诊断学中，研究者利用分子生物学技术探讨内外源性生物大分子的存在、结构及表达调控的变化，为疾病的预防、诊断及治疗提供精准信息，推动个体化医疗的发展。而生物医学成像学则通过整合物理、化学、数学以及工程学原理，专注于成像技术及其处理方法，为疾病的检测和监测提供强有力的支持。纳米诊疗材料作为两者的交汇点，不仅继承了这些学科的技术优势，还通过纳米技术的引入开辟了新的诊疗模式，为精准、高效的医学应用提供了广阔前景。

6.1.2　纳米诊疗材料的发展历程与现状

1936 年 11 月 12 日，麻省理工学院校长卡尔·康普顿在哈佛医学院发表演讲，主题是“物理学对生物学和医药学的贡献”。他提到了弗雷德里克和伊莱娜·居里夫妇最近在人工放射性方面的成就。午餐期间，出席的马萨诸塞州总医院甲状腺诊所主任索尔·赫兹提出了一个关键问题:“可以人工制造放射性碘吗? ”康普顿和赫兹之间的对话通过午餐后几周内的信件交流得以确认。康普顿的信件明确表明了关于放射性碘的讨论（见图 6.1）。五年后，赫兹首次使用 ^{130}I/^{131}I 混合物治疗了一名甲状腺功能亢进的女性患者，开启了现代诊疗的发展道路 [1]。

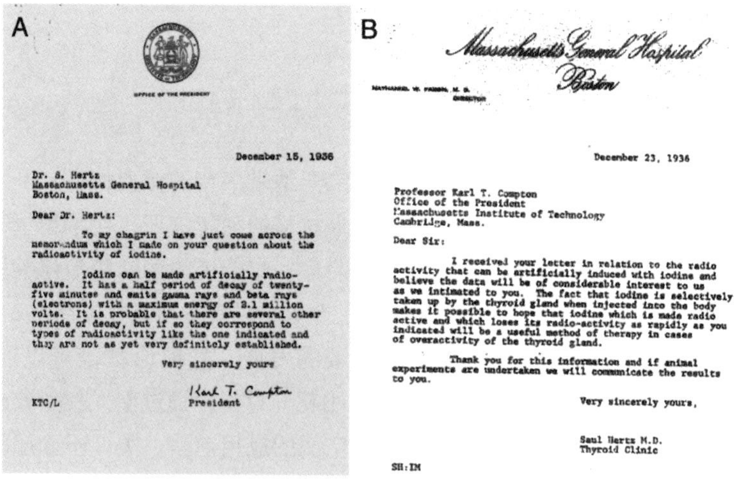
A

OFFICE OF THE PRESIDENT

December 15, 1936

Dr. S. Hertz
Massachusetts General Hospital
Boston, Mass.

Dear Dr. Hertz:

To my chagrin I have just come across the memorandum which I made on your question about the radioactivity of iodine.

Iodine can be made artificially radioactive. It has a half period of decay of twenty-five minutes and emits gamma rays and beta rays (electrons) with a maximum energy of 2.1 million volts. It is probable that there are several other periods of decay, but if so they correspond to types of radioactivity like the one indicated and they are not as yet very definitely established.

Very sincerely yours

Karl T. Compton
President

KTC/L

B

Massachusetts General Hospital
Boston

December 23, 1936

Professor Karl T. Compton
Office of the President
Massachusetts Institute of Technology
Cambridge, Mass.

Dear Sir:

I received your letter in relation to the radio activity that can be artificially induced with iodine and believe the data will be of considerable interest to us as we intimated to you. The fact that iodine is selectively taken up by the thyroid gland when injected into the body makes it possible to hope that iodine which is made radio active and which loses its radio-activity as rapidly as you indicated will be a useful method of therapy in cases of overactivity of the thyroid gland.

Thank you for this information and if animal experiments are undertaken we will communicate the results to you.

Very sincerely yours,

Saul Hertz M.D.
Thyroid Clinic

SH:IM

图 6.1　赫兹博士与康普顿博士的讨论信件

在现代诊疗中，纳米医学为靶向药物传递、成像和治疗提供了全新的模式。纳米颗粒可以设计成复合治疗药物、造影剂和靶向配体的统一体，实现多模式的诊疗方法。这些纳米载体可以增强药物稳定性，改善药物溶解度，并在疾病部位实现控制释放。2002 年，位于美国北卡罗来纳州的新兴医疗公司 PharmaNetics 的科学家 John P. Funkhouser 提出纳米颗粒在个性化医学中的应用[2]，极大地推动了纳米诊疗技术在精准治疗中应用。纳米诊疗技术能够在疾病部位提供非侵入性成像和靶向治疗，而不影响周围健康细胞。因此，可以避免使用经验性治疗，大大改善预后，并加快临床医生的治疗决策。早期诊断将提高患者的生存率，优化的治疗将有助于提高疗效和最佳安全性。此外，药物过量和治疗费用高的问题也可以得到有效改善。纳米诊疗学还能够实时监测药物释放及其在患者体内的分布情况。

纳米材料可以根据其组成分类，如金属、碳以及无机和有机纳米颗粒。治疗诊断纳米材料可以由不同的化学结构构成，包括靶向基团（用于特定细胞结合）、治疗剂（用于药物传递）、诊断剂（用于非侵入性成像）以及赋予胶体稳定性并提供生物共轭功能基团的聚合物基质。纳米材料重要优点不仅在于它们的小尺寸和高比表面积，还包括其独特的光学和电学特性。这些特性使得诊断和治疗剂能够被吸附、溶入或共价连接到表面上，形成纳米颗粒-药物 / 成像 / 靶向复合物。复合物随后可以传递信号并将药剂输送至癌细胞或其他目标部位进行治疗。在控制药物分子释放后，理想情况下，残留的纳米颗粒将安全地降解并从体内排出。

最近，具有多种物理成像模式和治疗能力的纳米诊疗材料的应用引起了越来越多的关注。与此同时，纳米诊疗材料的基本特征、生物分布、代谢机制及毒性也进一步被深入研究。毫无疑问，多角度的研究将进一步推动纳米诊疗材料的临床应用。

6.2 纳米诊疗材料的类型

6.2.1 金属纳米诊疗材料

金属纳米诊疗材料因其独特的物理、化学及生物特性，在医学诊断和治疗中展现出广泛的应用前景。这些材料结合了金属纳米颗粒的优异性能与诊疗需求，不仅可以实现高效的疾病诊断，还能通过靶向治疗提高治疗效果，降低副作用。

金属纳米颗粒的特性来源于其结构。不同尺寸、形状及表面修饰的金属纳米颗粒在光学、磁学和电学性能上表现出显著差异。例如，金纳米颗粒（AuNPs）具有表面等离子体共振效应，在光热治疗和光声成像中发挥重要作用；而铁氧化物纳米颗粒则凭借其超顺磁性，被广泛应用于磁共振成像（MRI）和磁热治疗中。此外，通过化学修饰，金属纳米颗粒可进一步增强靶向性和生物相容性，从而提升诊疗效果。

金属纳米颗粒在医学诊断中的应用主要包括成像增强和生物标志物检测。例如，金纳米棒由于其在近红外区的独特吸收特性，已成为光声成像的重要材料。同时，通过与抗体或核酸的结合，金属纳米颗粒能够高效识别癌症相关标志物，实现早期诊断。在疾病治疗方面，金属纳米颗粒表现出优越的靶向递送能力和治疗效率。例如，基于 AuNPs 的光热治疗技术能够将局部温度迅速提高，从而精准消融肿瘤细胞；而铁氧化物纳米颗粒通过外加磁场操控，可实现药物的定向运输与释放。近年来，多功能金属纳米颗粒的研发为诊疗一体化提供了新契机。例如，结合光声成像与光热治疗的 AuNPs 能够在肿瘤定位后立即启动治疗，显著提高诊疗效率。这种诊疗一体化策略展示了金属纳米颗粒在精准医疗中的巨大潜力。

尽管金属纳米颗粒展现了令人期待的应用前景，但其生物安全性仍是实现临床转化的关键挑战。研究表明，粒径、表面修饰及剂量均会影响金属纳米颗粒的体内毒性。为此，需优化材料设计，确保其在发挥功能的同时降低对机体的潜在危害。此外，还需建立系统的生物安全性评价体系，为临床应用提供科学依据。

6.2.2 无机非金属纳米诊疗材料

无机非金属纳米诊疗材料因其优异的物理化学稳定性、多功能性和可调控性，近年来在医学领域备受关注。这类材料包括氧化物、硅化物、氮化物、磷酸盐等，具有独特的光学、电学、磁学和力学性能，为医学诊断和治疗提供了新思路。此外，无机非金属材料相较于有机材料，在生物稳定性和抗降解性方面具有显著优势，使其在复杂生理环境中的应用更具潜力。

制备方法是决定无机非金属纳米材料性能的重要因素。目前，主要的制备技术包括溶胶-凝胶法、水热/溶剂热法、化学气相沉积法和模板法等。例如，溶胶-凝胶法因其工艺简单、成本低廉，被广泛应用于纳米二氧化硅的制备；而水热法则适用于合成高结晶度的磷酸盐纳米颗粒。此外，通过调控反应条件（如温度、时间、pH 值），可以精确控制材料的尺寸、形貌和功能特性，为满足不同的诊疗需求提供了可能。

无机非金属纳米材料在医学诊断中主要用于成像和生物标志物检测。其卓越的光学性能（如量子点的高荧光强度）和磁学性能［如超顺磁性氧化铁纳米颗粒（SPIONs）的 MRI］使其成为理想的成像探针。此外，这类材料还可与生物分子（如抗体、DNA）结合，开发出高灵敏度的生物传感器，用于早期疾病检测。例如，纳米硅材料的表面易于修饰，能够高效负载荧光分子，实现癌症细胞的精准标记。在疾病治疗领域，无机非金属纳米材料展现了巨大的潜力，尤其是在药物递送和光热/光动力疗法方面。例如，氧化物纳米颗粒可用作智能药物载体，通过表面修饰实现靶向递送，同时在光热治疗中表现出优异的热转换效率。此外，硅基纳米材料在体内降解产物无毒且可被自然代谢排出，确保了治疗的安全性。生物安全性是决定无机非金属纳米材料能否实现临床转化的关键因素。研究表明，材料的粒径、形貌、表面修饰和剂量对其生物相容性和毒性均有显著影响。例如，过小的粒径可能引发细胞膜穿透性增加，从而导致毒性；而合理的表面修饰则可显著降低免疫原性和炎症反应。因此，在实际应用中，应综合考虑材料的理化特性和生物反应，确保其安全性和有效性。

6.2.3 有机纳米诊疗材料

有机纳米诊疗材料以其优异的生物相容性、多样的化学结构及功能修饰能力，在医学诊疗领域展现出广阔的应用前景。常见的有机纳米材料包括聚合物纳米颗粒、脂质体、纳米乳液及树状大分子等。这类材料不仅能够携带药物分子或成像探针，还具有良好的体内降解性和可控释放特性，满足精准诊断与治疗的需求。此外，有机纳米材料通过表面功能化处理，可实现多功能组合，为复杂疾病的综合诊疗提供了可能性。

有机纳米材料的制备方法决定了其性能的可调性和应用范围。常用的方法包括乳化-溶剂挥发法、自组装法和高压均质法。例如，乳化-溶剂挥发法适用于制备疏水性药物载体，过程简单且易于工业化；自组装法则通过分子间作用力实现结构的自发形成，广泛用于制备脂质体和聚合物胶束。通过精确调控制备条件（如溶剂比例、搅拌速度和温度），可以显著提高材料的稳定性、载药效率和释放行为。

有机纳米材料在医学诊断中的应用主要体现在生物成像和生物传感领域。聚合物纳米颗粒可通过掺杂荧光探针实现高灵敏度的荧光成像，广泛应用于肿瘤的早期检测和组织定位。此外，脂质体和纳米乳液因其良好的分子包裹能力，可作为成像增强剂用于MRI和超声成像。值得注意的是，通过优化材料表面功能基团，可进一步提高其与生物靶标的特异性结合能力，从而提升诊断效率。

有机纳米材料的疾病治疗功能主要集中于药物递送和基因治疗领域。聚合物胶束能够有效负载疏水性抗癌药物，并在肿瘤微环境中实现酸响应性释放，从而提高治疗效率并降低副作用。脂质体因其与细胞膜结构的相似性，具有出色的细胞内递送效率，已被用于多种癌症疗法中。此外，树状大分子因其高度分支的结构和可控功能修饰能力，可在基因治疗中作为高效载体，将核酸直接递送至靶细胞核。

生物安全性评估是有机纳米材料能否实现临床应用的关键环节。研究表明，材料的组成、表面修饰和剂量直接影响其免疫原性和毒性。例如，高分子聚合物纳米颗粒可能因降解产物的积累引发炎症反应，而脂质体因其自然降解性表现出较低的毒性风险。为确保安全性，需通过体外细胞毒性试验、动物模型研究和长期代谢追踪等方法，系统评估材料的毒副作用及生物相容性。

6.2.4　复合纳米诊疗材料

复合纳米诊疗材料是由两种或多种功能性材料通过物理或化学方法复合而成的多功能纳米结构，兼具单一材料的优点并克服其局限性。通过合理设计，复合材料可以同时具备成像与治疗功能，实现“诊疗一体化”。典型的复合材料包括磁性-荧光复合材料、纳米载药系统与光热转换材料的结合体。这类材料在精准诊断、靶向治疗和实时监测等方面展现出独特的优势，成为纳米医学领域的研究热点。

复合纳米材料的制备需要综合考虑不同材料的化学特性和结构稳定性，常用的方法包括界面组装法、层层自组装法、溶液共沉淀法和化学修饰法。例如，层层自组装法通过静电作用或分子间力实现多种材料的精确构筑；溶液共沉淀法则适用于合成磁性-荧光纳米颗粒，在保证复合结构稳定性的同时能保留各组分的独特功能。此外，通过调控反应条件，复合材料的制备方法可实现材料的纳米化和均匀分布，从而提高其在诊疗过程中的性能表现。

复合纳米材料在医学诊断中主要用于多模态成像与生物标志物检测。例如，磁性-荧光复合材料结合了MRI和荧光成像的优点，可实现高灵敏度的多模态成像，用于肿瘤的精准定位和分期。此外，将复合材料表面修饰特异性配体（如抗体或肽段）后，可显著提高其与目标分子的结合能力，用于疾病早期检测中的生物传感器开发。

复合纳米材料在治疗领域的应用主要体现在药物联合递送、光热治疗（PTT）和光动力疗法（PDT）等方面。例如，AuNPs 与光敏剂的复合材料在近红外光照射下，既可通过光热效应破坏肿瘤细胞，又可产生活性氧（ROS）杀伤周围病灶组织。此外，磁性-药物复合纳米材料通过磁场调控实现靶向递送，提高药物的生物利用度并降低系统毒性，为个性化治疗提供了新策略。

复合纳米材料的生物安全性因其复杂结构而具有独特挑战，需从材料的降解性、代谢路径和毒性影响等多方面进行系统评价。研究发现，复合材料的粒径、表面化学修饰以及组成比例对其毒性和免疫原性有显著影响。例如，过大的复合材料可能引发体内长期滞留，而优化后的表面修饰可有效降低毒性并增强生物相容性。因此，在设计和应用复合纳米材料时，应综合考虑功能与安全的平衡，通过体外和体内试验确保其临床可行性。

6.3 纳米诊疗材料的生物性能表征

生物性能表征是评估纳米诊疗材料在生物环境中安全性和有效性的关键环节，涵盖生物相容性、细胞与分子相互作用、体内外毒性评估及免疫响应等方面。通过系统的生物性能表征，可优化材料设计，确保其在医学应用中的安全性与功能性。

6.3.1 生物相容性表征

生物相容性是纳米诊疗材料应用于生物系统的首要条件。常用的表征方法包括：①细胞存活率检测（MTT 或 CCK-8），评估纳米材料对细胞活性的影响，用于筛选低毒性材料；②血液相容性测试；检测纳米材料与血液的相互作用，如溶血率和血小板激活，适用于开发静脉注射用材料；③组织相容性评估，通过动物实验观察材料对组织修复和炎症反应的影响。例如，在开发用于药物递送的纳米载体时，可通过 MTT 试验确定材料的细胞毒性，再结合血液相容性测试评估其在体内使用的可行性。

6.3.2 细胞与分子相互作用表征

纳米诊疗材料与细胞及分子的相互作用决定了其靶向递送和治疗效果。表征方法包括：①细胞摄取实验，通过荧光显微镜或流式细胞仪观察材料被细胞吸收的效率和分布；②蛋白质吸附实验，测试材料表面对血清蛋白的吸附行为，评估其在体内的生物命运；③分子结合能力测试，使用表面等离子体共振（SPR）或等温滴定量热法（ITC）测量材料表面对靶向分子的结合强度。例如，利用荧光标记材料进行细胞摄取实验，可以直观了解材料在不同细胞类型中的分布情况，为优化靶向性提供依据。

6.3.3 体内外毒性评估

毒性评估是保证纳米材料生物安全性的核心内容，包括急性毒性检测、慢性毒性检测和基因毒性检测。常用技术包括：①急性毒性测试，通过小鼠或大鼠实验，评估材料短时间内对器官和代谢功能的影响；②慢性毒性测试，长期监测材料在体内的代谢及其可能的慢性毒副作用；③体外基因毒性试验，如彗星试验或 Ames 试验，检测材料是否引起 DNA 损伤或突变。例如，在研究光热治疗材料时，可通过急性毒性测试验证其短期安全性，再通过慢性毒性研究评估其长期应用的风险。

6.3.4 免疫响应表征

免疫响应表征旨在评估材料是否引发过度的免疫反应，从而影响其治疗效果和生物安全性。表征方法包括：①细胞因子释放检测，通过酶联免疫吸附试验（ELISA）测定材料引起的炎症因子水平；②免疫细胞活化实验，观察纳米材料对巨噬细胞或T细胞活化的影响，评估其免疫原性；③过敏反应测试，检测材料是否引发过敏反应，确保其在人体使用的安全性。例如，在开发用于肿瘤免疫治疗的纳米疫苗时，可结合细胞因子检测和免疫细胞活化实验，优化材料的免疫调节能力。

6.4 纳米诊疗材料的应用

6.4.1 肿瘤

纳米诊疗技术能够通过简便、非侵入的方式，特异性检测癌症生物标志物并同时消融癌细胞，使其成为一种极具前景的治疗选择。然而，在供血不足的区域，药物递送仍然面临瓶颈，且部分癌细胞仍可继续增殖。相比之下，液体肿瘤（如白血病和淋巴瘤）因通过血液传播，其诊断与治疗常常受到选择性差、疗效低、多药耐药性及长期副作用等问题的限制。值得注意的是，不同或相同解剖区域的癌症类型，其肿瘤微环境存在显著差异。因此，开发针对性强的诊断与治疗干预手段，对于癌症的有效治疗至关重要。

从药物递送囊泡的优化，到造影剂及靶向策略的创新，纳米诊疗技术的研究正在快速推动纳米肿瘤学朝着一体化和局部化诊疗的方向发展。本节将介绍近期在功能化纳米诊疗材料的应用方面取得的进展，涵盖实体肿瘤和液体肿瘤的诊断与治疗策略，以及多种成像模式（如光学成像、光声成像和MRI）的最新进展。

6.4.1.1 固体肿瘤

固体肿瘤（solid tumor）是异常组织的聚集体，可能为良性或恶性。其类型包括癌瘤（源于上皮细胞，例如腺癌、基底细胞癌、鳞状细胞癌和过渡细胞癌）和肉瘤（起源于血管、骨骼、脂肪组织及肌肉等部位）。

缺氧是固体肿瘤的重要特征之一，主要是血管结构异常和血液循环不畅导致氧气供应不足。缺氧微环境可能削弱肿瘤对治疗的敏感性，特别是对PDT的响应。PDT依赖氧气，可通过光敏剂在光照作用下产生细胞毒性氧化物（如单线态氧ROS物种），破坏组织结构以杀死癌细胞。然而，实体肿瘤的放射线抗性是常氧状态下肿瘤的2～3倍[3]，使治疗更加复杂。

肿瘤细胞的内环境表现出高浓度的氢离子（H^+）和过氧化氢（H_2O_2），这主要归因于快速糖酵解代谢和超氧化物歧化酶的过度表达。肿瘤细胞的外pH值呈弱酸性（pH 6.0～6.8），显著低于正常组织的弱碱性（pH 7.2～7.4）。因此，理想的固体肿瘤纳米诊疗材料需要对血液和肿瘤微环境的细微pH差异具备高度敏感性。此外，肿瘤中抗氧化物质和谷胱甘肽

（GSH）的水平通常远高于正常组织（约为正常细胞的 4 倍）[4]。

为了利用增强的通透性和滞留效应（EPR 效应），纳米载体的尺寸通常设计在 10～200 nm 范围内，以优化在固体肿瘤组织中的沉积。由于淋巴引流减少，纳米颗粒能够在肿瘤组织中积聚，显著提高药物递送的效率并增强治疗效果。同时，纳米颗粒在正常组织中的低积累率降低了潜在的副作用。成功内化后，纳米颗粒可能通过形成大尺寸聚集体，防止溶酶体外排，从而减少治疗活性的流失[5]。然而，在肿瘤血管化不良的区域，药物递送依然受限，部分癌细胞可能存活。此外，EPR 效应的效率在很大程度上取决于肿瘤类型。

为克服药物递送中的生物与生理屏障，并将其作为癌症纳米治疗的多功能平台，研究者正在积极设计和开发不同的刺激响应型纳米材料。

（1）无机纳米诊疗材料

金纳米结构是指具有多种形态的 AuNPs 集合，因其在生物医学领域的优异生物相容性及简便的表面化学修饰特性而备受关注。此外，金纳米结构还可作为高效光热转换器，能够吸收可见光或近红外辐射并将其转化为热能，从而破坏邻近的生物组织，即光热疗法（PTT）。通过精确调控光照强度和纳米颗粒的注入剂量，可以显著降低其在癌症治疗中的潜在副作用，使金纳米结构成为一种高选择性且安全性良好的治疗材料。

肝细胞癌（HCC）是最常见的原发性肝癌，同时是全球癌症相关死亡的第三大原因。HCC 肿瘤通常表现出血管化不良、中心区域缺乏基质且易坏死，呈现结节状、单个大肿瘤或多个小肿瘤的形态特征。PTT 作为一种有效的癌症治疗方式，近年来在 HCC 的治疗中展现出巨大潜力。

基于 AuNPs 与 Cu(Ⅱ)-适配体（aptamer）复合物的肿瘤微环境响应型三重协同治疗纳米平台，已被应用于 HCC 的诊断与治疗。适配体是一种由单链 DNA 或 RNA 序列组成的小型、易于合成的配体，具有低免疫原性和对细胞表面受体的高靶向亲和力。二氢卟吩 e6（Ce6）是一种广泛应用的光敏剂，其标记的适配体能够高效靶向 HCC 细胞并激活 PDT 生成单线态氧。Ce6 标记的适配体结合在 AuNPs 表面，这不仅减少了 AuNPs 在体内的快速清除，还可以作为化疗前药 AQ4N 的 Cu(Ⅱ) 配位载体。

在肿瘤细胞内，高水平的 GSH 和酸性细胞外 pH 环境促使 AQ4N 释放；同时，自由 Cu(Ⅱ) 引发 AuNPs 的静电聚集，进一步激活 PTT 效应以破坏实体肿瘤。该纳米系统通过单一波长 670 nm 的激光照射，成功实现了针对 HCC 的协同 PDT/PTT/ 化疗治疗。

然而，该方法也存在一些局限性，尤其是在选择 AQ4N 作为前药时。由于 AQ4N 的极高水溶性（260 mg/mL），联合治疗需要高剂量和多次给药（≥100 mg/kg）。尽管目前尚未有研究报告 AQ4N 载药纳米系统的潜在副作用，但其低药物载量和封装效率、非特异性释放以及较短的体内半衰期（≤6 h）仍是亟待解决的问题［见图 6.2（b）］[6]。

由于光热剂在细胞内的微环境中分布不可控，因此仅将光照局限于癌细胞区域具有技术挑战。为解决这一问题，研发了一种通过 405 nm 激光辐照实现交联的 AuNPs［图 6.2（a）］[7]。激光激发二氮杂环基团产生高活性碳烯中间体，与 AuNPs 附近配体形成共价键，显著提高了光热转换效率（从 21.6% 提高至 78.8%）。此外，这种方法将 20.5 nm AuNPs 的表面等离子体共振峰移动至近红外区域（NIR），延长了血液循环时间并改善了生物半衰期。然而，

405 nm 激光的组织穿透深度有限，限制了其在体内深层成像中的应用。尽管 NIR 具有更优的组织穿透能力，但其临床应用仍受散射、自体荧光和光漂白效应的限制。

不同纳米结构（例如立方形 Au 纳米笼）的物理化学特性显著影响其光热性能。Au 纳米笼具有可调谐的局域表面等离子体共振峰（600～1200 nm）和大的 NIR 吸收截面，比传统有机染料高出 5 个数量级。其中空和多孔结构不仅支持药物受控释放，还赋予其更长的血液循环时间。通过表面修饰两性离子聚合物，成功延长其系统循环寿命 4 倍，同时增强了对乳腺肿瘤的靶向能力和光热疗效。电荷反转机制使 Au 纳米笼在弱酸性环境（pH $\leqslant$6.5）下表现为阳离子，从而在肿瘤部位实现有针对性的积累 [8]。

基于上转换纳米颗粒（UCNP）的治疗性胶束已被开发，用于 HCC 的双模成像和 PDT[9]。将米托蒽醌和抗上皮细胞黏附分子（anti-EpCAM）共载于 PEG 修饰的 UCNP 胶束上，显著提高了生物相容性和抗肿瘤协同效果，同时未发现明显的系统毒性。然而，该系统使用 980 nm 激光激发 PDT 时，因水在该波长具有吸收峰，会导致不必要的组织加热，从而限制其临床应用 [10]。

宫颈癌是全球女性中第四大常见癌症，其治疗中多层单壁碳纳米管（SWNTs）被开发用于协同 PTT 和药物递送。SWNTs 经牛血清白蛋白（BSA）包覆后提供活性位点，结合 AuNPs 形成复合纳米颗粒（SWNT@BSA@Au），并通过 FA-PEG-SH 修饰提升其水分散性和生物相容性 [11]。阿霉素（DOX）可高效加载于该系统中（载药比高达 590%），实现针对宫颈癌的高选择性治疗。该纳米复合物在 PTT 过程中表现出优异的抗肿瘤效果，并通过多项生化和组织学分析验证其无明显系统毒性。然而，高激光辐照功率（>1 W/cm^2）超过皮肤耐受阈值，可能限制其实际临床应用。

介孔 NiO（m-NiO）纳米颗粒也被开发为癌症光热转化剂 [12]。通过与传统中药青蒿素（ART）和铽（Tb）配合物结合，m-NiO 纳米平台同时具有 MRI 对比和荧光成像能力。ART 作为抗肿瘤药物，通过 m-NiO-Tb 纳米颗粒载体实现了协同 PTT 和自由基诱导疗法，有效抑制了子宫颈肿瘤的生长。

为了在乳腺肿瘤中实现高效的 PDT，研究者开发了一种光敏剂-Pd@Pt 纳米系统。钯（Pd）基纳米材料表现出良好的过氧化氢酶样活性，可以分解 H_2O_2 生成氧气和水，从而改善实体肿瘤的低氧环境 [13]。然而，与其他无机纳米材料类似，Pd 具有化学和生物惰性，这引发了关于其低生物可降解性和潜在生物安全性的担忧。

最近，有研究引入了功能性二维无机生物材料——氧化锰（MnO_2）纳米片，以进一步提高治疗性能 [14]。MnO_2 纳米片厚度仅约 2 nm，对酸性和还原性肿瘤微环境高度敏感。在酸性（pH 5.0）和高浓度 GSH（[GSH] = 5.0 mmol/L）环境中，MnO_2 纳米片可在 3 min 内解体并释放 Mn^{2+}。释放的 Mn^{2+} 对水分子具有较高亲和力，显著提高了 MRI 信号亮度，其纵向弛豫率（r_1）分别为 5.45 L/(mmol · s) 和 4.81 L/(mmol · s)，而在中性条件下（pH 7.0）仅为 0.87 L/(mmol · s)。这表明 MnO_2 纳米片作为 MRI 对比剂具有显著潜力。此外，MnO_2 纳米片还具有高光热转化效率，用大豆磷脂酰胺修饰后进一步提高了其在生理条件下的稳定性。

金属、金属氧化物和金属硫化物构成了多功能无机纳米颗粒平台。这些材料在广泛的 pH 和温度范围内表现出良好的稳定性，并且能够抵抗酶解和光化学降解，因而非常适用于肿瘤微环境中的纳米诊疗学应用。

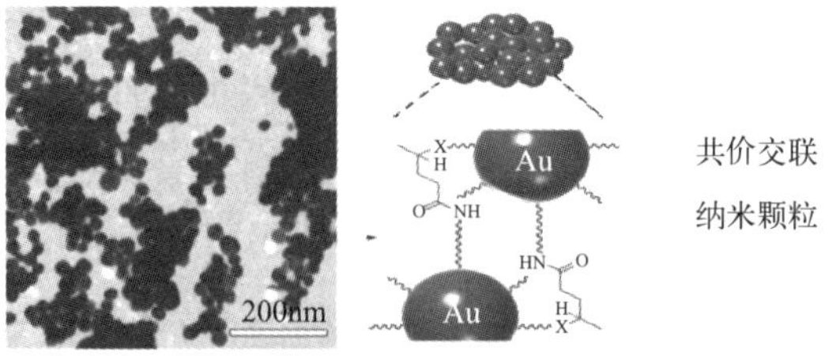

(a) 用于肿瘤光热治疗和体内光声成像的光交联型 AuNPs

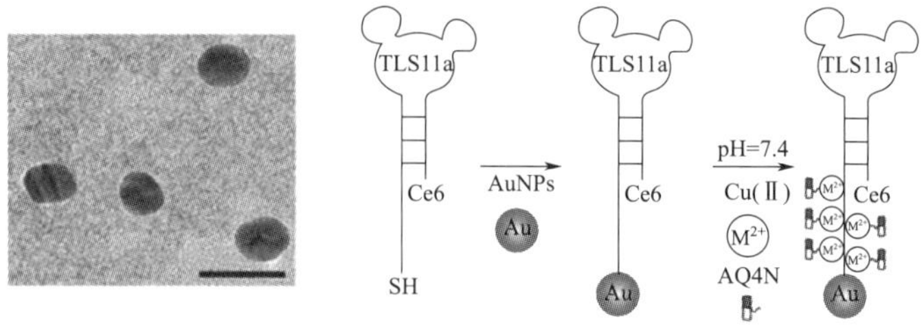

(b) 基于智能Cu(Ⅱ)-适配体复合物的金纳米材料

图 6.2 针对固体肿瘤的纳米诊疗材料

尽管无机纳米材料在纳米诊疗平台中取得了快速发展，但关于其结构与功能关系的基础研究仍较薄弱。深入理解这些纳米结构的相互作用机制，将为其在肿瘤诊疗中的应用提供更加可靠的科学基础。

（2）聚合物纳米诊疗材料

高分子纳米诊疗平台是指以聚合物纳米颗粒为载体的纳米诊疗材料，主要包括由合成聚合物［如聚有机磷腈（POP）、PEG 等］或天然聚合物（如壳聚糖、明胶等）构建的纳米球和纳米胶囊。凭借其高度电子离域结构、优异的光学性能、多功能表面修饰、良好的光稳定性和生物相容性，这类材料在实体肿瘤治疗领域发展迅速。高分子纳米颗粒通常尺寸为 10～1000 nm，是广泛研究的有效诊疗材料载体。

聚乙二醇-聚己内酯（PEG-PCL）是一种具有生物降解性和生物相容性的嵌段共聚物。PEG 的化学修饰可延缓肾脏过滤、延长血浆循环时间，并减少巨噬细胞的非特异性摄取。通过将光稳定的荧光分子硅萘菁（SiNc）封装在 PEG-PCL 纳米颗粒的疏水核心中，构建了一种实时可激活的治疗性纳米平台（图 6.3）[15]。合成的纳米探针在肿瘤部位主要呈现荧光（量子产率约为 11.8%），其原因是 SiNc 在水中的溶解性差（<1 ng/mL），容易聚集并导致

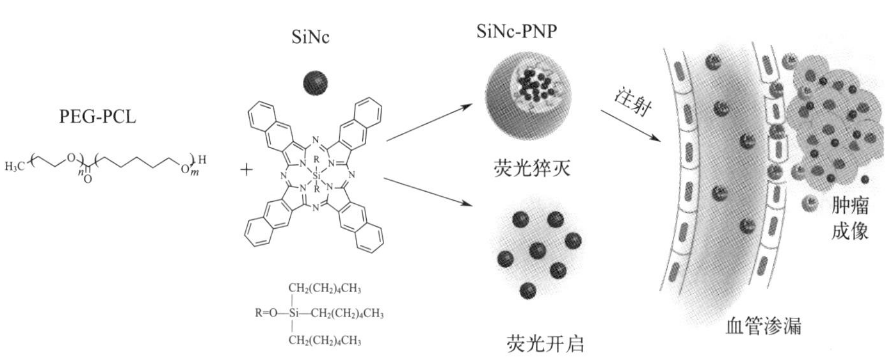

图 6.3 肿瘤活化的 SiNc 封装在共聚物 PEG-PCL 纳米颗粒

荧光自猝灭。然而，当 SiNc 进入肿瘤核心后，由于肿瘤内酸性环境（pH 6.5～6.8）以及内体 / 溶酶体的低 pH（4.5～6.5），纳米探针的结构被破坏，SiNc 释放并恢复近红外荧光信号。该纳米平台在肿瘤成像中展现了高癌症-正常组织对比度（1.6～1.9 倍），在健康器官中几乎没有荧光信号，这拓宽了成像和治疗窗口，也具有广阔的临床研究前景。

此外，研究表明，纳米探针在接收近红外光（1.3 W/cm^2）后，可在肿瘤深处（12 mm）有效产生热量，用于光热治疗。这一特性在女性盆腔内卵巢癌的治疗中具有显著优势。

另一方面，PEG-PCL 与叶酸-PEG-胆固醇微球自组装形成了直径约 50 nm 的球形自发光纳米系统（POCL 纳米反应器）[16]。该系统封装了 [3,4,6-三氯-2-(戊氧羰基) 苯基] 草酸酯（CPPO，化学动力源）、(9,9′-二辛基-2,7-二乙烯基芴)-alt-2-甲氧基-5-(2-乙基己氧基)-1,4-苯二酚（化学发光转换剂）和四苯基卟啉（TPP，近红外发射及单线态氧光敏剂）。POCL 通过叶酸配体在肿瘤部位实现靶向。在高 H_2O_2 浓度（10^{-6} mol/L，正常为 10^{-7} mol/L）条件下，POCL 触发化学发光成像和 PDT。这一过程中产生的单线态氧可有效破坏肿瘤细胞。POCL 表现出高对比度成像效果及优异的抗肿瘤能力，同时系统毒性较低，显示出广阔的应用潜力。

为了降低抗癌药物甲氨蝶呤（MTX）的毒性和副作用，研究者设计了两种嵌段共聚物：聚乙二醇-聚谷氨酸-聚乙二醇（GEG）和聚乙二醇-聚谷氨酸（EG），并将其与叶酸（FA）结合，形成两种纳米颗粒，分别命名为 M-GEG 和 M-EGFA。这两种纳米颗粒分别用于宫颈癌的被动靶向和主动靶向[17]。其中，叶酸作为主动靶向配体，有助于药物在肿瘤部位精准释放；而 M-GEG 纳米颗粒则利用 EPR 效应实现被动靶向，并在癌细胞内积聚。随后，这些颗粒以受控速率释放 MTX，诱导肿瘤细胞凋亡，既可持续发挥细胞毒作用，又能显著降低对健康组织的副作用。两种纳米颗粒的封装效率为 93%～96%，药物载荷含量为 38%～47%。这些特性显著增强了 MTX 的系统循环和细胞内递送效率，展现出替代传统化疗的潜力。未来，开发刺激响应型嵌段共聚物以实现更高的靶向性和药物释放精度，将成为研究热点。

总体而言，与其他荧光成像探针相比，高分子纳米颗粒仍存在空间分辨率低、组织穿透深度不足、量子产率较低等问题。未来需要进一步探讨其光诱导电荷转移与生物活动的相互作用，以提升其诊疗效果。

（3）脂质纳米诊疗材料

固体脂质纳米颗粒由疏水脂质组成的坚固核心和外层磷脂单分子层构成。这种结构显著提升了其在生物环境中的稳定性和生物相容性，成为一种极具潜力的药物载体系统。

Zhang 等人设计了一种多功能缺氧响应型脂质纳米诊疗材料，用于乳腺癌的协同光动力治疗和化疗[18]。该材料将光敏剂 Ce6、缺氧激活前药替拉帕明（TPZ）和 miRNA-155 基因探针整合于脂质纳米颗粒中，并由 2-硝基咪唑衍生物修饰的 PEG 两性聚合物制备而成。基因探针是一种分子信标探针，其环序列与 miRNA-155 互补。在无目标 miRNA-155 时，探针荧光关闭；而与目标结合后，荧光打开，可用于高效检测乳腺癌中细胞内致癌 miRNA 生物标志物。随后，通过 670 nm 激光照射（0.48 W/cm^2，10 min），脂质颗粒诱导 PDT，生成细胞内 ROS，如单线态氧，导致严重缺氧。这一缺氧状态进一步引发脂质体解离，使 TPZ 释放至细胞核，诱导 DNA 损伤和细胞凋亡。目前 TPZ 已进入第Ⅲ期临床试验，继续研究该脂质体系统的纳米毒理学对于潜在的临床转化至关重要。

基于脂质纳米颗粒的超声分子探针已被用于 HCC 的早期精准诊断与治疗。由于常规脂质颗粒缺乏靶向能力，研究者引入透明质酸（HA）作为配体，以靶向肝癌细胞表面高表达的 CD44 受体。此外，采用半胱氨酸修饰的穿透肽 CG-TAT-GC（CPPs）以提高大分子药物递送至细胞核的效率，同时避免细胞毒性。这种纳米颗粒被命名为 HA/CPPs-10-HCPT（10-HCPT 为 10-羟基喜树碱）。在低强度聚焦超声（LIFU）刺激下，纳米颗粒在肿瘤部位发生声致液滴汽化，转变为微泡。这些微泡显著增强肿瘤部位的成像对比，同时提高纳米颗粒通过血管和细胞膜的渗透性。与高强度聚焦超声不同，LIFU 声强较低（$<3.2\ W/cm^2$），不易引起组织坏死，从而实现抗肿瘤药物的局部高效释放。

H_2O_2 浓度异常（50～100 μmol/L）通常与炎症和癌症等病理状态相关，而正常生理环境中的 H_2O_2 浓度低于 50 μmol/L。研究者开发了一种负载辣根过氧化物酶（HRP）及其底物 2,2′-联氮双(3-乙基苯并噻唑啉-6-磺酸)二铵盐（ABTS）的脂质纳米探针，用于检测 H_2O_2 浓度及相关病理状态（图 6.4）[19]。在 H_2O_2 存在下，HRP 催化 ABTS 氧化，生成绿色氧化产物，表现出强 NIR 吸收（700～900 nm），可对尺寸小至 2 mm 的肿瘤进行高灵敏度光声成像。同时，基于 H_2O_2 水平的差异，该纳米探针可诊断 LPS 引发的炎症、细菌感染、脑肿瘤、乳腺肿瘤及转移性肿瘤。此外，该探针还具备选择性 PTT 能力，最大程度减少对健康组织的热损伤。然而，HRP 和 ABTS 的负载量较低，分别约为 5% 和 23.17%。这一限制可能与温度变化引起的脂质基质多型转变有关。

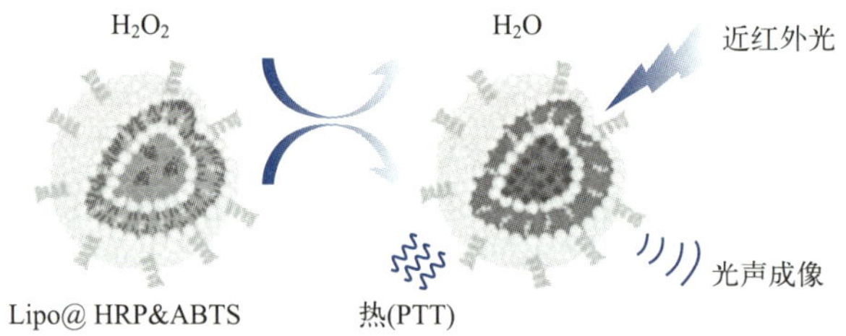

图 6.4　H_2O_2 响应型脂质纳米探针

总体而言，基于脂质纳米颗粒的分子或药物负载系统在靶向分布中的潜在副作用需要进一步研究，以评估其有效性。未来，还需深入探讨纳米药物在血液中的药代动力学、稳定性及循环时间，以推动其在临床中的应用。

6.4.1.2　液体肿瘤

尽管纳米治疗策略通常侧重于固体肿瘤的诊断与治疗，但近年来，其在液体肿瘤（liquid tumor）中的应用也取得显著进展。与固体肿瘤不同，液体肿瘤（包括白血病、淋巴瘤和骨髓瘤）分布于血液循环系统，因而更易接触纳米材料。这种差异要求在设计纳米治疗策略时充分考虑纳米材料的分布特性和可及性。本节将探讨液体肿瘤中纳米诊疗材料的选择与应用。

金属纳米颗粒已被广泛用于淋巴瘤和白血病的诊疗。它们通过吸收光能产生热量，是 PTT 的重要试剂。然而，液体肿瘤的弥散性特征可能导致对邻近健康组织的意外损伤。Cu-Au 合金纳米结构因其优异的性能而备受关注。与传统 Au 纳米棒相比，它具有宽且强的近红外吸收带（400～1100 nm）、良好的加热性能以及显著的抗熔化能力[20]。研究者将荧光染料标记的适配体与 Cu-Au 合金纳米结构结合，构建了一个多功能诊疗平台。在实验中，利用人类白血病 CCRF-CEM 细胞系和 Cy5 标记适配体（Cy5-Sgc8c）进行验证，成功实现了体外癌细胞和体内肿瘤组织的选择性荧光成像和近红外光热治疗。结果显示，仅需 5 min 的 980 nm 辐射即可有效杀死小鼠体内的靶向癌细胞。该平台结构简单、稳定、生物相容性好，并展现出应用于癌症诊断和治疗的潜力。

氧化镧类氟化物纳米颗粒是脂质和聚合物递送系统的有效替代品，因其低保留率和非特异性细胞摄取特性受到关注。通过与抗 CD33 抗体结合，这些纳米颗粒被用作治疗 CD33+ 急性髓系白血病（图 6.5）[21]。这种结合使纳米颗粒能够在目标细胞中内化，避免在血管中随机分布。研究表明，它们作为三肽 Pro-Met-Ⅰle 的递送载体，可在体内外显著增强抗肿瘤活性。

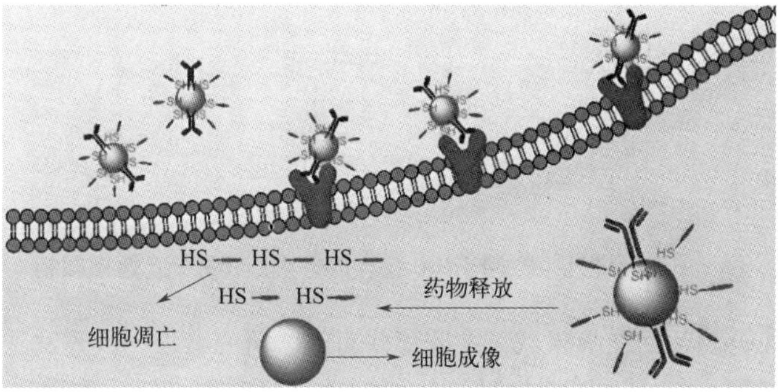

图 6.5　镧系掺杂纳米颗粒

聚合物纳米颗粒在抗癌药物递送与影像导向治疗中具有重要应用。例如，为治疗非霍奇金淋巴瘤，研究者设计了一种由疏水性荧光姜黄素和亲水性 PEG 组成的自组装纳米囊泡[22]。姜黄素兼具荧光探针和抗癌药物的双重功能，从而省去了额外引入荧光团的需求。此外，Yang 等报道了一种 [^{64}Cu]-标记的苝二酰亚胺（PDI）纳米颗粒，它可以通过控制 PDI 分子的初始浓度实现精确的尺寸调控（30 nm、60 nm、100 nm 和 200 nm）[23]。研究表明，100 nm 大小的纳米颗粒是腘窝淋巴结与坐骨神经淋巴结成像的最佳选择，其迁移时间约为 60 min，有助于前哨淋巴结活检与病理检查。此外，60 nm 颗粒在肿瘤成像和光热治疗中表现出最大积累效率，为癌症的精准治疗提供了理想选择。

脂质纳米颗粒因其改善细胞内摄取和高效药物递送的能力，被广泛应用于淋巴瘤诊疗。血脑屏障（BBB）是原发性中枢神经系统淋巴瘤治疗中的主要障碍。为解决这一难题，S. Saesoo 等开发了一种功能化的脂质体纳米载体，结合了 SPIONs 和抗 CD20 单抗（rituximab, RTX）[24]。这些脂质体的平均直径为 140～190 nm，表面带轻微负电荷，且在 4 ℃和 25 ℃下均能长时间稳定储存。实验表明，这种脂质体能够通过 BBB 并显著提高药物的治疗效果，同时诱导 B 淋巴瘤细胞的内吞与凋亡。

6.4.2　神经退行性疾病

神经退行性疾病是一组异质性疾病，其特征是特定神经系统的逐渐丧失，最终导致认知能力下降。阿尔茨海默病（AD）、帕金森病（PD）、肌萎缩侧索硬化症（ALS）和亨廷顿病（HD）是典型的代表。其中，AD 是最常见的神经退行性疾病，因此，针对脑部疾病的纳米治疗策略主要集中于 AD 的治疗。

6

根据不同的治疗策略，纳米诊疗材料可分为淀粉样 β（Aβ）聚集抑制剂和金属螯合剂。在 AD 治疗中，纳米诊疗平台通过设计针对 Aβ 聚集的治疗方法展现了其独特优势。与癌症纳米治疗不同，AD 的治疗主要集中于抑制 Aβ 聚集，因为 Aβ 聚集与疾病进展直接相关。

为实现 Aβ 体内成像与聚集抑制，研究者开发了三种近红外染料（DMA-SLOH、DBA-SLOH 和 DPA-SLM）（图 6.6）[25]。与传统 MRI 和 PET 成像相比，荧光成像因其成本较低、灵敏度更高且无需放射性化合物而具有优势。此外，近红外染料减少了自荧光干扰，并显示出良好的 BBB 穿透性、生物稳定性和肾脏清除能力。这些特点使其在非侵入性 AD 诊断和治疗中表现出显著潜力。

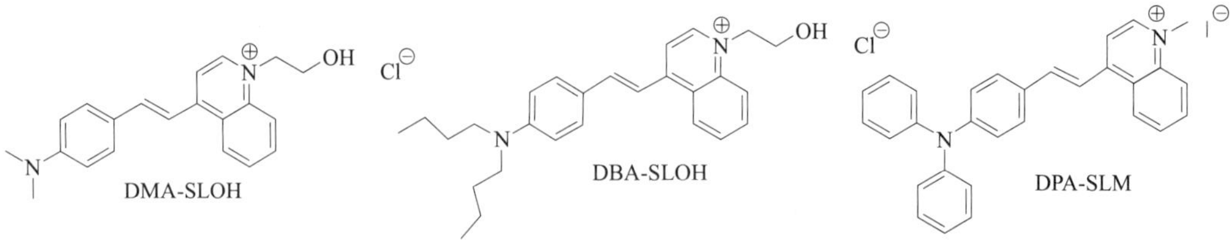

图 6.6　近红外染料用于 Aβ 物种的体内成像和 Aβ 聚集抑制

由于 Aβ 聚集抑制策略在临床试验中的疗效有限，研究者进一步开发了针对 Tau 蛋白聚集的多功能纳米复合材料。Tau 聚集是导致线粒体功能障碍、氧化应激及认知缺陷的关键病理过程。这种复合材料由介孔二氧化硅纳米颗粒组成，并负载铈和氧化铁纳米晶体，用作抗氧化剂和 MRI 探针。此外，通过加载亚甲基蓝实现 Tau 聚集抑制。体内研究表明，该纳米复合材料能够有效保留在轴突中，具有协同治疗效果。跨 BBB 能力取决于粒径、表面化学与受体介导的跨内皮转运等；对于纳米递送系统，应关注配体靶向、表面修饰与生物力学特性，而非 Lipinski 规则。

Aβ 聚集受到微量金属离子（如 Cu^{2+}）浓度升高的促进。因此，检测 Cu^{2+} 浓度是 AD 诊断的关键工具。研究者开发了一种由轮环藤宁基团和苯并噻唑苯胺基团（BTA）组成的荧光螯合剂 BTTA[26]。其中，BTA 实现 Aβ 的特异性荧光成像，轮环藤宁基团则通过螯合金属离子抑制 Aβ 聚集。这种治疗剂不仅满足了 Lipinski 规则，还展示了良好的 BBB 穿透性及体外功能性。

Cui 等人设计了一种以 8-羟基喹啉-2-羧酸（HQC）修饰的 UCNPs[27]。当 Cu^{2+} 存在时，UCNPs 通过荧光共振能量转移（FRET）导致荧光熄灭，进而通过 HQC 捕获 Cu^{2+} 抑制 Aβ 聚集。这种方法有效消除了有毒的 Aβ 中间体。尽管这种纳米材料被认为是 AD 治疗的潜在工具，但当前体内实验仅在斑马鱼模型上进行。相比人脑，斑马鱼脑组织的透明性和复杂性都存在差异，因此仍需进一步研究以验证其适用性。

6.4.3　自身免疫性疾病

人体免疫系统在保护机体免受疾病和感染方面发挥着关键作用。然而，在自身免疫性疾病中，免疫系统错误地攻击宿主的细胞、组织和器官，导致多种健康问题。这类疾病的发病机制可能与环境、感染及遗传因素有关。目前的临床治疗方法多集中于减轻炎症，然而由于缺乏特异性，这些治疗手段常伴随严重的毒副作用且疗效有限。

纳米颗粒作为药物递送系统，通过靶向特定细胞和组织，为自身免疫性疾病的治疗提供了新的可能。通过协同递送诊断剂和治疗剂，纳米颗粒不仅显著改善药物的药代动力学特性，还提高了其生物利用度。根据组成，纳米颗粒可分为胶体纳米颗粒（如金属核心包覆有机或聚合物材料）和有机基纳米颗粒（如基于聚合物或脂质的颗粒）。在构建用于自身免疫疾病诊疗的纳米平台时，需特别考虑生物降解性、生物相容性、生物分布及清除等关键参数。

RA 是一种慢性全身性炎症性疾病，其特征为滑膜关节炎、软骨和骨破坏。目前尚无根治 RA 的方法，诊疗结合的纳米平台为其治疗带来希望。

活性巨噬细胞通过释放细胞因子，积极推动 RA 的发病与进展。硫酸葡聚糖（DS）是一种亲水性多糖，可特异性靶向巨噬细胞表面的清道夫受体。研究者设计了一种硫酸葡聚糖-嫁接-MTX 共轭物（DS-*g*-MTX），用于靶向治疗 RA[28]。该共轭物直径约 100 nm，表现出良好的靶向性能，并在胶原诱导性关节炎小鼠模型中展示了显著的抗炎效果。此外，Heo 等人开发了 MTX 载荷的 DS 纳米颗粒（直径 220 nm），其载荷效率达到 73%[29]。这些纳米颗粒延长了药物在血液中的循环时间，并显著富集于炎症滑膜组织（相较对照组高 12 倍），实现了受控释放，展现出纳米颗粒在 RA 治疗与诊断中的整合潜力。

Kim 等人设计了一种基于 PLGA 的金 / 铁 / 金（Au/Fe/Au）壳纳米颗粒，用于多模态成像和光热治疗 [30]。这些纳米颗粒装载了 MTX，并结合环肽 RGD 靶向滑膜组织炎症区域。嵌入的 Fe 层实现了 NIR 吸收成像和 T2 型 MRI 成像。这些纳米颗粒在外部磁场作用下增强药物保留，并通过与 NIR 辐射结合显著提高治疗效果。

铜是一种促进骨生成和软骨修复的重要元素，Lu 等人开发了具有特殊结构的 $Cu_{7.2}S_4$ 纳米颗粒，用于 RA 治疗（图 6.7）[31]。这些纳米颗粒结合 808 nm 近红外辐射（1 W/cm²），不仅提高了骨密度和骨体积 / 总体积比，还抑制了滑膜侵袭、软骨侵蚀及促炎细胞因子的表达。此外，$Cu_{7.2}S_4$ 纳米颗粒展示了杀灭金黄色葡萄球菌和大肠杆菌的能力，有助于预防关节内注射期间的感染。这种多功能纳米颗粒通过联合 PTT 和 PDT，为 RA 治疗提供了一种新型高效的手段。

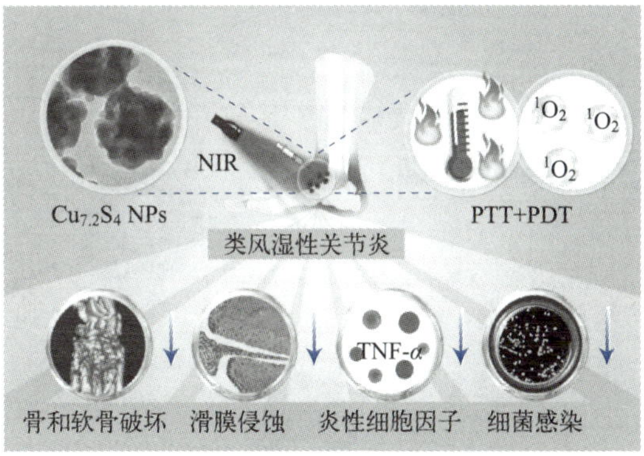

图 6.7　$Cu_{7.2}S_4$ 纳米颗粒的 PTT 和 PDT 相结合在 RA 治疗诊断中的应用

6.4.4　心血管疾病

心血管疾病是全球范围内最严重的非传染性疾病之一。尽管当前的外科干预和药物治疗方法取得了一定成效，但仍面临疗效不稳定、药物耐药性、不良反应以及治疗费用高昂等问题。纳米医学的发展为心血管疾病的早期诊断与有效治疗提供了新的方向，尤其是在非侵入性成像（如 MRI 和近红外荧光成像）领域，可用于动脉粥样硬化和血栓形成等疾病的诊断和治疗。

动脉粥样硬化是心血管疾病的主要病因，其病理特征为胆固醇积累和泡沫细胞形成，最终导致动脉硬化及血流阻塞。

2016 年的研究表明，类似猴病毒 40 型（SV40）的病毒样颗粒（VLPs）可用作多功能诊疗平台[32]。SV40 VLPs 因其可控的自组装特性及外来肽或蛋白载体功能而备受关注。通过将近红外量子点封装于 SV40 VLPs 中，增强了量子点的光稳定性和检测灵敏度。在动脉粥样硬化斑块中，这些功能化量子点通过 EPR 效应实现高效积累。当配备血管细胞黏附分子—— 1 靶向肽时，其抗凝药物水蛭肽的靶向递送效率提升了 6.5 倍，同时显著增强了抗凝活性。

为模拟天然高密度脂蛋白（HDL），开发了一种 HDL-MN 磁性纳米颗粒[33]。这些纳米颗粒由 Fe_3O_4 纳米颗粒组成，并通过磷脂和载脂蛋白 A1 功能化，不仅可作为高效 MRI 对比剂，还能够诱导胆固醇外流，接近天然 HDL 效率。研究表明，HDL-MN 的 MRI 对比增强效果是商业 T2 型对比剂（ferumoxytol）的 5 倍，并在巨噬细胞浓度达到 350 μmol/L 时不表现细胞毒性。

近期，研究人员利用 CuS 纳米颗粒结合 980 nm 激光辐射（5 W/cm^2，350 s），激活瞬时感受器电位香草酸亚型 1（TRPV1）通路（图 6.8）[34]。CuS 纳米颗粒通过光热效应打开 TRPV1 通道，诱导 Ca^{2+} 流入细胞，从而激活自噬，减少脂质积累和泡沫细胞形成。该方法不仅显著增强胆固醇外流，还通过光声成像实现了对心脏深层区域的高分辨率成像，且无明显长期毒性。

动脉易损斑块的破裂会暴露胶原纤维，形成腔内血栓，是心血管疾病后期的主要死亡原因。高水平的 H_2O_2 常与血栓形成及组织损伤相关，因此以 H_2O_2 为触发点开发纳米诊疗系统成为研究重点。

纤维蛋白靶向成像和抗血栓纳米系统（FTIAN）由 IR820 染料和硼酸酯抗氧化聚合物（fBAP）功能化的脂肽自组装形成（图 6.9）[35]。FTIAN 通过 H_2O_2 氧化释放负载物，启动抗氧化和抗炎作用，并依靠 CREKA 五肽对纤维蛋白的高亲和力实现靶向血栓定位。其荧光 / 光声信号较传统方法增强了约 5 倍，同时表现出固有的抗血栓活性。

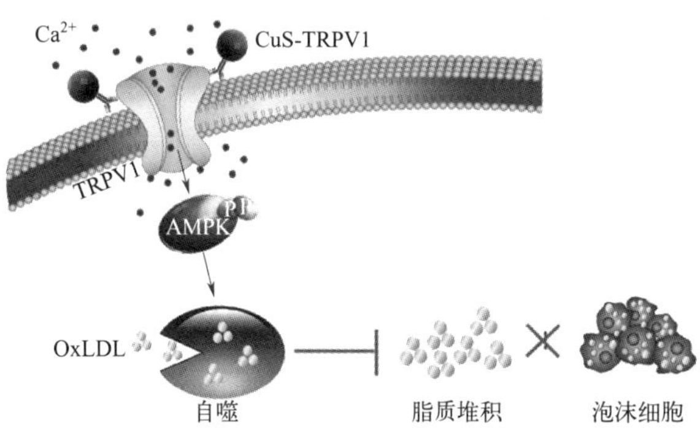

图 6.8 动脉粥样硬化纳米诊疗材料

CuS纳米颗粒作为TRPV1信号的光热开关以减轻动脉粥样硬化

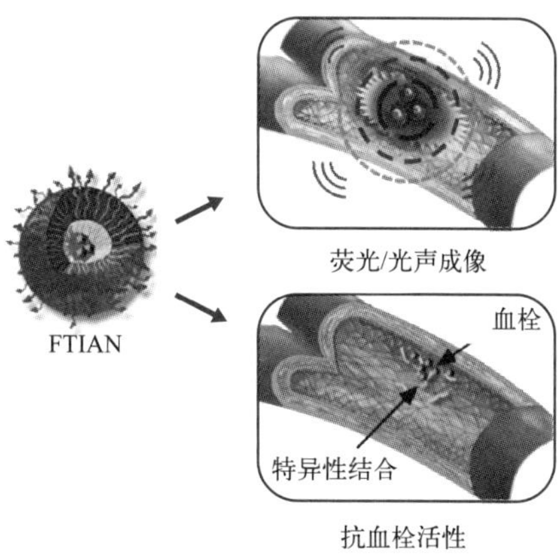

图 6.9 针对纤维蛋白和 H_2O_2 响应性的纳米诊疗材料

另一种血栓靶向诊疗系统 T-FBM 由脂肽 GPRPPC-PEG-DSPE 组成[36]。GPRPPC 实现对纤维蛋白的高效靶向，PEG 层避免了与血浆蛋白的非特异性相互作用。H_2O_2 触发 T-FBM 释放抗氧化剂，同时通过产生 CO_2 气泡增强超声 / 光声对比度（提升约 5 倍）。动物实验表明，T-FBM

在小鼠模型中能有效抑制血栓形成，但仍需进一步研究其剂量、药代动力学及长期毒性。

6.4.5 细菌感染

细菌感染是全球过早死亡和疾病的主要原因之一。然而，目前的细菌感染诊疗方法面临诸多挑战，包括细菌分离及早期检测困难、临床样本中细菌含量低、假阴性及样本污染现象频发。诊断灵敏度低和迟诊往往导致治疗延误，进而增加患者负担和不适。此外，细菌耐药性的快速发展和抗生素的滥用也使细菌感染的治疗更加复杂。本节将讨论多种纳米材料在细菌诊疗中的潜力，并对其优势和局限性进行批判性评估。

硒（Se）是一种半金属元素，其低电负性和较大的原子半径使其化合物具有较高的反应性和敏感性。此外，硒的刺激响应特性赋予其在开发针对生物分子响应的智能诊疗系统方面的巨大潜力。钌（Ru）是一种稀有金属，已被广泛应用于生物医学和抗菌领域。例如，研究表明，硒颗粒通过与抗菌肽 UBI29-41（PEP）和钌配合物的修饰，形成了具有协同抗菌活性的多功能纳米平台（Se@PEP-Ru 纳米颗粒）[37]。这种纳米颗粒表现出了良好的生物相容性、优异的选择性及显著的抗菌活性。它们能与革兰氏阳性和阴性细菌的细胞膜发生显著的相互作用，导致细胞膜及胞质膜结构严重受损。在小鼠模型中，手术后第 4 天使用 Se@PEP-Ru 纳米颗粒治疗的创伤面积减少了约 40%，显示出显著疗效。此外，该纳米颗粒能够高度特异性地识别细菌感染，并与炎症或肿瘤诱导的组织感染区分开来。细菌感染部位在注射后 4～48 h 显示出强荧光，而炎症部位的荧光信号则较弱，仅为前者的 2～3 倍。

代谢生物分子标记是一项新兴技术，通过化学官能团修饰细胞及病原体表面，使荧光染料（用于成像）或药物（用于治疗）能有效结合细胞膜。金属有机框架（MOFs）作为药物纳米载体，凭借其多功能化学性质、良好的生物相容性及对低 pH 肿瘤微环境的敏感性，成为一种有前景的抗菌策略。例如，Mao 等人设计了一种结合 MOFs 与代谢标记技术的细菌治疗方法，通过 120 nm 的 MIL-100 纳米颗粒[38]递送代谢标记分子 3-叠氮-D-丙氨酸（D-AzAla）。在高 H_2O_2 炎症环境中，MIL-100 纳米颗粒迅速降解并释放 D-AzAla 至炎症部位。当细菌摄取 D-AzAla 后，非天然叠氮基团被表达于细菌细胞壁上，随后通过给药 DBCO 修饰的 US-TPETM 纳米颗粒实现体内点击反应，使细菌细胞壁发出荧光信号，从而指导抗菌治疗及 PDT。这一策略通过引入非天然官能团，为细菌代谢标记及治疗开辟了新途径，可显著提升诊疗效率。

尽管现代医学提供了多种先进成像和消毒技术，但对耐药细菌感染的敏感诊断和彻底根除依然是重大挑战。Zhao 等人提出了一种新型纳米探针策略，用于耐甲氧西林药金黄色葡萄球菌（MRSA）的诊疗。该探针由万古霉素修饰的聚电解质-靛绿复合物和二氧化硅纳米颗粒（SiO_2-Cy-Van）组成（图 6.10）[39]。在水溶液中，靛绿荧光团因凝聚态猝灭而不发光。当 MRSA 感染发生时，万古霉素修饰的聚电解质-靛绿复合物从二氧化硅纳米颗粒上解离并吸附至 MRSA 表面，靛绿状态从关闭（凝聚态）转为开启（解聚态），产生近红外荧光和光热效应。这种纳米探针在小鼠模型中实现了快速诊断（注射后 4 h 即可检测到 10^5 个菌落形成单位），并通过 PTT 有效破坏 MRSA 细胞壁及细胞膜。此外，探针还可长期追踪 MRSA 感染发展（最长达 16 d），实时监测治疗效果，为抗微生物治疗提供评估依据。

Kim 等人开发了一种金 / 银混合纳米颗粒（Au/AgNRs）作为抗菌及光声成像试剂[40]。通过银壳的氧化蚀刻，释放的 Ag^+ 展现出强抗菌效果，对 MRSA 和大肠杆菌分别表现出

32 μmol/L 和 8 μmol/L 的杀菌活性。体内试验表明，蚀刻前后光声信号增加了 730%，治疗组中的细菌数量减少至原来的 1/1000 倍。这种设计有效结合了诊断和治疗功能，为耐药细菌感染的治疗提供了新的思路。

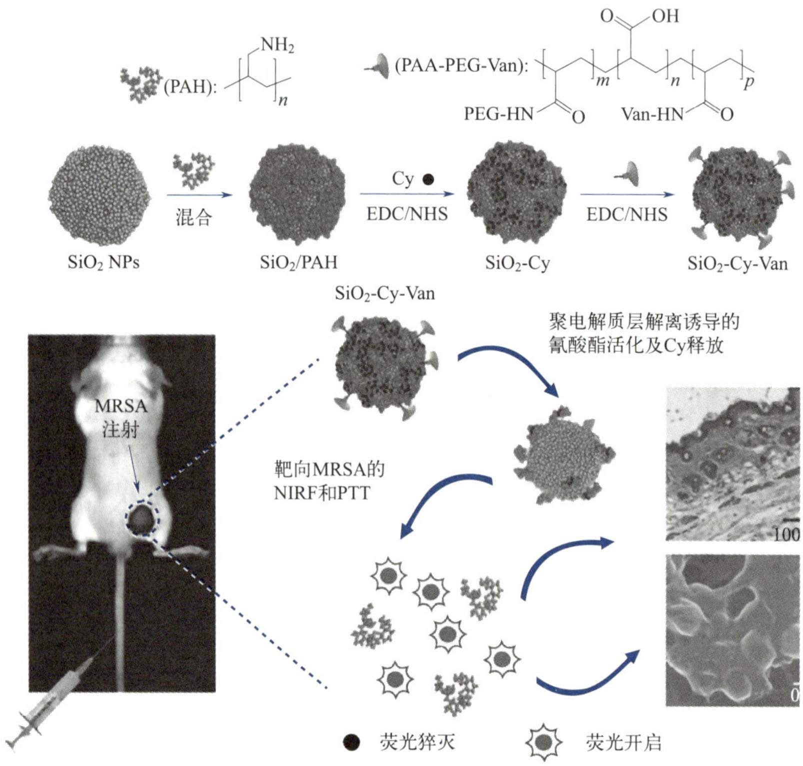

图 6.10 SiO_2-Cy-Van 作为针对 MRSA 感染的治疗诊断纳米探针

6.5 纳米诊疗材料的生物安全性与评价

纳米诊疗材料的生物安全性是其进入医学领域的关键考虑因素，涉及材料在体内的分布、尺寸、电荷、形状以及表面功能化对药物代谢动力学和潜在毒性的影响。通过精密的工程设计，可以显著优化这些属性。例如，纳米材料的表面修饰能够延长血液循环时间，减少循环系统的快速清除，同时提升与细胞表面生物分子的相互作用能力。相比于小分子，纳米颗粒的尺寸足够大，可以承载成像和治疗相关的功能性修饰。

通过添加靶向基团、调整形状或修改表面电荷等手段，纳米颗粒能够实现更精确的靶向效应，增强其诊断成像与药物输送的综合能力。这种“一体化”的应用模式使纳米颗粒在治疗难治性疾病方面展现出巨大潜力，其被称为“魔法子弹”的特性能够精准杀伤靶细胞，同时避免对健康组织的伤害。

在纳米医学的范畴中，纳米诊疗材料的研究目标包括优化其生物分布、提高信噪比、精细调控靶向性、增强清除效率并尽量降低潜在毒性。这些目标需要通过对纳米颗粒的形状、尺寸、电荷以及表面修饰进行系统优化。然而，这些参数之间存在高度耦合性，改变任意一个变量都会影响材料在体内的行为。例如，PEG 包覆技术能够有效延长循环时间，帮助纳米颗粒避开单核吞噬系统（MPS）的清除，但这种修饰也会改变颗粒的尺寸和电荷特性，进而影响其体内表现。

在临床转化应用中，纳米诊疗材料面临的主要挑战是排泄机制与毒性控制。未来的研究应聚焦于优化其在体内的分布模式，解决排泄问题，并尽可能减少毒性，从而推动纳米诊疗材料的实际应用。

6.5.1 纳米诊疗材料的生物相容性

生物相容性是评估纳米诊疗材料安全性与应用潜力的重要指标，直接关系到其在体内的生物分布、代谢及潜在毒性。纳米颗粒的表面化学性质、电荷、尺寸和形状均会显著影响其生物相容性，并决定其与生物系统的相互作用。因此，对这些关键因素的优化是提高纳米诊疗材料性能的核心任务。

（1）表面修饰与生物分布

纳米颗粒的表面修饰对其生物分布具有重要影响，尤其是通过PEG化表面修饰来延长血液循环时间。这一过程能够显著降低纳米颗粒被MPS清除的速率，增强药物递送的效率。然而，PEG化也存在“PEG困境”，即因颗粒的隐形屏蔽特性可能降低细胞摄取效率，甚至引发免疫反应，限制其重复使用。因此，研究者们正探索替代修饰方法，例如两性离子表面修饰，这类改性在降低蛋白质吸附和非特异性相互作用的同时，可提升靶向递送性能[41,42]。

（2）电荷特性与相容性

纳米颗粒的表面电荷在生物环境中会形成蛋白质晕层，从而影响其与细胞和组织的相互作用。阳离子颗粒通常表现出较高的细胞毒性，因为它们能够破坏细胞膜的完整性，而中性或阴离子颗粒的吸附较弱，生物相容性更佳。然而，适当的阳离子修饰在某些靶向应用中可以提高内吞效率，这种作用需要在毒性与递送效率之间平衡[43]。

（3）尺寸与清除路径

纳米颗粒的尺寸显著影响其体内分布与清除方式。直径大于200 nm的颗粒倾向于被MPS清除，而小于5 nm的颗粒通常经肾脏快速排泄。研究表明，尺寸介于5～200 nm之间的颗粒最适合用于EPR效应，使其在肿瘤部位长时间停留，从而提高治疗效率。

（4）形状与生物分布

纳米颗粒的形状同样决定了其生物分布模式。高纵横比颗粒（如纳米棒）因较大的表面积和特定的动力学特性，能够有效实现肿瘤靶向，同时减少在其他组织中的积聚。然而，形状的优化需根据具体应用目标权衡渗透性与靶向性。研究人员研究了纵横比从1.5到5的球形、短棒状和长棒状介孔二氧化硅纳米颗粒（MSN）。胃内给药后的生物分布研究显示，在给药后2 h，可在肝脏、肺部、脾脏和肾脏中检测到MSN，表明它们进入了循环系统。棒状MSN在肝脏和肺部的摄取较高，而球形颗粒在脾脏的摄取较多。肝脏对球形MSN的摄取在72 h内持续增加，而棒状MSN则表现出相反的趋势。在毒性研究时，发现口服后小肠、心脏、肝脏、脾脏和肺部均无组织学异常。然而，所有研究组均观察到肾脏损伤，球形MSN引起的损伤最为显著，而棒状MSN仅导致轻微出血（参见图6.11）[44]。

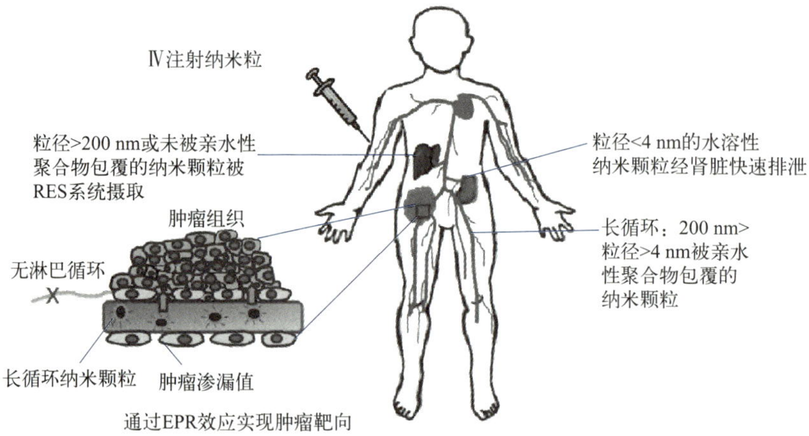

图 6.11 静脉注射的纳米颗粒生物分布 [44]

（5）刚性与生物屏障穿透

纳米颗粒的柔性对其生物相容性有直接影响。研究表明，柔性颗粒比硬颗粒更易通过生物屏障，并具有更长的血液循环时间，同时在脾脏的积聚较少。因此，柔性颗粒在生物相容性和药物递送效率方面具有一定优势。在一项研究中，通过调节交联密度和单体含量，制备了带正负电荷的不同刚性纳米凝胶。体内研究显示，较软的纳米凝胶相比较硬的凝胶更容易通过生理屏障，特别是脾脏过滤，会导致更长的循环半衰期和更低的脾脏积聚（图 6.12）[45]。

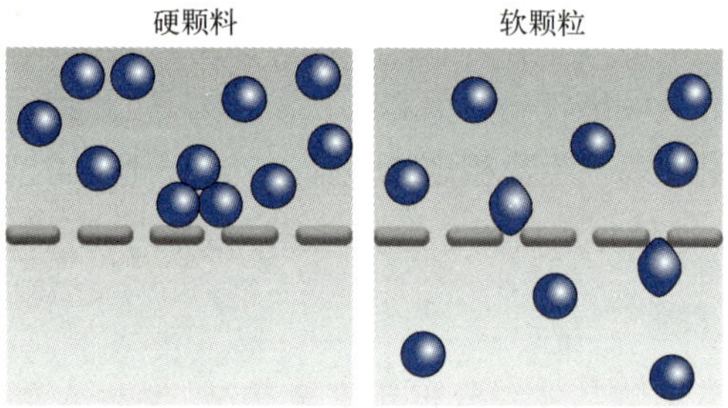

图 6.12 硬颗粒和软颗粒与小于它们尺寸的缝隙的相互作用 [45]

（6）给药途径与生物相容性

给药途径（如静脉注射、皮下注射或口服）决定了纳米颗粒的初始分布和清除机制。静脉注射通常能快速将颗粒分布到全身，但清除速度较快；而皮下注射则由于清除速度较慢，在后期显示出更高的肿瘤滞留率。选择合适的给药途径对于优化纳米颗粒的治疗效果和生物安全性至关重要。

6.5.2 纳米诊疗材料的毒理学评价

纳米颗粒的毒性可能由多种因素引起。在与生物系统相互作用过程中，慢速清除的纳米颗粒可能导致毒性问题，甚至生成潜在的新物质。尽管金和氧化铁纳米颗粒通常被认为具有良好的生物相容性，但任何物质在高浓度下均可能表现出毒性。此外，纳米颗粒本身的组成在某些情况下也可能是毒性的根源。因此，对任何计划用于体内给药的纳米颗粒，全面而系统的毒性研究至关重要。此外，正如前文所述，给药途径的选择可能显著影响纳米颗粒的毒性特征。

对于由两种或多种材料组成的纳米颗粒，毒性研究应从各组分的独立毒性评估入手。然而，研究表明，纳米颗粒与其他添加剂之间可能存在协同效应。例如，Hutchison 等人的研究揭示了纳米颗粒与吐温 20（一种常用于促进分散和提高纳米颗粒性能的表面活性剂）之间的协同毒性作用。尽管 AuNPs 和吐温 20 在单独使用时对斑马鱼的毒性均极低，但结合使用时却表现出显著增加的毒性[46]。这一结果表明，毒性研究不仅需要关注目标纳米颗粒本身，还应评估与其共同传递的载体和辅料的潜在毒性。

纳米颗粒毒性评估的重点主要集中在对关键器官（如肝脏、肾脏、心脏、大脑和肺部）功能的影响上。这些器官的毒性检测为评估纳米颗粒的全身安全性提供了重要依据。

纳米诊疗材料进入生物系统后，会经历循环过程，并在血液中被清除，进入不同的组织。根据 FDA 的法规，在生物医学应用中，需要在规定时间窗口内实现纳米颗粒的排泄[47]。这些颗粒主要通过两种途径排泄：肾排泄（尿液）和肝排泄（经胆汁到粪便）（见图 6.13）。其生物清除机制可概括为三种：①蛋白吸附导致纳米颗粒解体；②免疫细胞介导的纳米颗粒清除；③通过有孔血管结构的器官进行过滤。

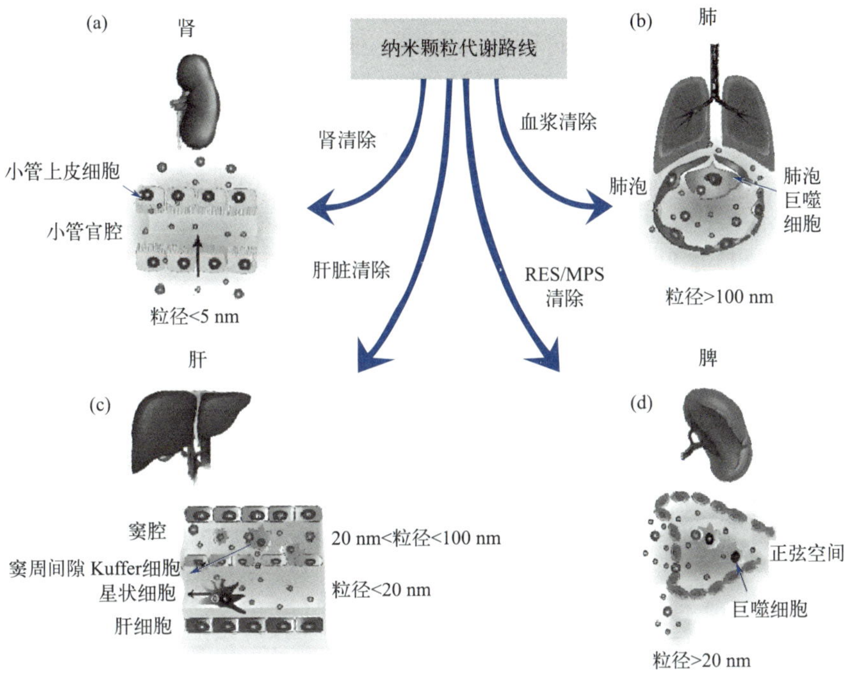

图 6.13　纳米颗粒通过不同器官的排泄情况[48]

6.5.2.1　单核吞噬系统清除

纳米诊疗材料的主要清除途径是 MPS，使其在肝脏和脾脏中积聚。例如，对于掺杂 ^{64}Cu 的 10 nmAuNPs，其在肝脏和脾脏的摄取量可达到注射剂量的 100%（图 6.14）[49]。当纳米颗粒的流体动力学直径大于 10 nm 时，MPS 摄取量显著增加，而较小的颗粒更倾向于通过肾脏系统清除。此外，附着在纳米颗粒表面的调理蛋白（如 opsonins）的吸附会促进 MPS 细胞表面受体（如肝脏中的库普弗细胞）的识别和内吞。

6

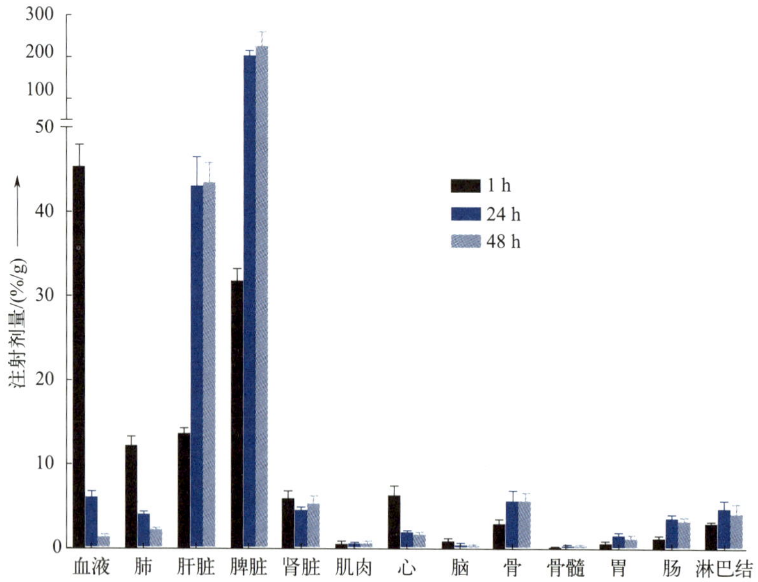

图 6.14 合金化 ^{64}CuAu 纳米颗粒在雌性 BALB/c 小鼠体内的生物分布 [通过尾静脉注射（每组 54 只）][49]

Tsoi 等人的研究表明，纳米材料进入肝脏后（图 6.15）流动速度显著降低（减慢至原来的 1/1000 倍），与肝细胞的相互作用增加 7.5 倍 [50]。为减少 MPS 清除，可通过减小颗粒尺寸或进行表面修饰（如 PEG 化）来实现。其中，PEG 化可有效延缓蛋白附着速度。然而，研究发现，无论是否进行 PEG 化修饰，非肾清除型无机纳米颗粒最终均会被 MPS 清除，且在肝脏摄取方面，PEG 化与非 PEG 化颗粒之间差异并不显著（PEG 化纳米颗粒为 34.1%/g±21.8%/g，非 PEG 化为 28.1%/g±15.3% /g；$P > 0.05$）[51]。

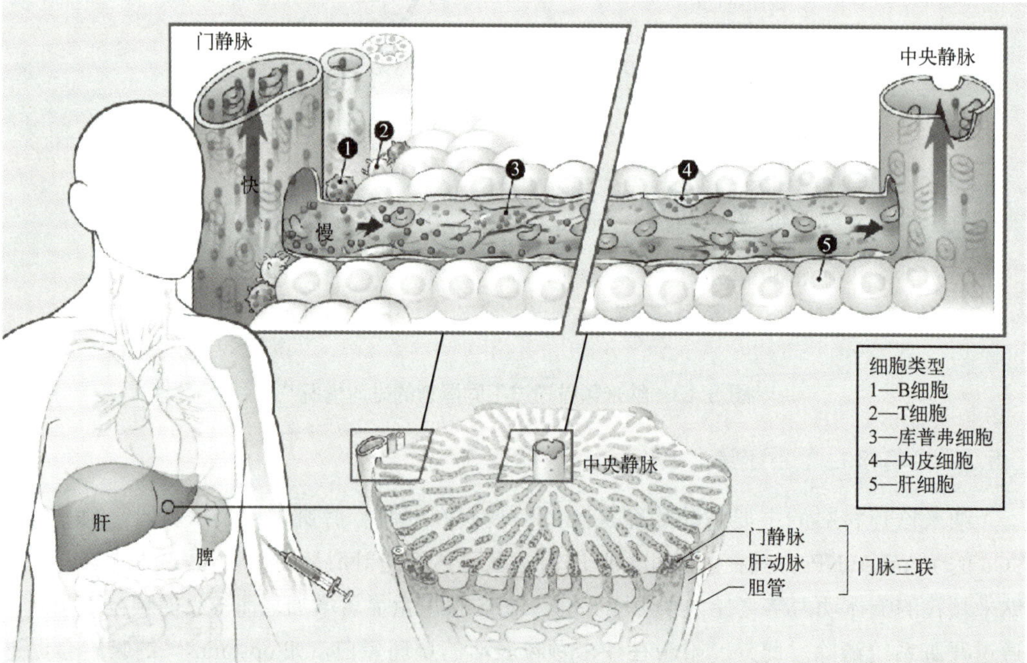

图 6.15 纳米材料在肝脏中的递送机制 [50]

无机材料构成的纳米颗粒因其高稳定性而难以被溶酶体酶降解，可在体内长期存在，甚至长达数年。例如，在非人灵长类动物的初步研究中，注射的CdSe/CdS/ZnS量子点在注射后90 d仍有超过90%的剂量留存在肝脏和脾脏中[52]，并可在体内保持完整性和荧光至少两年[53]。相比之下，能够被巨噬细胞降解的其他纳米颗粒（如硅胶纳米颗粒和氧化铁纳米颗粒）虽可通过胆汁排泄，但清除速度明显慢于小分子探针的肾脏排泄速度（需几周至几个月）。值得注意的是，PEG化氧化铁纳米颗粒及其生物降解产物（铁、磷脂、油酸等）可能对器官和血液中的细胞环境造成影响，需重点评估其安全性。

6.5.2.2 肾脏清除

减小颗粒尺寸是一种缩短纳米颗粒在MPS中滞留时间的有效方法。当颗粒尺寸小于5.5 nm时，可显著提高肾脏清除效率。Bawendi等人的研究表明，PEG链的长度会显著影响AuNPs的生物分布和清除模式[54]。通过无螯合剂放射性同位素标记进一步验证，表面PEG链长度的改变可导致不同的清除路径：使用PEG 350的纳米颗粒更易通过肾脏清除，而使用PEG 1000的颗粒则倾向于被MPS清除[55]。

6.6 纳米诊疗材料的临床应用

尽管本章重点探讨了针对不同疾病的纳米诊疗体系，但目前纳米诊疗材料在人类临床试验中仍处于起步阶段，其应用主要集中在成像、诊断或治疗的单一功能领域。已有许多综述详细总结了单一功能纳米颗粒的临床试验研究。纳米诊疗材料（涵盖成像、诊断和治疗）展现了广阔的发展前景，但要获得临床认可和患者信任，仍需经历长期的临床试验验证和安全性评估。

截至目前，仅有一种符合纳米诊疗标准的纳米颗粒被广泛报道，即钆纳米颗粒（GdNPs），其商业名称为AGuIX[56]。在AGuIX中，GdNPs作为增敏剂，显著增强了对HCC的肿瘤靶向性和诊断能力。此外，AGuIX通过结合顺铂和聚硅氧烷，实现了治疗功能和被动的肿瘤靶向效果。经过进一步功能化，AGuIX纳米颗粒可搭载放射性金属（如^{64}Cu或^{68}Ga）的螯合剂、近红外七甲川吲哚花菁染料以及生物结合基团，形成了一种集PET、MRI和光学功能于一体的三功能成像探针。这种探针不仅具有快速的肿瘤积聚能力，还能通过肾脏高效清除[57]。

在MRI成像方面，AGuIX的性能明显优于其他已获FDA批准的钆螯合物。其独特的结构和多功能性为未来纳米诊疗材料的开发提供了重要参考，也标志着多功能纳米诊疗材料在临床应用中迈出了关键一步。

纳米诊疗材料在疾病早期检测中展现了巨大潜力，尤其是在癌症诊断领域。早期肿瘤释放的生物标志物通常数量稀少且难以检测，而纳米诊疗材料中的量子点凭借其独特的光学特性，可用于高灵敏度检测。这些量子点能与肿瘤特异性生物标志物精准结合，在荧光成像下，即使是极微量的标志物也能产生显著的荧光信号，从而实现对早期病变的快速发现。这种高度敏感性为医生争取了治疗的黄金时间。

此外，针对心血管疾病和神经退行性疾病等其他病种，纳米诊疗材料也有望通过设计针对性强的检测工具，提高早期诊断的精确度。通过优化纳米材料的设计，疾病确诊时已处于中晚期的现状有望得到改变，从而显著提高治愈率和患者生存率。

单一成像模式的局限性为复杂疾病的诊断带来困难，而纳米诊疗材料则为多模态成像融合提供了有效解决方案。例如，AuNPs 因其良好的 X 射线衰减特性被用于增强 X 射线成像对比度，而磁性纳米颗粒则在 MRI 中表现出色。通过将多种具有不同成像功能的纳米材料整合，可以实现多模态成像。

这种成像模式在诊断复杂疾病（如同时存在软组织和骨骼病变）时尤为重要。医生可从不同成像模式中获取病变的全面信息，包括位置、形态和与周围组织的关系，为制定个性化治疗方案提供充分依据，同时降低误诊风险。

个性化医疗是现代医学的发展趋势，纳米诊疗材料因其灵活的设计特性，在这一领域扮演着重要角色。针对不同患者的基因组特征或蛋白表达水平，纳米诊疗材料可进行定制化设计。例如，针对某些癌症患者的特定基因突变，可开发能识别这些突变的纳米探针。此类探针不仅能够实现精准诊断，还能为靶向治疗或免疫治疗提供具体指导，大幅提升治疗效果，减少副作用。

纳米诊疗材料的另一重要应用是疾病治疗过程中的体内实时监测。例如，设计能植入体内的纳米传感器，实时监测糖尿病患者的血糖水平。这些传感器可以持续记录患者生理指标，并将数据传输至外部设备，帮助医生及时调整治疗方案。在药物治疗领域，这些传感器还可用于监测药物的代谢情况及其对病变组织的作用效果，从而提高治疗效率，降低并发症风险。

纳米诊疗材料在疾病预警和风险评估中具有显著优势。通过检测体液中的微量生物标志物，纳米材料能够识别慢性疾病（如心血管疾病）的早期生化变化。针对遗传性疾病，通过纳米材料对基因表达进行分析，可在症状出现前预测疾病风险。这种预警能力为疾病的预防性干预提供了机会，对患者长期健康管理具有重要意义。

思考题

1. 分析纳米诊疗材料在诊断技术和治疗技术方面的优势，并探讨其在精准医疗领域的潜在应用价值。

2. 比较金属纳米诊疗材料、有机纳米诊疗材料和复合纳米诊疗材料的主要特点及适用领域，并讨论其在多模态诊疗中的协同效应。

3. 阐述物理制备方法和化学制备方法在纳米诊疗材料开发中的异同，并结合实际案例说明两种方法的优势和挑战。

4. 设计一个实验方案来表征某种新型纳米诊疗材料的物理、化学和生物性能，并说明这些性能表征在实际应用中的重要性。

5. 讨论纳米诊疗材料的生物相容性和毒理学评价如何影响其临床转化过程，并提出在未来医学诊断中提高其安全性的可能策略。

参考文献

[1] Farolfi A, Mei R, Ali S, et al. Theragnostics in prostate cancer [J]. Q J Nucl Med Mol Imaging, 2021,

65(4): 333-341.

[2] Jagtap P, Sritharan V, Gupta S. Nanotheranostic approaches for management of bloodstream bacterial infections [J]. Nanomedicine: Nanotechnology, Biology and Medicine, 2017, 13(1): 329-341.

[3] Zhou R, Wang H, Yang Y, et al. Tumor microenvironment-manipulated radiocatalytic sensitizer based on bismuth heteropolytungstate for radiotherapy enhancement [J]. Biomaterials, 2019, 189: 11-22.

[4] Chen H, Li F, Yao Y, et al. Redox dual-responsive and O_2-evolving theranostic nanosystem for highly selective chemotherapy against hypoxic tumors [J]. Theranostics, 2019, 9(1): 90-103.

[5] Zhou J, Xue C, Hou Y, et al. Oxygenated theranostic nanoplatforms with intracellular agglomeration behavior for improving the treatment efficacy of hypoxic tumors [J]. Biomaterials, 2019, 197: 129-145.

[6] Shen S, Wu Y, Li K, et al. Versatile hyaluronic acid modified AQ4N-Cu(Ⅱ)-gossypol infinite coordination polymer nanoparticles: Multiple tumor targeting, highly efficient synergistic chemotherapy, and real-time self-monitoring [J]. Biomaterials, 2018, 154: 197-212.

[7] Cheng X, Sun R, Yin L, et al. Light-triggered assembly of gold nanoparticles for photothermal therapy and photoacoustic imaging of tumors in vivo [J]. Adv Mater, 2017, 29(6).

[8] Piao J G, Gao F, Li Y, et al. PH-sensitive zwitterionic coating of gold nanocages improves tumor targeting and photothermal treatment efficacy [J]. Nano Research, 2018, 11(6): 3193-3204.

[9] Han Y, An Y, Jia G, et al. Theranostic micelles based on upconversion nanoparticles for dual-modality imaging and photodynamic therapy in hepatocellular carcinoma [J]. Nanoscale, 2018, 10(14): 6511-6523.

[10] Wang C, Cheng L, Liu Z. Upconversion nanoparticles for photodynamic therapy and other cancer therapeutics [J]. Theranostics, 2013, 3(5): 317-330.

[11] Wang D, Meng L, Fei Z, et al. Multi-layered tumor-targeting photothermal-doxorubicin releasing nanotubes eradicate tumors in vivo with negligible systemic toxicity [J]. Nanoscale, 2018, 10(18): 8536-8546.

[12] Liu L, Liu Y, Ma L, et al. Artemisinin-loaded mesoporous nanoplatform for pH-responsive radical generation synergistic tumor theranostics [J]. ACS Appl Mater Interfaces, 2018, 10(7): 6155-6167.

[13] Wei J, Li J, Sun D, et al. A novel theranostic nanoplatform based on Pd@Pt - PEG - Ce6 for enhanced photodynamic therapy by modulating tumor hypoxia microenvironment [J]. Advanced Functional Materials, 2018, 28: 1706310.

[14] Liu Z, Zhang S, Lin H, et al. Theranostic 2D ultrathin MnO_2 nanosheets with fast responsibility to endogenous tumor microenvironment and exogenous NIR irradiation [J]. Biomaterials, 2018, 155: 54-63.

[15] Li X, Schumann C, Albarqi H A, et al. A tumor-activatable theranostic nanomedicine platform for NIR fluorescence-guided surgery and combinatorial phototherapy [J]. Theranostics, 2018, 8(3): 767-784.

[16] Wu M, Wu L, Li J, et al. Self-luminescing theranostic nanoreactors with intraparticle relayed energy transfer for tumor microenvironment activated imaging and photodynamic therapy [J]. Theranostics, 2019, 9(1): 20-33.

[17] Dumoga S, Rai Y, Bhatt A N, et al. Block copolymer based nanoparticles for theranostic intervention of cervical cancer: synthesis, pharmacokinetics, and in vitro/in vivo evaluation in Hela xenograft models [J]. ACS Appl Mater Interfaces, 2017, 9(27): 22195-22211.

[18] Zhang K, Zhang Y, Meng X, et al. Light-triggered theranostic liposomes for tumor diagnosis and combined photodynamic and hypoxia-activated prodrug therapy [J]. Biomaterials, 2018, 185: 301-309.

[19] Chen Q , Liang C, Sun X, et al. H_2O_2 -responsive liposomal nanoprobe for photoacoustic inflammation imaging and tumor theranostics via in vivo chromogenic assay [J]. Proceedings of the National Academy of Sciences, 2017, 114: 201701976.

[20] Ye X, Shi H, He X, et al. Cu-Au alloy nanostructures coated with aptamers: a simple, stable and highly effective platform for in vivo cancer theranostics [J]. Nanoscale, 2016, 8(4): 2260-2267.

[21] Niu F, Yan J, Ma B, et al. Lanthanide-doped nanoparticles conjugated with an anti-CD33 antibody and a p53-activating peptide for acute myeloid leukemia therapy [J]. Biomaterials, 2018, 167: 132-142.

[22] Nagahama K, Kumano T, Oyama N, et al. Curcumisome nanovesicles generated by self-assembly of curcumin amphiphiles toward cancer theranostics [J]. Biomater Sci, 2015, 3(12): 1566-1578.

[23] Yang Z, Tian R, Wu J, et al. Impact of semiconducting perylene diimide nanoparticle size on lymph node mapping and cancer imaging [J]. ACS Nano, 2017, 11(4): 4247-4255.

[24] Saesoo S, Sathornsumetee S, Anekwiang P, et al. Characterization of liposome-containing SPIONs conjugated with anti-CD20 developed as a novel theranostic agent for central nervous system lymphoma [J]. Colloids Surf B Biointerfaces, 2018, 161: 497-507.

[25] Li Y, Xu D, Ho S L, et al. A theranostic agent for in vivo near-infrared imaging of β-amyloid species and inhibition of β-amyloid aggregation [J]. Biomaterials, 2016, 94: 84-92.

[26] Yang T, Yang L, Zhang C, et al. A copper–amyloid-β targeted fluorescent chelator as a potential theranostic agent for Alzheimer's disease [J]. Inorganic Chemistry Frontiers, 2016, 3(12): 1572-1581.

[27] Cui Z, Bu W, Fan W, et al. Sensitive imaging and effective capture of Cu^{2+}: Towards highly efficient theranostics of Alzheimer's disease [J]. Biomaterials, 2016, 104: 158-167.

[28] Yang M, Ding J, Feng X, et al. Scavenger receptor-mediated targeted treatment of collagen-induced arthritis by dextran sulfate-methotrexate prodrug [J]. Theranostics, 2017, 7(1): 97-105.

[29] Heo R, You D G, Um W, et al. Dextran sulfate nanoparticles as a theranostic nanomedicine for rheumatoid arthritis [J]. Biomaterials, 2017, 131: 15-26.

[30] Kim H J, Lee S M, Park K H, et al. Drug-loaded gold/iron/gold plasmonic nanoparticles for magnetic targeted chemo-photothermal treatment of rheumatoid arthritis [J]. Biomaterials, 2015, 61: 95-102.

[31] Lu Y, Li L, Lin Z, et al. A new treatment modality for rheumatoid arthritis: Combined photothermal and photodynamic therapy using $Cu_{7.2}S_4$ Nanoparticles [J]. Adv Healthc Mater, 2018, 7(14): e1800013.

[32] Sun X, Li W, Zhang X, et al. In vivo targeting and imaging of atherosclerosis using multifunctional virus-like particles of simian virus 40 [J]. Nano Lett, 2016, 16(10): 6164-6171.

[33] Nandwana V, Ryoo S R, Kanthala S, et al. High-density lipoprotein-like magnetic nanostructures (HDL-MNS): Theranostic agents for cardiovascular disease [J]. Chemistry of Materials, 2017, 29(5): 2276-2282.

[34] Gao W, Sun Y, Cai M, et al. Copper sulfide nanoparticles as a photothermal switch for TRPV1 signaling to attenuate atherosclerosis [J]. Nat Commun, 2018, 9(1): 231.

[35] Kang C, Gwon S, Song C, et al. Fibrin-targeted and H_2O_2-responsive nanoparticles as a theranostics for thrombosed vessels [J]. ACS Nano, 2017, 11(6): 6194-6203.

[36] Jung E, Kang C, Lee J, et al. Molecularly engineered theranostic nanoparticles for thrombosed vessels: H_2O_2-activatable contrast-enhanced photoacoustic imaging and antithrombotic therapy [J]. ACS Nano, 2018, 12(1): 392-401.

[37] Huang N, Chen X, Zhu X, et al. Ruthenium complexes/polypeptide self-assembled nanoparticles for

identification of bacterial infection and targeted antibacterial research [J]. Biomaterials, 2017, 141: 296-313.

[38] Mao D, Hu F, Kenry, et al. Metal-organic-framework-assisted in vivo bacterial metabolic labeling and precise antibacterial therapy [J]. Adv Mater, 2018, 30(18): e1706831.

[39] Zhao Z, Yan R, Yi X, et al. Bacteria-activated theranostic nanoprobes against methicillin-resistant staphylococcus aureus infection [J]. ACS Nano, 2017, 11(5): 4428-4438.

[40] Kim T, Zhang Q, Li J, et al. A gold/silver hybrid nanoparticle for treatment and photoacoustic imaging of bacterial infection [J]. ACS Nano, 2018, 12(6): 5615-5625.

[41] Huang C J, Chu S H, Wang L C, et al. Bioinspired zwitterionic surface coatings with robust photostability and fouling resistance [J]. ACS Appl Mater Interfaces, 2015, 7(42): 23776-23786.

[42] Muro S, Garnacho C, Champion J A, et al. Control of endothelial targeting and intracellular delivery of therapeutic enzymes by modulating the size and shape of ICAM-1-targeted carriers [J]. Mol Ther, 2008, 16(8): 1450-1458.

[43] Levchenko T S, Rammohan R, Lukyanov A N, et al. Liposome clearance in mice: the effect of a separate and combined presence of surface charge and polymer coating [J]. International Journal of Pharmaceutics, 2002, 240(1): 95-102.

[44] Shukla S, Eber F J, Nagarajan A S, et al. The impact of aspect ratio on the biodistribution and tumor homing of rigid soft-matter nanorods [J]. Adv Healthc Mater, 2015, 4(6): 874-882.

[45] Zhang L, Cao Z, Li Y, et al. Softer zwitterionic nanogels for longer circulation and lower splenic accumulation [J]. ACS Nano, 2012, 6(8): 6681-6686.

[46] Ginzburg A L, Truong L, Tanguay R L, et al. Synergistic toxicity produced by mixtures of biocompatible gold nanoparticles and widely used surfactants [J]. ACS Nano, 2018, 12(6): 5312-5322.

[47] Choi H S, Liu W, Misra P, et al. Renal clearance of quantum dots [J]. Nat Biotechnol, 2007, 25(10): 1165-1170.

[48] Bose T, Latawiec D, Mondal P P, et al. Overview of nano-drugs characteristics for clinical application: the journey from the entry to the exit point [J]. Journal of Nanoparticle Research, 2014, 16: 1-25.

[49] Zhao Y, Sultan D, Detering L, et al. Copper-64-alloyed gold nanoparticles for cancer imaging: improved radiolabel stability and diagnostic accuracy [J]. Angew Chem Int Ed Engl, 2014, 53(1): 156-159.

[50] Tsoi K M, Macparland S A, Ma X Z, et al. Mechanism of hard-nanomaterial clearance by the liver [J]. Nat Mater, 2016, 15(11): 1212-1221.

[51] Yu M, Zheng J. Clearance pathways and tumor targeting of imaging nanoparticles [J]. ACS Nano, 2015, 9(7): 6655-6674.

[52] Ye L, Yong K T, Liu L, et al. A pilot study in non-human primates shows no adverse response to intravenous injection of quantum dots [J]. Nat Nanotechnol, 2012, 7(7): 453-458.

[53] Ballou B, Ernst L A, Andreko S, et al. Sentinel lymph node imaging using quantum dots in mouse tumor models [J]. Bioconjugate Chemistry, 2007, 18(2): 389-396.

[54] Choi H S, Ipe B I, Misra P, et al. Tissue- and organ-selective biodistribution of NIR fluorescent quantum dots [J]. Nano Letters, 2009, 9(6): 2354-2359.

[55] Zhao Y, Sultan D, Detering L, et al. Facile synthesis, pharmacokinetic and systemic clearance evaluation, and positron emission tomography cancer imaging of ^{64}Cu-Au alloy nanoclusters [J]. Nanoscale, 2014, 6(22): 13501-13509.

[56] Lux F, Tran V L, Thomas E, et al. AGuIX®from bench to bedside-transfer of an ultrasmall theranostic gadolinium-based nanoparticle to clinical medicine [J]. Br J Radiol, 2019, 92(1093): 20180365.

[57] Thakare V, Tran V L, Natuzzi M, et al. Functionalization of theranostic AGuIX®nanoparticles for PET/MRI/optical imaging [J]. RSC Advances, 2019, 9(43): 24811-24815.